"十四五"职业教育国家规划教材
高等职业教育交互式校企合作开发教材

液压与气压传动技术

（第2版）

主　编　赵　雷（重庆工业职业技术学院）
　　　　陈　翠（重庆机电职业技术大学）
副主编　齐红星（重庆机电职业技术大学）
　　　　欧梁斌（重庆云网科技股份有限公司）
　　　　陶雪娟（重庆机电职业技术大学）
　　　　柳光利（重庆机电职业技术大学）
参　编　罗钰清（重庆山青机械制造有限公司）
　　　　徐建强（中国长安汽车集团股份有限公司
　　　　　　　　重庆青山变速器分公司）

课件　　微课　　校企合作　　新形态一体化教材

西南交通大学出版社
·成　都·

图书在版编目（C I P）数据

液压与气压传动技术 / 赵雷，陈翠主编. —2 版
. —成都：西南交通大学出版社，2022.3（2025.1 重印）
“十四五”职业教育国家规划教材　高等职业教育交互式校企合作开发教材
ISBN 978-7-5643-8620-7

Ⅰ. ①液… Ⅱ. ①赵… ②陈… Ⅲ. ①液压传动－高等职业教育－教材②气压传动－高等职业教育－教材
Ⅳ. ①TH137②TH138

中国国家版本馆 CIP 数据核字（2023）第 132525 号

“十四五”职业教育国家规划教材
高等职业教育交互式校企合作开发教材
Yeya yu Qiya Chuandong Jishu（Di 2 Ban）
液压与气压传动技术（第 2 版）

主编　赵　雷　陈　翠

策划编辑　罗在伟
责任编辑　罗在伟
封面设计　何东琳设计工作室

出版发行　西南交通大学出版社
（四川省成都市金牛区二环路北一段 111 号
西南交通大学创新大厦 21 楼）
邮政编码　610031
营销部电话　028-87600564　028-87600533
网址　http://www.xnjdcbs.com
印刷　四川煤田地质制图印务有限责任公司

成品尺寸　185 mm × 260 mm
印张　16
字数　399
版次　2019 年 8 月第 1 版
2022 年 3 月第 2 版
印次　2025 年 1 月第 11 次
定价　49.00 元
书号　ISBN 978-7-5643-8620-7

课件咨询电话：028-81435775
图书如有印装质量问题　本社负责退换

第 2 版前言

本书编写团队本着以学生为中心的教学理念，以项目为依托，校企合作打造融媒体立体化课程资源。先后完成重庆市教改项目“面向 PC 与安卓移动终端访问的虚拟网络气动实训平台”、“泛在学习模式下的《液压与气压传动》数字教材开发与应用”、重庆市高校精品在线开放课程等项目，不断累积完成了液压气动 3D 元件库、典型气动回路教学案例库、气动 3D 设备案例库、微课视频、动画等大量丰富的数字化课程教学资源，可通过扫描教材 AR 标志直接访问移动交互式的数字化立体课程教学资源，可登录重庆市高校在线开放课程平台进行在线学习，也可登录网上虚拟实训平台进行液压气动虚拟拆装实训。

本书将理论基础和实践应用结合起来，在引领学生学习液压与气压传动专业知识的同时使他们掌握实际操作技能。本书具有以下特点：

（1）校企合作，共同开发，以实际任务为引导，将理论知识与实践技能进行结合。

（2）AR 技术，随扫随学，即时获取图片、三维模型、动画、视频等资源，激发学生学习兴趣。

（3）通过元件、基本回路、典型系统等形式表述教学内容，强化学生学习效果。

本书还优化了课堂设计，充分发挥学生的主体地位，便于调动学生的学习积极性和主动性，从而使学生树立创新意识、提高创新能力。此外，本书增加了仿真软件项目、实操项目，可开展线上与线下相结合、虚拟与现实相结合、理论与实践相结合、仿真与实操相结合的“四位一体，虚实结合”混合式教学模式。

第 2 版相较于第 1 版内容修订主要表现在：

（1）突出知识的应用性，注重职业素养、工匠精神的培养，补充了液压缸和液压马达的拆装等实操训练内容，并对第 1 版中发现的不妥之处做了订正。

（2）增加了大量的判断、填空、选择、计算、问答等多种类型习题，便于全方面测试学习者学习情况，调整教学方法，考虑到学习者的多样性，也增加了少量难度略大的“选做题”。

（3）根据企业的最新要求，增加了新技术内容，优化更新了 AR 资源、在线课视频、多媒体课件、习题库及答案、案例库等课程资源。

本书是职业院校机械设计制造类、机电设备类、自动化类、汽车制造类等专业的授课和培训教材，同时也可以供从事液压气动相关项目研究、设计、制造、使用和维修的工程技术人员学习和参考。参加此次再版修订工作的是重庆工业职业技术学院的赵雷教授（项目一、三、五、十一），重庆机电职业技术大学的陈翠（项目五、六、八、九）、齐红星（项目二、四），重庆云网科技股份有限公司的欧梁斌（项目七、十），重庆机电职业技术大学的陶雪娟（项目三）、柳光利（项目六）。感谢中国长安汽车集团股份有限公司的徐建强、重庆山青机械制造有限公司的罗钰清等企业专家参与本书的编写，提供企业真实案例，并对书中生产应用相关内容的撰写进行指导。全书由赵雷、陈翠任主编并统稿。

由于编者水平有限，欠妥之处在所难免，恳请使用本书的教师和读者批评指正，我们的邮箱是 zhaolei@cqipc.edu.cn（赵雷），qihongxing9261@163.com（齐红星）。

本书对应的电子课件、实例源文件和习题答案可以到西南交通大学出版社官方网站（http://www.xnjdcbs.com）搜索下载，同时也可以登录重庆高校在线开放课程平台（http://www.cqooc.com）搜索高职类课程“液压与气压传动”赵雷，参加在线开放课程学习。

编 者

2022 年 2 月

前　言

随着新型工业化的推进和科学技术的发展，现代职业教育体系越来越成为国家竞争力的重要支撑。为了贯彻落实《国家中长期教育改革和发展规划纲要（2010—2020 年）》“大力发展职业教育”的战略规划，满足社会对高端技术技能型人才的需求，结合多年的教学经验，以及多家企业的工作要求，我们编写了这套机电类专业系列教材。

本书将理论基础和实践应用结合起来，在引领学生学习液压与气压传动专业知识的同时使他们掌握实际操作技能。本书具有以下特点：

（1）校企合作，共同开发，以实际任务为引导，将理论知识与实践技能进行结合。

（2）AR 技术，随扫随学，即时获取图片、三维模型、动画、视频等资源，激发学生学习兴趣。

（3）通过元件、基本回路、典型系统等形式表述教学内容，强化学生学习效果。

本书还优化了课堂设计，充分发挥学生的主体地位，便于调动学生的学习积极性和主动性，从而使学生树立创新意识、提高创新能力。

本书是职业院校机械设计制造类、机电设备类、自动化类、汽车制造类等专业的授课和培训教材，同时也可以供从事液压气动相关项目研究、设计、制造、使用和维修的工程技术人员学习和参考。

本书由重庆机电职业技术大学赵雷、陈翠担任主编，对全书统一加工整理、修改和定稿。各项目具体分工如下：项目一赵雷；项目二齐红星；项目三赵雷、陶雪娟；项目四齐红星；项目五赵雷、陈翠；项目六陈翠、柳光利；项目七欧梁斌；项目八陈翠；项目九陈翠；项目十欧梁斌；项目十一赵雷。感谢梅世明教授对本书提出重要修改意见，并提供专项习题。感谢重庆山青机械制造有限公司的罗钰清、中国长安汽车集团股份有限公司重庆青山变速器分公司的徐建强等企业专家参与本书的编写，提供企业真实案例，并对书中生产应用相关内容的撰写进行指导。

我们真切希望读者在阅读本书之后，不仅能开阔视野，而且可以增长实践操作技能。由于编者水平有限，书中疏漏和考虑不周之处在所难免，欢迎广大读者予以批评、指正，我们的邮箱是 qihongxing9261@163.com。

本书对应的电子课件、实例源文件和习题答案可以到西南交通大学出版社官方网站（http://www.xnjdcbs.com）搜索下载，同时也可以登录重庆高校在线开放课程平台搜索高职类课程“液压与气压传动”赵雷，参加在线开放课程学习。

编　者

2019 年 4 月

《液压与气压传动技术》AR 资源目录

序号	章	节	资源名称	资源类型	页码
1	项目一 认识液压与气压传动控制技术	二、液压与气压传动的工作原理及其组成	磨床工作台液压系统工作原理	视频	7
2			气动压力机	模型	8
3	项目二 液压动力元件	二、液压动力元件简介	液压泵	模型	32
4			配油盘	模型	43
5	项目三 液压执行元件及液压辅件	二、液压执行元件	液压缸	模型	62
6		三、液压辅助元件	液压辅助元件	微课	67
7			烧结式过滤器	模型	71
8	项目四 液压控制元件	一、项目引入	液压控制元件	微课	85
9			三类液压控制阀	微课	86
10		二、方向控制回路基础知识	方向控制阀	微课	87
11			换向阀	模型	89
12			滑阀的中位机能	微课	91
13		三、压力控制回路基础知识	压力控制阀	微课	96
14			溢流阀	模型	97
15		四、流量控制回路基础知识	节流阀	模型	108
16			液压缸差动连接回路	微课	113
17			快速与慢速换接回路	微课	115
18	项目五 其他控制阀和液压基本回路	四、其他液压基本回路	行程开关控制的顺序动作回路	视频	132
19			压力继电器控制的顺序动作回路	视频	134
20			带补偿装置的串联液压缸同步回路	视频	135
21	项目六 典型液压系统的分析与维护	二、组合机床动力滑台液压系统分析	动力滑台	微课	145
22		五、挖掘机液压系统分析	挖掘机液压系统	微课	153

续表

序号	章	节	资源名称	资源类型	页码
23	项目七　气源装置及气动辅助元件	一、项目引入	气动系统	微课	155
24		二、气源装置及辅助元件	气源装置的组成	微课	157
25			空气压缩机	模型	157
26	项目八　气动执行元件及控制元件	一、项目引入	六关节工业机器人	模型	170
27		三、气动控制元件	电磁控制换向阀	模型	180
28	项目十　气动系统安全启动装置	一、项目引入	斜臂机器人	模型	213
29	项目十一　FluidSIM仿真系统使用	二、FluidSIM-P 气压系统仿真	仿真软件绘制气压系统	微课	223
30		四、实训操作	手动和电磁双控回路仿真	微课	232

AR 资源使用帮助：

1. 请按照本书封底的操作提示，下载 APP 安装文件。

2. 安装完成后打开 APP（请允许弹出的所有权限申请，否则将导致 APP 无法正常使用），输入封底刮层中的 12 位序列号，系统将自动下载离线资源包。

3. 下载完成后，请点击图书的图标，然后将手机或平板对准书中带有 AR 标志的插图，即可浏览对应的 AR 资源。

目　　录

开　篇 ······ 1

一、大国重器——XE7000E 液压挖掘机 ······ 1

二、大国重器——8 万吨模锻液压机 ······ 2

项目一　认识液压与气压传动控制技术 ······ 4

一、项目引入 ······ 4

二、液压与气压传动的工作原理及其组成 ······ 5

三、液压与气压传动的优缺点 ······ 9

四、液压与气压传动技术的应用和发展 ······ 11

五、流体力学基础 ······ 12

习题与思考 ······ 29

项目二　液压动力元件 ······ 30

一、项目引入 ······ 31

二、液压动力元件简介 ······ 31

三、实训操作 ······ 45

四、工程应用案例与分析——金属屑压块机液压系统 ······ 48

习题与思考 ······ 49

项目三　液压执行元件及液压辅件 ······ 52

一、项目引入 ······ 52

二、液压执行元件 ······ 52

三、液压辅助元件 ······ 67

四、液压缸和液压马达的拆装 ······ 78

五、工程应用案例与分析——液压启闭机液压系统 ······ 80

习题与思考 ······ 81

项目四　液压控制元件 ······ 84

一、项目引入 ······ 85

二、方向控制回路基础知识 ······ 87

三、压力控制回路基础知识 ······ 96

四、流量控制回路基础知识 ······ 107

五、实训操作……115
六、工程应用案例与分析——避障割草机液压系统……120
习题与思考……122

项目五　其他控制阀和液压基本回路……126

一、项目引入……126
二、比例阀……126
三、插装阀……128
四、其他液压基本回路……131
五、工程应用案例与分析——巷道水泥摊铺机液压系统……137
习题与思考……139

项目六　典型液压系统的分析与维护……143

一、项目引入……143
二、工程应用案例——组合机床动力滑台液压系统分析……144
三、工程应用案例——汽车起重机液压系统分析……147
四、工程应用案例——数控车床液压系统分析……150
五、工程应用案例——挖掘机液压系统分析……153
习题与思考……153

项目七　气源装置及气动辅助元件……154

一、项目引入……154
二、气源装置及辅助元件……156
三、实训操作……166
习题与思考……168

项目八　气动执行元件及控制元件……169

一、项目引入……169
二、气动执行元件……169
三、气动控制元件……176
四、气动逻辑元件及其他阀门……186
习题与思考……188

项目九　气动基本回路及真空回路……189

一、项目引入……189
二、真空回路……208
三、小　结……211
习题与思考……211

项目十　气动系统安全启动装置……212
一、项目引入……212
二、常用的安全保护回路……213
三、其他常用回路……216
四、气动系统安全启动装置分析……218
五、实训操作……218
习题与思考……221
项目十一　FluidSIM 仿真系统使用……222
一、项目引入……222
二、FluidSIM-P 气压系统仿真……223
三、FluidSIM-H 液压系统仿真……228
四、实训操作……230
附　录……233
参考文献……244

开　篇

一、大国重器——XE7000E 液压挖掘机

图 0-1　XE7000E 液压挖掘机

液压挖掘机是一种大型多功能机械，在建筑、交通运输、水利施工、采矿、现代化军事工程等各个领域中都有十分广泛的应用，是各种土石方施工中不可缺少的主要机械设备。

徐工集团生产的 XE7000E 大型液压挖掘机，总重达到了 700 吨，工作时一次性就能铲起 60 多吨的物料，一天就可以挖平一座小山，被称为“神州第一挖”，是真正的大国重器。标志着中国成为世界上继德国、日本、美国之后第四个具备 700 吨级以上液压挖掘机研发制造能力的国家，打破了外资品牌的垄断。

不光是高大的外形惹人注目，这个“大块头”的“内涵”更加吸引人。从零部件到操作系统，拥有自主专利 52 项，是中国在超大型液压挖掘机领域，首次实现关键核心技术的集中应用。这台 700 吨液压挖掘机的核心部件液压油缸就是徐工自主研发制造的，如果把一个挖

掘机比作人，那么动臂、斗杆、铲斗就是挖掘机的胳膊和手，液压油缸则相当于人的胳膊和手上的肌肉，挖掘机的力量和效率如何，很大程度上就取决于液压油缸。700 吨液压挖掘机液压油缸研制成功不仅成功打破垄断，也迅速拉低了国际市场的价格。

《中国制造 2025》五大工程之一的工业强基工程明确要求，到 2020 年，40%的核心基础零部件、关键基础材料实现自主保障，受制于人的局面逐步缓解，航天装备、通信装备、发电与输变电设备、工程机械、轨道交通装备、家用电器等产业急需的核心基础零部件元器件和关键基础材料的先进制造工艺得到推广应用。到 2025 年，70%的核心基础零部件、关键基础材料实现自主保障，80 种标志性先进工艺得到推广应用，部分达到国际领先水平。

党的二十大报告指出，坚持把发展经济的着力点放在实体经济上，推进新型工业化，加快建设制造强国、质量强国、航天强国、交通强国、网络强国、数字中国。实施产业基础再造工程和重大技术装备攻关工程，支持专精特新企业发展，推动制造业高端化、智能化、绿色化发展。

挖掘机的液压系统分析详见教材项目六部分。

二、大国重器——8 万吨模锻液压机

图 0-2　中国二重 8 万吨模锻压力机

大吨位的锻造装备是一个国家工业能力的体现之一，尤其是对于航空工业，万吨以上的模锻液压机与航空工业的发展之间可谓是相辅相成的关系。

在本世纪初，世界上 1 万吨以上的模锻液压机共有 40 余台，美、俄、法各有十余台，各自最大的模锻液压机吨位分别为美国 4.5 万吨两台、俄罗斯 7.5 万吨两台和法国 6.5 万吨一台。大吨位模锻液压机的分布，与世界航空工业版图可谓高度一致。

相比之下，当时我国大多数航空模锻压机都建设于上世纪 60-70 年代，设备技术落后，压力等级不高，锻造能力有限，其中最大的 1971 年投产的重庆西南铝 3 万吨模锻水压机。缺乏 4 万吨以上的大型模锻液压机极大地制约了我国航空工业的发展。

历经十年磨炼，全球最大的 8 万吨模锻压力机横空出世，坐落于四川德阳的中国第二重型机械集团有限公司，完全由我国自主研制，模锻压力机整体质量和最大单件重量均为世界第一，也是世界最先进的大型模锻压机。

这台巨无霸地上高 27 米、地下 15 米，总重 2.2 万吨。四根粗大的立柱撑起它伟岸的身躯，由粗大的液压缸驱动的活动横梁（写着“中国二重”的部分）上下运动，施加可达 8 万吨的压力；模具分为上下两部分，分别安装在活动横梁和下横梁的工作台上，金属就在其中像“压月饼”一般被锻压成型。

它的万钧之力来自复杂的液压系统，60 台油泵驱使着 300 吨液压油。以锻造大型客机起落架锻件为例，圆柱形的钢坯首先在加热炉中，加热到锻造温度（一般为 1 200 °C 左右）。如果直接把这个钢坯模锻成型，所需的锻造压力太大，且很难让金属充分变形成为复杂的形状。因此，首先在较小的 4 500 吨快锻机上以自由锻的方式制坯，即先把钢坯压制出大致的形状。初步成型的坯料重新加热后，被放入 8 万吨模锻压机的下模中，万事俱备，只等一锤定音。随着回程油缸发力抬起活动横梁，一件起落架锻件锻造完成。

如果锻压机的吨位不够高，就需要分多次锻造，一方面增加生产成本、延长了生产周期，另一方面，反复加热易导致晶粒长大，不利于材料的强度和韧性。8 万吨模锻压机锻造重达 4.3 吨的波音 787 客机主起落架外筒锻件，只需分两次锻造，每次从出炉到锻压完成只需几分钟。能够完成世界航空工业中最大单体部件之一的锻造，体现的是世界顶级的模锻能力。

8 万吨模锻压机的成功研制，解决了我国大型模锻件受制于人的困境。国产大飞机 C919 一飞冲天的背后，就离不开这台国宝级设备锻造的包括起落架在内的上百件锻件，占整架飞机锻件总数的 70%。凭借 8 万吨模锻压机世界最强的锻造能力和精湛的技术水平，万航模锻也成功打入国际市场，成为国际知名起落架生产商瑞士利勃海尔（Liebherr）和法国赛峰（Safran）公司的供应商，为波音 787、空客 A320 等机型锻造起落架锻件。

党的二十大报告指出，新时代十年以来，提出并贯彻新发展理念，着力推进高质量发展，加快推进科技自立自强，基础研究和原始创新不断加强，一些关键核心技术实现突破，战略性新兴产业发展壮大，载人航天、探月探火、深海深地探测、超级计算机、卫星导航、量子信息、核电技术、新能源技术、大飞机制造、生物医药等取得重大成果，进入创新型国家行列。

项目一
认识液压与气压传动控制技术

【知识目标】

✧ 掌握液压系统的工作原理、组成及特点；掌握液体静力学基本方程及意义、压力和流量两个重要参数；掌握液压油的性质、选用原则。

✧ 理解压力、流量、速度的基本概念；理解动力学基本概念：理想液体、恒定流动、流态等。

✧ 了解液压传动发展概述；了解流体力学三个基本方程式：连续性方程、伯努利方程和动量方程的意义和计算。

【技能目标】

✧ 能够识别简单液压系统；能够正确选用液压油。

【素养目标】

✧ 培养正确的世界观、人生观、价值观。

✧ 培养爱国情怀、国家认同感、中华民族自豪感。

✧ 培养严格遵守《液气压技术国家标准》和安全操作标准的意识。

✧ 培养充分利用网络、图书馆等资讯，自主学习新技术的能力。

一、项目引入

液压与气压传动是以流体（液体和气体统称为流体）作为工作介质进行能量传递和控制的一种方式。由于流体独特的物理性，它在能量传递、系统控制、支撑和减小摩擦等方面发挥着十分重要的作用，所以液压与气动技术发展十分迅速，现已广泛应用于工业、农业、国防等多个领域。目前，液压技术正在向高压、高速、大功率、高效率、低噪声和高度集成化、数字化等方向发展；气压传动正向节能化、小型化、轻量化、位置控制的高精度化以及机、电、液相结合的综合控制技术方向发展。

液压与气压传动实现传动和控制的方法基本相同，都是利用各种元件组成具有所需功能的基本控制回路，再将若干基本回路加以综合利用而构成能完成特定任务的传动和控制系统，实现能量的转换、传递和控制。因此，要掌握液压与气压传动技术就必须了解传动工作介质的基本物理性质及其力学特性，研究各类元件的结构、工作原理和性能，以及各种基本控制回路的性能和特点。这是进行液压与气压传动系统分析、故障诊断和设计计算的基础，是本学科的主要研究内容。

二、液压与气压传动的工作原理及其组成

（一）液压与气压传动的工作原理

液压系统以液体作为工作介质，而气动系统以气体作为工作介质。两种工作介质的不同在于液体几乎不可压缩，气体却具有较大的可压缩性。液压与气压传动在基本工作原理、元件的工作机理以及回路的构成等方面是极为相似的。下面以图 1-1 所示液压千斤顶的工作原理为例来介绍。液压缸 9 为举升缸（大缸），手柄 1 操纵的液压缸 2 为动力缸（液压泵，即小缸），两缸通过管道 6 连接构成密闭连通器。当操纵手柄 1 上下运动时，小活塞 3 在液压缸 2 内随之运动，液压缸 2 的容积是密闭的，当小活塞 3 上行时，液压缸 2 下腔的容积扩大而形成局部真空，油箱 12 中的液体在大气压力作用下，通过吸油管 5 推开吸油阀 4，流入小活塞的下腔。当小活塞下行时，液压缸 2 的下腔容积缩小，在小活塞的作用下，受到挤压的液体通过管道 6 打开单向阀 7，进入液压缸 9 的下腔（此时吸油阀 4 关闭），迫使大活塞 8 向上移动。如果反复扳动手柄 1，液体就会不断地被送入大活塞下腔，推动大活塞及负载上升。如果打开截止阀 11，可以控制液压缸 9 下腔的油液通过管道 10 流回油箱，活塞在重物的作用下向下移动并回到初始位置。

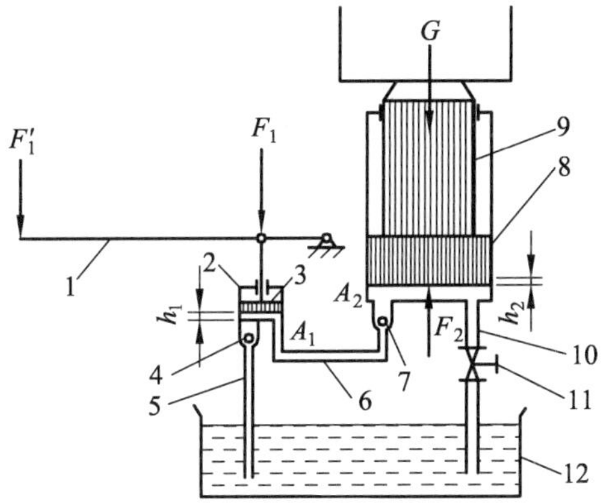

1—手柄；2，9—液压缸；3—小活塞；4—吸油阀；5—吸油管；6，10—管道；7—单向阀；8—大活塞；11—截止阀；12—油箱。

图 1-1　液压千斤顶的工作原理

通过上面对液压千斤顶工作过程的分析，可以初步了解液压传动的基本工作原理，即液压传动系统实质是一种能量装换装置，它由液压泵将原动机的机械能转换为油液的压力能，再通过液压缸将油液压力能转换成机械能，以驱动工作机构完成所要求的各种动作。其中液压油（有压力的油液）作为传递运动和动力的工作介质。

图 1-1 所示的系统不能对重物的上升速度进行调节，也没有设置防止压力过高的安全措施。但仅从这一基本系统，也能得出有关液压与气压传动的一些重要概念。

设大、小活塞的面积为 A_2、A_1，当作用在大活塞上的负载和作用在小活塞上的作用力分别为 G 和 F_1 时，由帕斯卡原理可知，大、小活塞下腔以及连接导管构成的密闭容积内的油液具有相等的压力值（p），如忽略活塞运动时的摩擦阻力，则有

$$p=\frac{G}{A_2}=\frac{F_2}{A_2}=\frac{F_1}{A_1} \tag{1-1}$$

或

$$F_2=F_1\frac{A_2}{A_1} \tag{1-2}$$

式中　F_2——油液作用在大活塞上的作用力，$F_2=G$。

式（1-1）说明，系统的压力 p 取决于负载的大小。

式（1-2）表明，当 $A_2/A_1 \gg 1$时，作用在小活塞上一个很小的力 F_1，便可在大活塞上产生一个很大的力 F_2 以举起负载（重物）。这就是液压千斤顶的工作原理。

另外，设大小活塞移动的速度为 υ_1 和 υ_2，在不考虑泄漏情况下稳态工作时，有

$$\upsilon_1 A_1=\upsilon_2 A_2=q_v \tag{1-3}$$

或

$$\upsilon_2=\upsilon_1\frac{A_1}{A_2}=\frac{q_v}{A_2} \tag{1-4}$$

式中　q_v——流量，单位时间内输出（或输入）液体的体积。

式（1-4）表明，大缸活塞运动的速度（在缸的结构尺寸一定时）取决于输入的流量。

使大活塞上的负载上升所需的功率为

$$P=F_2\upsilon_2=pA_2\frac{q_v}{A_2}=pq_v \tag{1-5}$$

式中，p 的单位符号为 Pa，q_v 的单位符号为 m^3/s，P 的单位符号为 W。由此可见，液压系统的压力和流量之积就是功率，称之为液压功率。

（二）液压与气压传动系统的组成

图 1-2 为一台简化的磨床工作台液压系统工作原理，电动机驱动液压泵 3 旋转，从油箱 1 经滤油器 2 吸油。泵输出的压力油经换向阀 5（图

示位置）、节流阀 6 和换向阀 7（图示位置）进入液压缸 8 的左腔，推动活塞向右运动。液压缸右腔的油液经换向阀 7 流回油箱。当换向阀 7 的阀芯处于图 1-2（b）所示的位置时，液压缸活塞将带动工作台向左运动。当换向阀 5 的阀芯处于图 1-2（c）所示的位置时，泵输出的压力油经换向阀 5 直接流回油箱，此时，系统处于卸荷状态。由此可知，换向阀的主要功能是控制和改变油液的流动方向，进而控制液压缸及工作台的运动方向，且还有启动、停止功能。工作台的运动速度由节流阀 6 调节。改变节流阀的开度可以改变进入液压缸的流量。液压泵排出的多余油液，可通过溢流阀 4 流回油箱。液压缸的工作压力由外负载决定，液压泵的工作压力由溢流阀 4 调定，其调定值应略高于液压缸的工作压力，以克服管道、节流阀和溢流阀的压力损失。液压系统的工作压力不会超过溢流阀的调定值，因此溢流阀对液压系统还能起到过载保护作用。

图 1-3 为自制气动压力机，图 1-4 为它的工作原理。当工料被送至压力机的预定位置时，控制手动换向阀换向，使气缸上腔与压缩空气源连通，下腔与大气连通，气缸活塞向下移动，带动压力板向下对工料施压。单次施压完成后，控制手动换向阀换向，气缸下腔与压缩空气源连通，上腔排气，活塞带动压力板向上运动，压力机再次处于预备工作状态。此压力机经进一步升级扩展可用电磁阀控制换向，也可使用蓝牙或其他连接方式通过智能控制模块进行控制。

液压气动系统简介请浏览下方 AR 资源。

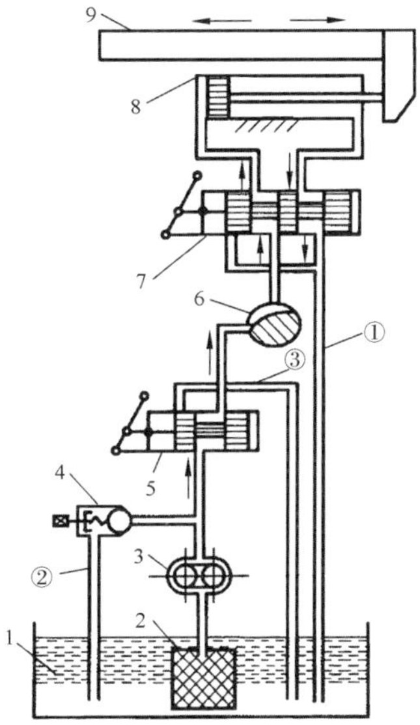

（a）结构原理

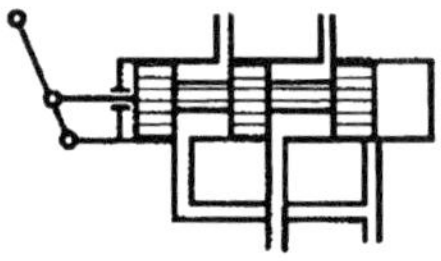

（b）换向阀 7 左移

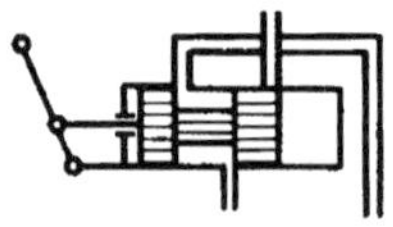

（c）换向阀 5 左移

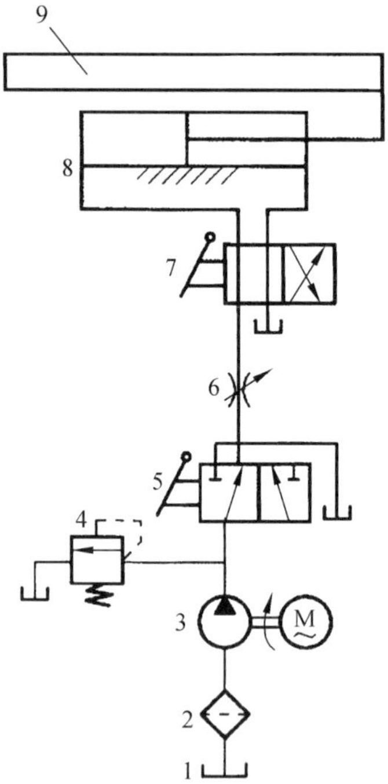

（d）系统图形符号

1—油箱；2—滤油器；3—液压泵；4—溢流阀；5，7—换向阀；6—节流阀；8—液压缸；9—工作台。

图 1-2　磨床工作台液压系统工作原理

微型压力机制作过程及工作原理请浏览下方 AR 资源。

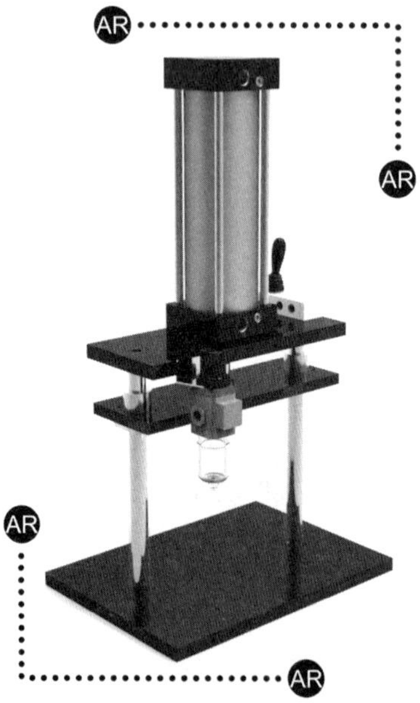

图 1-3　气动压力机

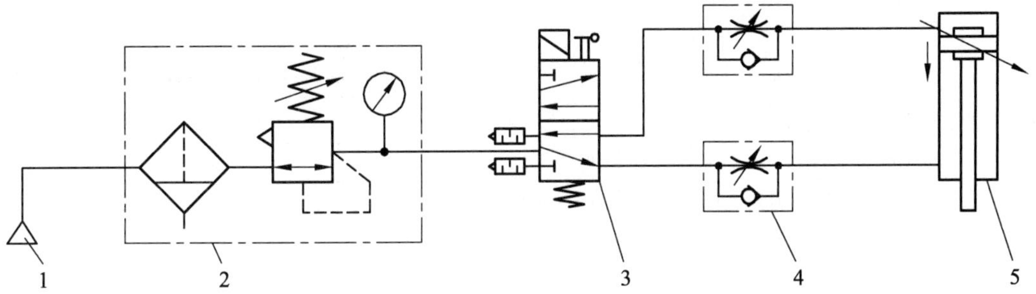

1—气源；2—气源处理装置；3—手动换向阀；4—单向节流阀；5—气缸。

图 1-4　气动压力机的工作原理

从上述两个实例可以看出，液压、气压传动系统除工作介质（液压油或压缩空气）外，一般由以下四部分组成：

1. 动力元件

液压泵或气源装置，它们将原动机输入的机械能转换为流体的压力能，向系统提供压力介质。

2. 执行元件

液压缸或气缸、液压马达或气动马达，它们是将流体压力能转换为机械能的装置，以克服负载阻力，驱动工作部件做功。

3. 控制元件

压力、流量、方向控制阀，如溢流阀、节流阀、换向阀和逻辑元件。

4. 辅助元件

辅助元件主要包括各种管件、油箱、过滤器、蓄能器、仪表和密封装置等。

（三）液压与气压系统的图形符号

如图 1-2（a）所示，将组成液压系统的各个元件用半结构式图形表示出来的简图，称为结构原理图。这种原理图直观性强、容易理解，但图形比较复杂，难于绘制，系统元件数量多时更是如此。为此，除某些特殊情况外，通常采用职能符号来绘制液压系统原理图。用国家标准 GB/T 786.1—2009 规定的液压元件图形符号绘制的磨床工作台液压系统图和气动压力机的系统图如图 1-2（d）和图 1-4 所示。这些图形符号只表示元件的职能，并不表示元件的结构和参数。使用图形符号，可使系统简单明了，便于绘制。

三、液压与气压传动的优缺点

（一）液压传动的特点

1. 液压传动的优点

（1）单位体积输出功率大。在同等的功率下，液压装置的体积和质量小。液压马达的体积和质量只有相同功率电动机的12%左右。

（2）液压装置工作比较平稳。由于质量小、惯性小、反应快，液压装置易于实现快速启动、制动和频繁换向。

（3）液压装置能在较大范围内实现无级调速。

（4）液压传动易于实现自动化。如将液压控制和电气、电子控制或气动控制结合起来，整个传动装置能实现很复杂的顺序动作，并能方便地实现远程控制。

（5）液压装置易于实现过载保护。

（6）由于液压元件已经实现了标准化、系列化和通用化，液压系统的设计、制造和使用都比较方便。

2. 液压传动的缺点

（1）油液的泄漏、油液的可压缩性、油管的弹性变形会影响运动传递的正确性，故液压传动不宜用于要求具有精确传动比的场合。

（2）由于油液的黏度随温度变化而变化，从而影响运动的稳定性，故不宜在温度变化范围较大的场合下使用液压传动。

（3）由于工作过程中有较多的能量损失（如管路压力损失、泄漏等），液压传动的效率不高，不宜用于远距离传动。

（4）为了减少泄漏，液压元件的制造精度要求高，故制造成本较高。

（二）气压传动的特点

1. 气压传动的优点

（1）以空气为工作介质，来源方便，使用后可以直接排入大气中，处理简单，不污染环境。

（2）由于空气流动损失小，压缩空气便于集中供气并可实现远距离传输和控制。

（3）与液压传动相比较，气压传动具有动作迅速、反应快等优点。液压油在管路中流动速度一般为1 ~ 5 m/s，而气体流速可以大于10 m/s，甚至接近声速，在0.02 ~ 0.03 s即可以达到所要求的工作压力及速度。此外，气压传动维护简单，管路不易堵塞，且不存在介质变质、补充和更换等问题。

（4）工作环境适应性强，特别是在易燃易爆、多尘埃、强辐射、振动等恶劣环境下工作时要比液压、电子、电气控制优越。

（5）结构简单、轻便，安装维护简单，压力等级低，使用安全可靠。

（6）空气具有可压缩性，气动系统能够实现自动过载保护。

2. 气压传动的缺点

（1）由于空气具有可压缩性，导致气缸的运动稳定性较差，动作速度易受负载变化的影响。

（2）工作压力较低（一般为0.4 ~ 0.8 MPa），系统输出力较小，传动效率较低。

（3）气动系统具有较大的排气噪声。

（4）工作介质空气本身没有润滑性，需要加油雾器进行润滑。

四、液压与气压传动技术的应用和发展

（一）液压与气压传动技术的应用

液压与气压传动在机械设备中的应用非常广泛。有的是利用液压传动能传递大的动力，且结构简单、体积小、质量小的优点，如工程机械、航空工业、矿山和冶金机械等；有的是利用液压传动操纵控制方便，能较容易地实现复杂工作循环的优点，如各类金属切削机床、轻工和运输机械等。采用气压传动是由于空气工作介质对环境适应性好，能防爆、防燃的特点；在印染、印刷等轻工业和医药、食品行业，则是利用了气压传动操作方便且无污染的特点。液压与气压传动技术的应用具体列于表 1-1 中。

表 1-1　液压与气压传动技术在各行业中的应用

行业名称	应用举例
机床工业	磨床、铣床、刨床、拉床、自动和半自动车床、组合机床、数控机床等
工程机械	装载机、推土机、挖掘机、压路机、铲运机等
起重机械	汽车吊、港口龙门吊、升降平台、叉车等
矿山机械	液压支架、凿岩机、开凿机、破碎机、提升机等
建筑机械	打桩机、液压千斤顶、平地机等
农业机械	联合收割机、拖拉机、农具悬挂系统等
冶金机械	轧钢机、转炉、压力机等
轻工机械	打包机、自动计量灌装机、注塑机、矫直机、造纸机等
锻压机械	压力机、锻压机、空气锤等
汽车工业	自卸式汽车、平板车、高空作业车、汽车转向器、减振器等
智能机械	机器人、模拟驾驶舱、数字式体育锻炼机等
气动工具	气镐、气扳机、气动搅拌机等

（二）液压与气压传动技术的发展

当前，液压技术随着原子能、空间技术、计算机技术的发展而迅速发展，并逐渐渗透到各个工业领域中去。液压元件小型化、系统集成化已是发展的必然趋势。特别是液压技术与传感技术、微电子技术的紧密结合，出现了电液比例阀、数字阀、电液伺服阀等机电液一体化的新型组合元件，使液压技术向着高压、高速、高效、大功率、低噪声、节能耐用、集成方向发展。

气动技术发展也非常迅速，许多国家已大量生产标准化的气动元件，在生产中广泛采用气动技术。气动技术的微型化、节能化、无给油化、位置控制的高精度化以及与电子技术、PLC 技术的有机结合，是当前气动技术的发展特点和方向。

五、流体力学基础

（一）流体传动的工作介质

1. 液压油的主要性质

（1）液体的密度。

单位体积液体的质量称为液体的密度，用 ρ 表示，即

$$\rho=\frac{m}{V} \tag{1-6}$$

式中 V——液体的体积，m^3；

m——液体的质量，kg。

密度是液体的一个重要物理参数，一般液压油的密度值为 900 kg/m^3，通常情况下，液体的密度随温度或压力的变化可以忽略不计。

（2）液体的可压缩性。

液体在压力作用下体积减小的这种性质称为液体的可压缩性。在常温下，一般可认为油液是不可压缩的，但当液压油中混有空气时，其抗压缩能力会显著降低，在使用中应尽量减少油液中混入的气体及其他易挥发物质的含量，以减小对液压系统工作性能的不良影响。

（3）液体的黏性。

在日常生活中，我们都能体会到液体有黏性。将杯中的水倒干净非常容易，但如果要将杯中的油液倒干净则不像倒水那么简单了，这是因为油液的黏性比水的黏性大。

在外力作用下液体在管道中流动时，各流层的运动速度不相等，越接近管壁的流层速度越小，管子中心的流层速度最大。这是由于液体与管壁之间的附着力和液体分子间的内聚力造成其流动受到牵制，阻碍流层间的相对滑动，在相邻流层之间便产生了内摩擦力。液体流动时的这种内摩擦阻力称为液体的黏性。如图 1-5 所示，假设两平行平板间充满液体，当上板以 u_0 的速度向右运动，下平板固定不动时，液体在附着力的作用下，紧贴上平板的一层液体也以相同的速度 u_0 向右运动，而紧贴下平板的一层液体仍保持不动，其中间各层液体在内聚力的作用下相互牵制，运动快的一层液体带动运动慢的一层液体向右运动，而运动慢的液体对运动快的液体起阻滞作用。不难看出，液体从上到下按递减的速度向右运动。当平板间的距离很小时，各流层的速度呈线性分布。

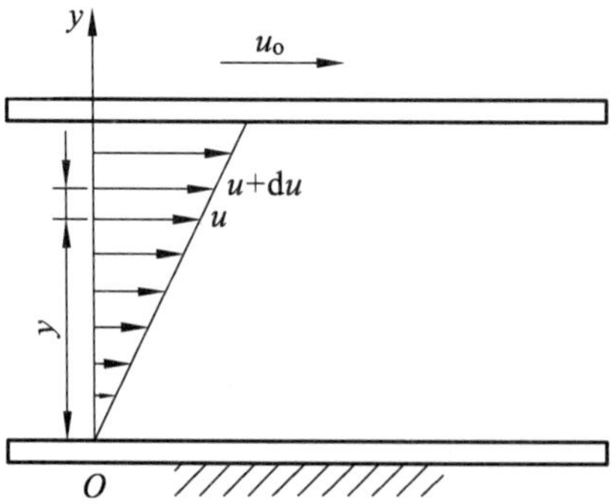

图 1-5　液体黏性

根据牛顿的液体内摩擦定律，液体流动时两液层之间的内摩擦力 F 与液层间接触面积 A 和液层间相对速度 $\mathrm{d}u$ 成正比，而与液层间距离 $\mathrm{d}y$ 成反比，即

$$F = \mu A\frac{\mathrm{d}u}{\mathrm{d}y} \tag{1-7}$$

式中　μ——比例系数，称为黏性系数或动力黏度；

$\frac{\mathrm{d}u}{\mathrm{d}y}$——速度梯度，即液层间相对速度对液层距离的变化率。若 $\frac{\mathrm{d}u}{\mathrm{d}y}=0$，说明液体处于静止状态，根据式（1-7）知内摩擦力 $F=0$，因此静止液体不显示黏性。

液体的黏度是指它在单位速度下流动时单位面积上产生的内摩擦力，是衡量液体黏性大小的物理量，也是液压系统选择液压油的重要依据。液体黏度的大小直接影响液压系统的正常工作、工作效率和灵敏度。

用 τ 表示切应力，则单位面积上的内摩擦力为

$$\tau = \frac{F}{A} = \mu\frac{\mathrm{d}u}{\mathrm{d}y} \tag{1-8}$$

黏度 μ 称为动力黏度，法定计量单位符号为 Pa·s。它的物理意义是面积各为 1 cm^2、相距为 1 cm 的两层液体，以 1 cm/s 的速度相对运动时所产生的内摩擦力。

液体的动力黏度与它的密度 ρ 之比，称为运动黏度，用 v 表示，即 $v=\frac{\mu}{\rho}$，其法定计量单位符号是 m^2/s，实际测定中常用厘斯（cst）表示，1cst = 1 mm^2/s。

工程上，常用运动黏度表示油的牌号。液压油的牌号用它在 40 °C 的温度下的平均运动黏度来表示。例如，某一牌号 L-HL22 普通液压油就是指这种油在 40 °C 时的平均运动黏度为 22 cst。

液体的黏度随液体的压力和温度的变化而变化。

① 黏度和温度的关系。油液的黏度对温度的变化极为敏感，温度升高，油的黏度下降，这是油液的黏温特性。

不同种类的液压油有不同的黏温特性。黏温特性较好的液压油，黏度随温度的变化较小，从而温度变化对液压系统性能的影响较小。

② 黏度和压力的关系。液体所受的压力增大时，其分子间的距离减小，内聚力增大，黏度也随之增大。

一般的液压系统中，当压力小于 32 MPa 时，压力对黏度的影响不大，可忽略不计。当压力较高或压力变化较大时，黏度的变化则不容忽视。

液体的黏性是液压系统工作介质最重要的性质。适当的黏度有利于改善润滑性能和减少泄漏，但黏度过大会造成过大的压力与能量损失。黏温特性是液压介质选用的重要指标，好的黏温特性有利于保持液压系统工作过程中性能的稳定性。

2. 液压油的选用

（1）液压油的使用要求。

① 具有较好的黏温性能。液压油在其使用的温度范围内，油液黏度随温度的变化要比较小。

② 具有良好的润滑性能。工作油液不仅是传递能量的介质，也是相对运动零件之间的润滑剂，油液应能在零件的滑动表面上形成强度较高的油膜，以便形成液体润滑，避免干摩擦。

③ 质地纯净，不含有其他杂质。如果液压油含有酸、碱，会使机件和密封装置受腐蚀；如果含有机械杂质，容易使油路堵塞；如果含有挥发性物质，在长期使用后，就会使油液变稠，同时，容易在油液中产生气泡。

④ 不易被氧化。油液在使用过程中，由于温度升高可能氧化而产生胶质和沥青质，使油液变质，同时，这些物质容易使油路堵塞或附着在相对运动机体表面上而影响工作。

⑤ 具有合适的沸点和凝固点。在需要防火的条件下工作时，油的沸点要高；在气候寒冷的条件工作时，凝固点要低。

⑥ 具有良好的抗乳化性和抗泡沫性。在油液中混入水分会使油液乳化，降低油的润滑性能、增加油的酸值、缩短油的使用寿命。油液在使用中产生泡沫，会在系统中引起断油或空穴现象，影响系统的正常工作。

⑦ 具有较好的相容性。对密封件、软管和涂料等无溶解及其他有害影响。

⑧ 对人体无害，成本低。

上述各项，根据液压系统的实际情况，应突出某些方面，重点保证，兼顾其他。

（2）液压油的品种。

液压系统工作介质的名称由代号和后面的数字组成。

液压油的代号中 L 表示石油产品的总分类号“润滑剂和有关产品”，H 表示液压系统用的工作介质，数字表示该工作介质的某个黏度等级。石油型液压油是常用的液压系统工作介质，其黏度等级有 15 至 150 等多种规格，见表 1-2。

乳化型工作介质简称乳化液，由两种互不相溶的液体（如水和油）构成。液压系统乳化液分为两大类：一类是少量油（5% ~ 10%）分散在大量水中，即水包油乳化型（O/W 高水基液）；另一类是水分散在油（60%）中，即油包水乳化型（W/O）。

（3）液压油的选择。

黏度是液压油最重要的使用性能指标之一。它的选择是否合理，对液压系统的正常工作、运动平稳性、工作可靠性与灵敏性、系统效率、功率损耗、气蚀、温升和磨损等都有显著影响。选用液压油时，要根据具体情况或系统要求选择合适的黏度和适当的油液品种，通常按以下几方面进行选用。

表 1-2　液压系统工作介质分类

分类	名称	代号	组成和特性	应用
石油型	精制矿物油	L-HH	无抗氧剂	循环润滑油，低压液压系统
	普通液压油	L-HL	HH 油，改善其防锈和抗氧性	一般液压系统
	抗磨液压油	L-HM	HL 油，改善其抗氧性	低、中、高压液压系统，特别适合于有防磨要求带叶片泵的液压各级组织
	低温液压油	L-HV	HM 油，改善其黏温特性	能在−40 ~ −20 °C 的低温环境中工作，用于户外工作的工程机械和船用设备的液压系统
	高黏度指数液压油	L-HR	HL 油，改善其黏温特性	黏温特性优于 L-HV 油，用于数控机床液压系统和伺服系统
	液压导轨油	L-HG	HM 油，具有黏-滑特性	适用于导轨和液压系统共用一种油品的机床，对导轨有良好的润滑性和防爬性
	其他液压油		加入多种添加剂	适用于高品质的专用液压系统
乳化型	水包油乳化型	L-HFAE	需要难燃液的场合	系统压力不高于 7 MPa，适用于液压支架及用液量特别大的液压系统
	油包水乳化型	L-HFB		性能接近液压油，使用油温不得高于 65 °C
合成型	水-乙二醇液	L-HFC		系统压力低于 14 MPa，工作温度为 −20 ~ −50 °C，适用于飞机液压系统
	磷酸酯液	L-HFDR		适用于冶金设备、汽轮机等高温、高压系统和大型民航客机的液压系统

① 按工作机械的不同要求选用。精密机械与一般机械对黏度要求不同。为了避免温度升高而引起机件变形，影响工作精度，精密机械宜采用较低黏度的液压油。机床液压伺服系统中，为保证伺服机构动作的灵敏性，也宜采用黏度较低的油。

② 按液压泵的类型选用。液压泵是液压系统的重要元件，在系统中它的运动速度、压力和温升都较高，工作时间又长，因而对黏度要求较严格，所以选择黏度时应先考虑液压泵。否则，液压泵磨损快，容积效率降低，甚至可能破坏泵的吸油条件。在一般情况下，可将液压泵所要求的液压油黏度作为选择液压油的基准。按液压泵类型推荐用油黏度见表 1-3。

表 1-3　按液压泵类型推荐用油黏度　mm^2/s

液压泵类型		条件	
		环境温度（5 ~ 40）°C 时液压油黏度（40 °C）	环境温度（40 ~ 80）°C 时液压油黏度（40 °C）
叶片泵	7 MPa 以下	30 ~ 50	40 ~ 75
	7 MPa 以上	50 ~ 70	55 ~ 90
齿轮泵		30 ~ 70	65 ~ 165
柱塞泵		70 ~ 80	65 ~ 240

③ 按液压系统工作压力选用。通常，当工作压力较高时，宜选用黏度较高的液压油，以免系统泄漏过多，效率过低；当工作压力较低时，宜选用黏度较低的液压油。

④ 考虑液压系统的环境温度。矿物油的黏度受温度的影响很大。当环境温度高时，宜采用黏度较高的油液；当环境温度较低时，宜采用黏度较低的油液。

⑤ 考虑液压系统的运动速度。速度高，油液流速高，液压损失大，泄漏少，采用黏度低的油液；反之则选用黏度高的油液。

⑥ 综合经济分析。选择工作介质时，还要通盘考虑价格和使用寿命等成本问题。

正确而合理地选用液压油是保证液压系统正常和高效率工作的条件。

3. 空气的主要性质

（1）空气的组成。

自然界的空气是由若干种气体混合而成的。空气中常含有一定量的水蒸气，这种含有水蒸气的空气称为湿空气，而不含有水蒸气的空气称为干空气。标准状态下干空气的组成见表 1-4。

表 1-4 干空气的组成

比值	成分				
	氮（N_2）	氧（O_2）	氩（Ar）	二氧化碳（CO_2）	其他气体
体积分数/%	78.03	20.93	0.932	0.03	0.078
质量分数/%	75.50	23.10	1.28	0.045	0.075

（2）空气的基本特性。

空气与液体一样，具有流体所具备的压力、密度、黏度和可压缩性等特性。由于气体分子间的距离大，分子间的内聚力小，体积也容易变化，与液体相比有明显的可压缩性，这有利于气体的储存，但难以实现气缸的平稳和低速运动。空气黏性的变化主要受温度变化的影响，且随温度升高而增大，而压力的变化对黏性的影响很小，可忽略不计。

在标准状态下干空气的密度 $\rho_0 = 1.293\ \mathrm{kg/m^3}$。

（3）空气的湿度。

空气中含有水分的多少会直接影响气动系统的工作稳定性和寿命。若空气的湿度较大，即空气中含有的水蒸气量较多，则在一定的温度和压力条件下，就会在气动系统的局部管道、气动元件中凝结成水滴，使气动元件和管道腐蚀和生锈，缩短使用寿命，甚至导致系统工作失灵。因此气动系统对空气的含水量有明确的规定，并采取必要的措施防止水分进入系统。通常在空气压缩机输出口的后面安装冷却、过滤、干燥等设备，以除去压缩空气中的水分等杂质，提高压缩空气的质量。

绝对湿度、相对湿度、含湿量能分别从不同的角度来表示湿空气中含有水蒸气量的多少，被应用在不同的场合中。

① 绝对湿度与饱和绝对湿度。每立方米湿空气中所含水蒸气的质量称为湿空气的绝对湿度，用 χ 表示，即

$$\chi = \frac{m_s}{V} \tag{1-9}$$

式中　m_s——湿空气中水蒸气的质量，kg；

V——湿空气的体积，m^3。

饱和绝对湿度是指湿空气中水蒸气的分压力达到该湿度下蒸气的饱和压力时的绝对湿度，用 χ_b 表示。

绝对湿度只能说明湿空气中实际所含水蒸气的多少，而不能说明湿空气所具有吸收水蒸气的能力大小。因此，需要引入相对湿度的概念。

② 相对湿度。在相同温度和相同压力下，绝对湿度与饱和绝对湿度之比称为相对湿度，用 φ 表示，即

$$\varphi = \frac{\chi}{\chi_b} \times 100\% \approx \frac{p_s}{p_b} \times 100\% \tag{1-10}$$

式中　p_s——水蒸气的分压力，Pa；

p_b——饱和空气中水蒸气的分压力，Pa。

相对湿度既然表示了湿空气中水蒸气含量接近饱和的程度，故也称饱和度。它同时也说明了湿空气吸收水蒸气能力的大小。φ 值越小，湿空气吸收水蒸气的能力越强；φ 值越大，湿空气吸收水蒸气的能力越弱。相对湿度一般用百分比表示：当 φ=0 时，空气绝对干燥；当 φ=100%时，空气中水蒸气达到饱和，其吸收水蒸气能力为零。通常情况下，空气的相对湿度在 60%～70%人体感觉舒适，气动技术中规定各种阀中的空气相对湿度应小于 95%。

4. 气体状态方程

（1）理想气体状态方程。

不计黏性的气体为理想气体，在平衡状态下，气体的 3 个基本状态参数压力、温度和质量体积之间的关系为

$$pV = RT \tag{1-11}$$

式中　p——绝对压力，Pa；

V——质量体积，m^3/kg；

R——气体常数，干空气 R=287.1 N·m/（kg·K），水蒸气 R=461 N·m/（kg·K）；

T——热力学温度，K。

或

$$pV = mRT \tag{1-12}$$

式中　m——质量，kg；

V——体积，m^3。

对于定量气体，状态方程可写成

$$\frac{p_1V_1}{T_1} = \frac{p_2V_2}{T_2} \tag{1-13}$$

（2）理想气体状态变化过程。

① 等容过程。一定质量的气体在状态变化过程中，若体积保持不变时，则称为等容过程，有

$$\frac{p_1}{T_1}=\frac{p_2}{T_2}=常数 \tag{1-14}$$

当体积不变时，压力的变化与温度的变化成正比；当压力上升时，气体的温度随之上升。密闭于气罐中的气体，由于外界环境温度的变化而使气罐内气体状态变化的过程可视为等容过程。

② 等压过程。一定质量的气体在状态变化过程中，若压力保持不变时，则称为等压过程，有

$$\frac{V_1}{T_1}=\frac{V_2}{T_2}=常数 \tag{1-15}$$

当压力不变时，温度上升，气体体积增大（气体膨胀）。负载不变的密封气缸，被加热或对外放热时，缸内气体便进行等压变化过程。

③ 等温过程。一定质量的气体在状态变化过程中，若温度保持不变时，则称为等温过程，有

$$p_1V_1=p_2V_2=常数 \tag{1-16}$$

当温度不变时，气体压力上升，气体体积被压缩。一般将大气罐中的气体较长时间经小孔向外放气视为等温过程。

5. 气压传动系统对空气的要求

（1）要求压缩空气具有一定的压力和足够的流量。因为压缩空气是气压传动系统传递动力的介质，没有一定的压力不但不能保证使执行机构产生足够的推力，甚至连控制机构也难以正确地工作；而没有足够的流量就无法保证对执行机构动作速度和程序的要求等。总之，压缩空气不具备一定的压力和足够的流量，气压传动系统的一切功能都无法实现。

（2）要求压缩空气具有一定的清洁度和干燥度。清洁度是指气源中含油量、含灰尘杂质的质量及颗粒大小都要控制在很低范围内，如气缸、膜片式气动元件、截止式气动元件都要求杂质颗粒平均直径不大于 50 μm，气动马达、滑阀要求杂质颗粒平均直径不大于 25 μm，气动仪表要求杂质颗粒平均直径不大于 20 μm，射流元件要求杂质颗粒平均直径不大于 10 μm。

干燥度是指压缩空气中含水量的多少，气压传动系统要求压缩空气的含水量越低越好。

如果对气源净化质量没有要求，就会造成元件腐蚀、变形老化、堵塞管道，影响气压传动系统的工作寿命和动作的准确性，甚至会使装置失灵产生故障。因此气源装置系统必须设置除油、干燥、除尘等提高压缩空气净化程度的辅助设备。

（二）液体静力学基础

液体静力学所研究的是静止液体的力学性质。静止是指液体内部质点之间没有相对运动，液体整体完全可以像刚体一样做各种运动。

1. 液体的压力

液体的压力是指液体在单位面积上所受到的法向作用力。这个定义与中学物理中的压强相似，所不同的是，压力是有方向性的。其表达式为

$$p=\frac{F}{A} \tag{1-17}$$

式中　A——作用力 F 的作用面积，m^2；

F——作用面积上的法向作用力，N；

p——压力，N/m^2。

压力的法定单位为帕（Pa），1 Pa=1 N/m^2。由于此单位较小，工程上使用不便，因此常用它的倍数单位兆帕（MPa），1 MPa=10^6 Pa。

液体静压力具有以下两个特性：

（1）静止液体中任何一质点所受到的各个方向的压力相等。

（2）液体压力垂直于承受压力的表面，其方向与该表面的内法线方向相同。

2. 液体静力学基本方程

如图 1-6 所示，密度为 ρ 的液体在容器内处于静止状态，求任意深度 h 处压力 p。可以假想取出一个垂直小液柱来研究，设液柱的底面积为 ΔA，高为 h，由于液柱处于受力平衡状态，可列出该小液柱的力学平衡方程式为

$$p\Delta A = p_0\Delta A + \rho gh\Delta A \tag{1-18}$$

即

$$p = p_0 + \rho gh \tag{1-19}$$

式（1-19）称为液体静力学基本方程式。

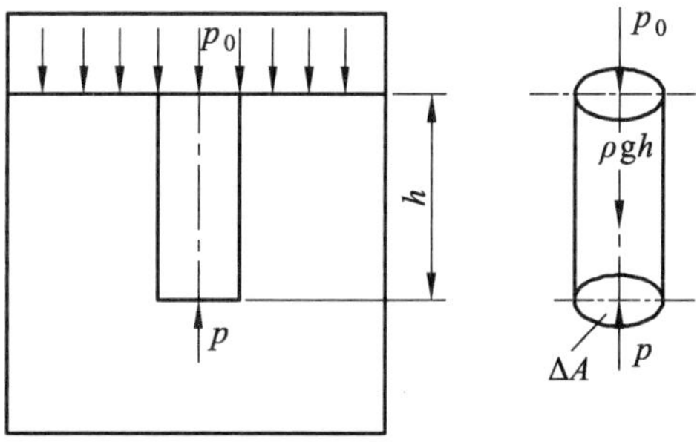

图 1-6　静止液体内压力分布规律

由该式可知：

（1）静止液体内部任一点处的压力 p 都由液面上受到外负载作用的压力 p_0 和该点以上液体自重形成的压力 ρgh 两部分组成。

（2）静止液体内的压力随深度增加呈线性递增。

（3）离液面深度相等处的各点压力都相等。压力相等的所有点组成的面叫作等压面。在重力作用下静止液体中的等压面是水平面。

需要注意的是液体在受外界压力作用的情况下，液体自重所形成的那部分压力 ρgh 相对非常小，在分析液压系统的压力时常可忽略不计，因而我们可以近似认为整个液体内部的压力是相等的。

3. 压力的表示方法

以绝对真空为基准来度量的压力，叫作绝对压力；以大气压力为基准来度量的压力，叫作相对压力。在地球的表面上用压力表所测得的压力数值就是相对压力，液压技术中的压力一般也都是相对压力。若液体中某点的绝对压力小于大气压力，那么比大气压力小的那部分数值叫作真空度。绝对压力、相对压力和真空度之间的关系如图 1-7 所示。

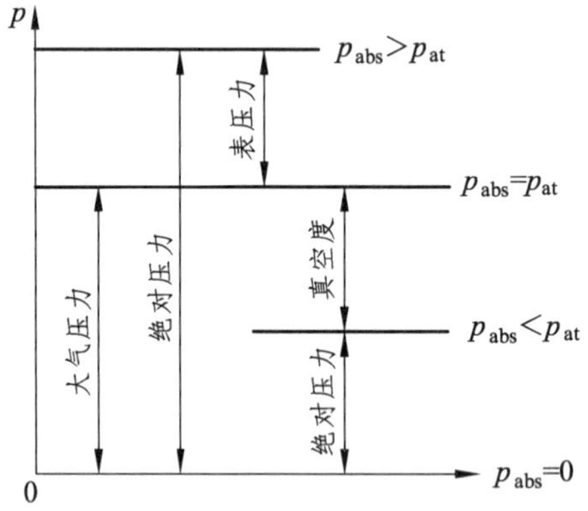

图 1-7　绝对压力、相对压力和真空度之间的关系

4. 压力取决于负载

在密闭容器内，施加于静止液体的压力可以等值地传递到液体各处，这就是帕斯卡原理或者静压传递原理。如图 1-8 所示，外加负载 F 作用在横截面面积为 A 的活塞上，根据帕斯卡原理，容器内深度为 h 处液体的压力 p 与负载 F 之间总是保持着正比关系 $p=F/A$。

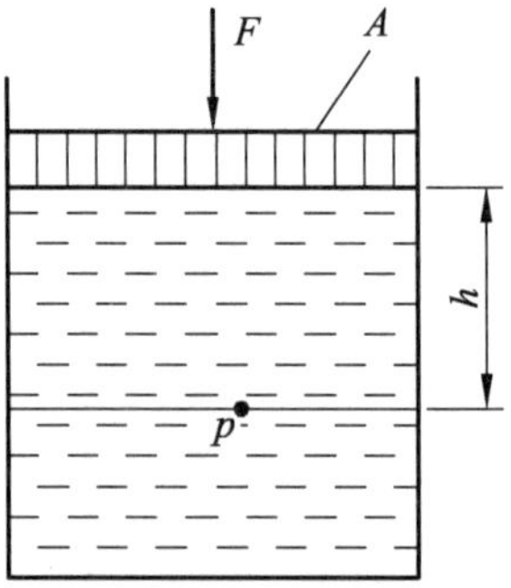

图 1-8　液体内压力计算

由此可见，液体内部的压力是由外界负载作用所形成的，即压力取决于负载，这是液压传动中的一个重要的基本概念。

（三）液体动力学基础

液体动力学主要研究液体流动时流速和压力之间的变化规律。其中，流动液体的连续性方程、伯努利方程、动量方程是描述流动液体力学规律的 3 个基本方程。这些内容不仅构成了液体动力学的基础，而且还是液压技术中分析问题和设计计算的理论依据。

1. 液体动力学基本概念

（1）理想液体和实际液体。

由于液体具有黏性，而且黏性只有在液体运动时才体现出来，因此在研究流动液体时必须考虑黏性的影响。液体的黏性问题非常复杂，为了分析和计算问题的方便，我们先假设液体没有黏性，然后再考虑黏性影响，并通过实验验证等方法对已得出的结果进行补充或修正。对于液体的可压缩问题，也可采用同样的方法来处理。

在研究流动液体时，把假设的既无黏性又不可压缩的液体称为理想液体。而把事实上既有黏性又可压缩的液体称为实际液体。

（2）恒定流动和非恒定流动。

当液体流动时，如果液体中任一点处的压力、速度和密度都不随时间而变化，则这种流动称为恒定流动；反之，若液体中任一点处的压力、速度和密度中有一个随时间而变化时，就称为非恒定流流动，如图 1-9 所示。

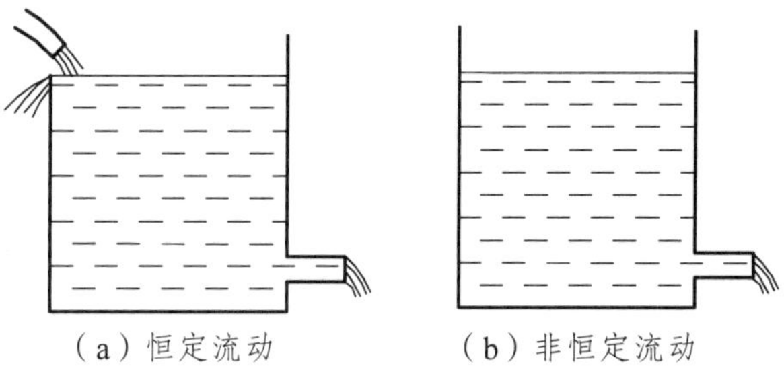

图 1-9　恒定流动和非恒定流动

（3）通流截面、流量和平均流速。

① 通流截面。垂直于液体流动方向的截面称为通流截面，也称为过流断面。其面积常用 A 表示，单位符号为 m^2。

② 流量。单位时间内流过通流截面的液体体积称为流量，常用 q 表示，单位符号为 m^3/s 或 L/min。

③ 平均流速。液体在管道中流动时，由于液体具有黏性，所以液体与管壁间存在摩擦力，液体间存在内摩擦力，这样造成液流流过通流截面上各点的速度不相等，管道中心的速度最大，管壁处的速度最小（速度为零）。为计算和分析简便起见，可假想地认为液流通过通流截面的流速分布是均匀的，其流速称作平均流速，用 υ 表示，单位符号为 m/s。用平均流速计算流量，则有

$$v=\frac{q}{A} \tag{1-20}$$

（4）流态与雷诺数。

英国物理学家雷诺通过大量实验，发现了液体在管道中流动时存在两种状态，即层流和紊流。这两种状态可通过实验（即雷诺实验）来观察。如图 1-10（a）所示，容器 6 和容器 3 中分别装满了水和密度与水相同的红色液体，容器 6 通过水管 2 供水，并由溢流管 1 使液面高度保持不变。打开阀 8 使水从玻璃管 7 中流出，这时打开阀 4，红色液体也经细导管 5 流入水平玻璃管 7 中。调节阀 8 使玻璃管 7 中的流速较小时，红色液体在管 7 中呈一条明显的直线，将细导管 5 的出口上下移动，则红色直线也上下移动，而且这条红线与清水之间层次分明，不相混杂[见图 1-10（b）]，液体的这种流动状态称为层流。当调整阀 8 使玻璃管中的流速逐渐增大至某一值时，可以看到红线开始出现抖动而呈波纹状[见图 1-10（c）所示]，这表明层流状态被破坏，液流开始出现紊乱。若玻璃管 7 中流速继续增大，红线会逐渐消失，红色液体便和清水完全混杂在一起[见图 1-10（d）]，表明管中液流完全紊乱，这时的流动状态称为紊流。如果将阀 8 逐渐关小，当流速减小至一定值时，水流又重新恢复为层流。层流与紊流是两种不同性质的流动状态。层流时液体流速较低，液体质点间的黏性力起主导作用，液体质点受黏性的约束，不能随意运动；紊流时液体流速较高，液体质点间黏性的制约作用减弱，惯性力起主导作用。

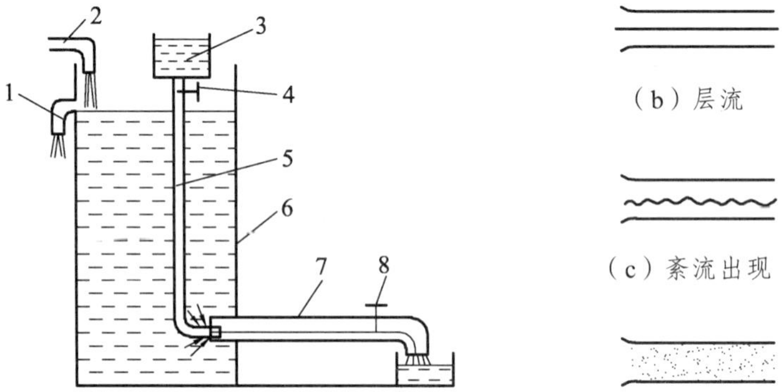

（a）实验装置　（b）层流　（c）紊流出现　（d）紊流

1—溢流管；2—水管；3，6—容器；4，8—阀；5—细导管；7—玻璃管。

图 1-10　雷诺实验装置

液体的流动状态可以用雷诺数来判断，实验结果证明，液体在圆管中的流动状态不仅与管内的平均流速 v 有关，还与管道的内径 d、液体的运动黏度 ν 有关。而用来判别液体流动状态的是由这 3 个参数所组成的一个无量纲数——雷诺数 Re，即

$$Re=\frac{vd}{\nu} \tag{1-21}$$

如果液体流动时的雷诺数相同，则流动状态也相同。当液流的实际雷诺数 Re 小于临界雷诺数时，为层流；反之，为紊流。

2. 流量连续性方程

连续性原理是质量守恒定律在流体力学中的一种表达形式。根据质量守恒定律，如果液体在管道内的流动是连续的，没有空隙存在，那么液体在压力作用下稳定流动时，单位时间内流过管道内任一个截面的液体质量一定是相等的，既不会增多，也不会减少。在不考虑液体的可压缩性的情况下，即液体密度ρ不变，那么单位时间流过管道任一截面的液体体积就是相等的，即通过流通管道任一截面的液体流量相等，这就是液体连续性原理。连续性方程示意见图 1-11，即

$$\rho_1 v_1 A_1 = \rho_2 v_2 A_2 = 常数$$

当忽略液体的可压缩性时，$\rho_1 = \rho_2$，则

$$q = \rho v A = 常数 \qquad (1\text{-}22)$$

式（1-22）称为连续性方程。

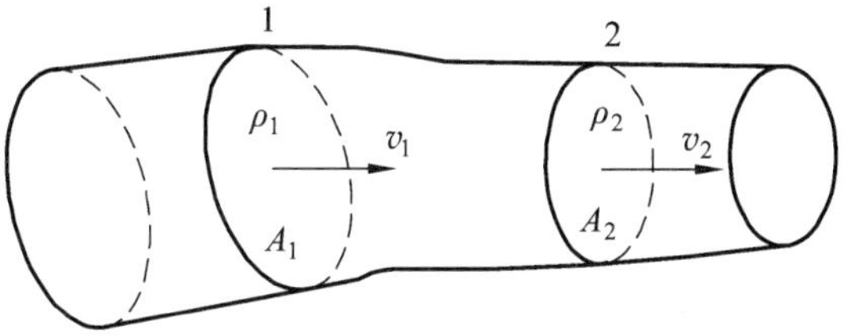

图 1-11　连续性方程示意

根据流动液体的连续性原理可知以下两点：

（1）液体流过一定截面时，流量越大，流速则越高。

（2）液体流过不同的截面时，在流量不变的情况下，截面越大，流速越小。

3. 伯努利方程

伯努利方程（流动液体能量方程）是能量守恒定律在流动液体中的具体表现。在密闭管道内做恒定流动的理想液体具有 3 种形式的能量，即压力能、位能和动能。在液体流动过程中，这 3 种形式的能量可以相互转化，但在各个过流断面上 3 种能量之和恒为定值，如图 1-12 所示。

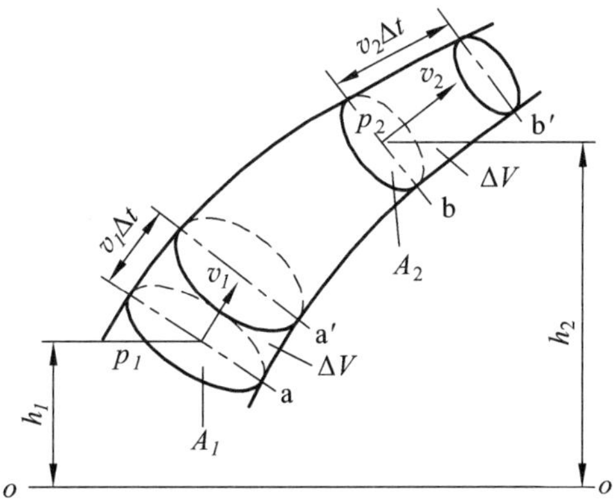

图 1-12　理想液体伯努利方程的推导

理想液体伯努利方程为

$$p_1+\rho g h_1+\frac{1}{2}\rho v_1^2=p_2+\rho g h_2+\frac{1}{2}\rho v_2^2$$

或 $$p+\rho g h+\frac{1}{2}\rho v^2=常量 \tag{1-23}$$

实际液体在管道内流动时，由于液体存在黏性，液体内部会产生摩擦力，消耗能量。同时，管道局部形状和尺寸的骤然变化，也会使液流产生扰动，也消耗能量。因此，实际液体流动时有能量损失，设单位体积液体在两个过流断面间流动的能量损失为 Δp_{w}。另外，由于实际液体在管道过流断面上的流速分布是不均匀的，在用平均流速代替实际流速计算动能时，必然会产生误差。为了修正这个误差，需引入动能修正系数 α，因此，实际液体的伯努利方程为

$$p_1+\rho g h_1+\frac{1}{2}\rho\alpha_1 v_1^2=p_2+\rho g h_2+\frac{1}{2}\rho\alpha_2 v_2^2+\Delta p_{\mathrm{w}} \tag{1-24}$$

式中 α_1，α_2——动能修正系数，紊流时取 $\alpha=1$，层流时取 $\alpha=2$。

伯努利方程揭示了液体流动过程中的能量变化规律，因此它是流体力学中一个特别重要的基本方程。伯努利方程不仅是进行液压系统分析的理论基础，而且还可用来对多种液压问题进行研究和计算。

应用伯努利方程时必须注意以下两点：

（1）过流断面 1，2 需要在顺流方向进行选取（否则 Δp_{w} 为负值），且应选在缓变的过流断面上。

（2）断面中心在基准面以上时，h 取正值；反之取负值。通常选取特殊位置的水平面作为基准面。

4. 动量方程

动量方程是动量定理在流体力学中的具体应用。动量方程可以用来计算流动液体作用于限制其流动的固体壁面上的总作用力，即

$$\sum F=\rho q_{\mathrm{V}}(\beta_2 v_2-\beta_1 v_1) \tag{1-25}$$

式中 $\sum F$——作用在液体上所有外力的矢量和，N；

v_2，v_1——液流在前、后两个过流断面上的平均流速矢量，m/s；

β——动量修正系数，紊流时 $\beta=1$，层流时 $\beta=1.33$，为简化计算过程，通常均取 $\beta=1$；

ρ——液体的密度；

q_{V}——液体的流量。

式（1-25）为液体做稳定流动时的动量方程，该方程表明：作用在液体控制体积上的外力总和 $\sum F$ 等于单位时间内流出与流入控制表面的液体的动量之差。该式为矢量表达式，应用时可根据问题具体要求，向指定方向投影，求出作用在液体该方向上的分量。显然，根据作用力与

反作用力相等的原理，液体也以同样大小的力作用在使其流速发生变化的物体上。由此，可按动量方程求得流动液体作用在固体壁面上的作用力，此作用力又称为稳态液动力，简称液动力。

（四）液体流动时的压力损失

1. 沿程压力损失

液体在等截面的直管中流动时，液体与管壁会产生摩擦，液体分子间也存在内摩擦，因而必然要消耗一部分能量，这种能量损失称为沿程压力损失。经实验证明，这种压力损失主要取决于液体流动速度、油液黏度以及管道长度和管径，此外还与雷诺数有关。

2. 局部压力损失

液压系统的管路是由若干段管道串联而成的，除等直径的管道外，还有管道弯曲、管道截面急剧变化、管道分支等情况，为了控制和测量还经常在管道上安装控制阀及其附件。这样液体在管道中流动时，流经截面的扩大或缩小、管道弯头、控制阀的阀口等处都会造成能量损失。一般将液流通过这些局部处引起的能量损失称为局部压力损失。液流通过局部阻力处时，由于液流的方向和速度突然改变，形成旋涡，使质点间相互碰撞而消耗了能量。另外，截面流速规律剧烈变化产生的附加摩擦也消耗能量，这些都是产生局部压力损失的主要原因。

3. 管路系统的总压力损失

管路系统的总压力损失等于所有的沿程压力损失与所有的局部压力损失之和。应当指出，计算液压系统总的压力损失 Δp_{w} 时，由于参数多，用公式计算很麻烦，一般的液压系统中，往往采用近似估算的办法。如将泵的出口压力取为液压执行元件工作压力的 1.3 ~ 1.6 倍，则其压力损失为

$$\Delta p_{\mathrm{w}} = (0.3 \sim 0.6)p \tag{1-26}$$

对于简单系统取小值，对于复杂的系统则取大值。

为了减少液压系统的压力损失常常采取以下措施：

（1）将油液的流速限制在适当的范围内。

（2）管道内壁应光滑。

（3）油液的黏度应适当。

（4）尽量缩短管道长度，减少管道的弯曲和突然变化。

压力损失不利于液压系统的正常工作，压力损失过大不仅会降低效率，也会使系统温度升高，应采取必要的措施来减少压力损失。

压力损失也有有利的一面，如流量控制阀和压力控制阀阀口的节流作用，就是利用阻力所形成的压力差来控制动作的（这种压力损失称为节流现象）。

（五）小孔和缝隙流量

液压传动中常利用液体流经阀的小孔或缝隙来控制流量和压力，以达到调速和调压的目的。液压元件的泄漏也属于缝隙流动。

1. 小孔流量

液体流经的小孔，根据长径比分为薄壁孔、短孔和细长孔，如图 1-13 所示。当小孔的长径比 $l/d \leqslant 0.5$ 时，称为薄壁孔；当 $l/d > 4$ 时，称为细长孔；当 $0.5 < l/d \leqslant 4$ 时，称为短孔。

小孔的流量可用一个通用公式来计算：

$$q = KA\Delta p^m \tag{1-27}$$

式中 q——小孔的流量；

A——小孔的通流面积；

K——孔口形状系数；

Δp——孔口前后的压力差；

m——孔口形状决定的指数，薄壁孔 $m=0.5$，细长孔 $m=1$，短孔 $m=0.5 \sim 1$。

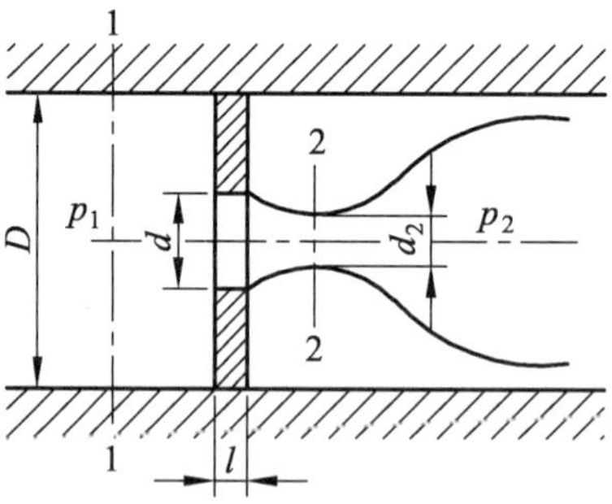

图 1-13 液体在小孔中的流动

2. 缝隙液流特性

液压系统是由一些元件、管接头和管道组成的，在这些元件组配时，通常需要一定的配合间隙，液体流经这些间隙就会造成泄漏。同时，液压油总会从压力较高处流向系统中压力较低处或大气中，前者称为内泄漏，后者称为外泄漏。

液体流经缝隙的流量计算，包括压差作用下的流动、剪切作用下的流动及压差和剪切联合作用下的流动，在此仅讨论压差作用下的流量计算。

（1）平行平板缝隙。

液体在压差 $\Delta p = p_1 - p_2$ 作用下通过固定平行平板缝隙的流动称为压差流动。如图 1-14 所示，平板长 l、宽度 b、缝隙高度 h，且 $l \gg h$、$b \gg h$，此时通常为层流。设流体不可压缩，黏度为常数，重力不计。

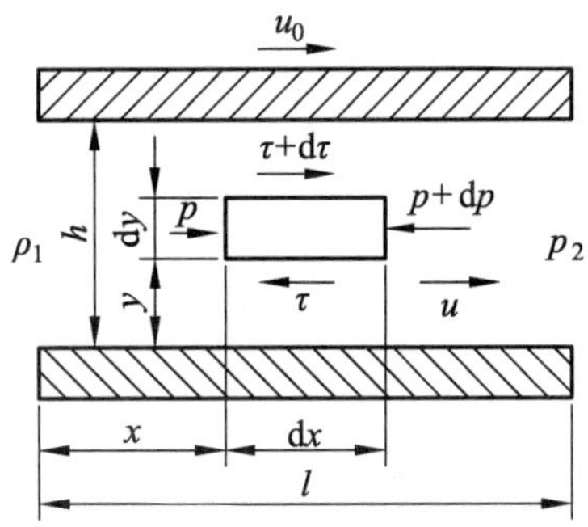

图 1-14　平行平板缝隙的液流

在压差作用下通过平行平板缝隙的流量为

$$q=\frac{bh^3}{12\mu l}\Delta p \tag{1-28}$$

式（1-28）表明，通过缝隙的流量与缝隙高度的三次方成正比，可见液压元件内的间隙大小对泄漏影响很大，故要尽量提高液压元件的制造精度，以减少泄漏。

（2）同心环形缝隙。

如图 1-15 所示，当 $h/d\leqslant\frac{1}{2}$ 时（相当于液压元件配合间隙的情况），可将环形缝隙展开，看成平行平板缝隙，将 $b=\pi d$ 代入式（1-28），可得到压差作用下的同心环形缝隙流动的流量，即

$$q=\frac{\pi dh^3}{12\mu l}\Delta p \tag{1-29}$$

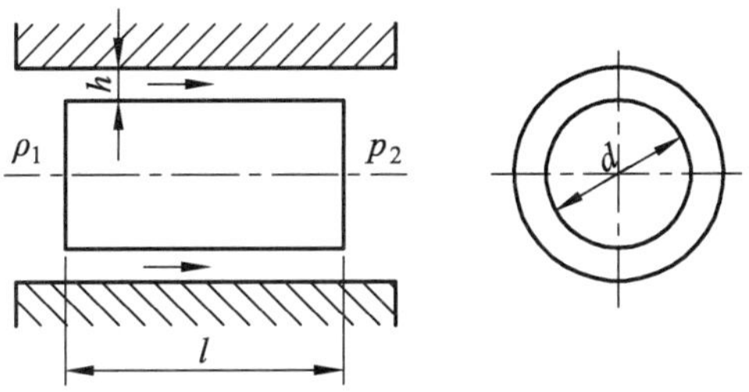

图 1-15　同心环形缝隙间的液流

（3）偏心环形缝隙。

在实际工作中，圆柱体与孔的配合很难保持同心，往往带有一定的偏心距 e，如图 1-16 所示。

通过此偏心环形缝隙的流量可按下式计算

$$q=\frac{\pi dh^3}{12\mu l}\Delta p(1+1.5\varepsilon^2) \tag{1-30}$$

式中　ε——相对偏心率，$\varepsilon=e/h$；

h——同心时的缝隙量，m。

从式（1-30）可知，通过同心环形缝隙的流量公式是偏心环形缝隙流量公式在$\varepsilon=0$时的特例。当完全偏心时，$e=h$，$\varepsilon=1$，是同心时流量的2.5倍。故在液压元件的设计制造和装配中，应采取适当措施，以保证较高的配合同轴度。

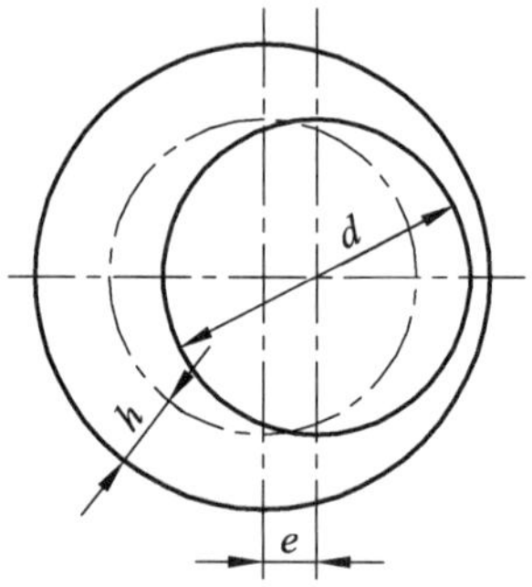

图1-16 偏心环形缝隙中的液流

（六）液压冲击和气穴现象

在液压传动中，液压冲击和气穴现象对液压系统的正常工作会产生不利的影响，因此需要了解这些现象的成因并采取措施加以预防。

1. 液压冲击

在液压系统中，由于某种原因引起液体压力在瞬间急剧升高，形成很大的压力峰值，这种现象称为液压冲击。

（1）产生液压冲击的原因。

① 液流突然停止运动，如迅速关闭阀门时，液体的流动速度突然降为零，这时液体受到挤压，液体的动能转换为液体的压力能，于是液体的压力急剧升高引起液压冲击。

② 急速改变运动部件的速度，如液压缸在高速运动中突然被制动时，液体封闭在两腔中，由于惯性力的作用，液压缸仍继续向前运动，因而压缩回油腔的液体，液体受到挤压，瞬时压力急剧升高引起液压冲击。

③ 液压系统中某些元件反应不够灵敏，也会造成液压冲击。溢流阀在超载时不能迅速打开，形成的压力超过调定量；限压式变量液压泵在油温升高时，不能及时减少输油量等，都会造成液压冲击。

（2）液压冲击的危害。

产生液压冲击时，液压系统的瞬时压力峰值有时比正常工作压力高好几倍，由此引起设备振动和噪声，影响系统正常工作。液压冲击还会损坏液压元件、密封装置，甚至使管道爆裂。由于压力增大，系统中的某些元件（如顺序阀和压力继电器等）也可能产生误动作，在工作中造成事故。

（3）减小液压冲击的措施。

① 缓慢开、关阀门，减少冲击波的强度。

② 限制管路中液流的流速。

③ 采用橡胶软管或在冲击源处设置蓄能器，以吸收液压冲击的能量等。

④ 在液压元件中设置液压缓冲装置，如液动换向阀的节流元件和液压缸的缓冲装置。

⑤ 在容易出现液压冲击的地方，安装限制压力升高的安全阀。

2. 气穴现象

在液压系统中，由于某种原因会产生低压区（如流速很大的区域压力会降低）。当压力低于空气分离压力时，溶于液体中的空气就游离出来，以气泡的形式存在于液体中，使原来充满管道的液体出现了气体的空穴，这种现象称为气穴现象。

当液压系统中出现气穴现象时，大量的气泡破坏了液流的连续性，造成流量和压力脉动。气泡随液流进入高压区时又急剧破灭，引起局部压力冲击，发出噪声并引起振动。当附着在金属表面上的气泡破灭时，它所产生的局部高温和高压会使金属剥蚀，这种由气穴造成的腐蚀作用称为气蚀。气蚀会使液压元件的工作性能变坏，并大大地缩短其使用寿命。

气穴多发生在阀口和液压泵的进口处。由于阀口通道狭窄，液流的速度增大，压力大大下降，造成气穴产生。若泵的安装高度过高，吸油管直径太小，吸油阻力太大或泵的转速过高，造成进口处真空度过大，也会产生气穴。此外，当液流流经节流部位时，流速增大、压力降低，在节流部位前后压差达到一定程度时，也会产生气穴。

减小和预防气穴产生的措施：

（1）液压泵的吸油管管径不能过小，并应限制液压泵吸油管中油液流速，降低吸油高度。

（2）液压泵转速不能过高，以防吸油不充分。

（3）管路尽量平直，避免急转弯及狭窄处。

（4）节流口压力降要小，一般控制节流口前后压差 $p_1 / p_2 < 3.5$。

（5）管路密封要好，防止空气渗入。

（6）为了提高零件的抗气蚀能力，可采用抗气蚀能力强的金属材料（铸铁的抗气蚀能力较差，青铜较好）制造零件并降低零件表面粗糙度。

习题与思考

1. 液压与气压系统由哪几部分组成？各组成部分的作用是什么？
2. 液压油的黏度有几种表示方法？它们用什么符号表示？它们的单位是什么？
3. 压力有几种表示方法？它们之间如何转换？表压力是指什么压力？
4. 在液压与气压传动系统中，系统的压力取决于什么？执行元件的运动速度取决于什么？
5. 解释下列名词：理想液体、恒定流动、层流、紊流、雷诺数。
6. 理想伯努利方程的物理意义是什么？
7. 建设现代化产业体系，坚持把发展经济的着力点放在（　　）上，推进（　　）。

A. 数字经济　传统工业化　　B. 数字经济　新型工业化

C. 实体经济　传统工业化　　D. 实体经济　新型工业化

项目二

液压动力元件

【知识目标】

✧ 掌握液压泵的工作原理、主要性能参数计算、职能符号。

✧ 理解齿轮泵、叶片泵、柱塞泵的工作原理、结构特性、选用原则。

✧ 了解液压泵的概况、发展及类型。

【技能目标】

✧ 能够正确选用液压泵；能够分析排除液压泵常见故障。

【素养目标】

✧ 培养崇尚劳动、热爱劳动、辛勤劳动、诚实劳动的劳动精神。

✧ 培养执着专注、精益求精、一丝不苟、追求卓越的工匠精神。

✧ 培养吃苦耐劳的工作精神和严谨求实的工作态度，积极动手拆装操作。

液压故事：中国梦·大国工匠——上海电气液压气动有限公司李斌

图 2-0　李斌在岗位工作

全国劳模、党代会代表、全国人大代表、上海市总工会兼职副主席、国家科技进步二等奖……他的身上，有数不清的荣誉和头衔。但是，他总是对人说："我是一个普通的工人。"

1980 年，李斌从技校毕业，进入上海电气液压气动有限公司液压泵厂当起了小学徒，当时他只有一个小小的梦想——"学一手好技术，当一个好工人。"

"外国人有的，我们也要有。"尽快改变我国机械制造业加工落后的面貌，实现中国制造技术进入世界一流行列，为"中国智造"作出贡献，这是李斌的"大梦想"。

高端液压元件曾经长期被国外技术所垄断，李斌带动团队主动承担了"高压轴向柱塞泵/马达国产化关键技术"的重点攻关项目。

经过不懈努力，李斌团队突破了 11 个关键技术难点，其中对柱塞环技术攻关的成功，打通了产品技术上的瓶颈，使产品从强度、精度、耐磨性、装配复原性等技术指标上，完全达到了进口部件的技术性能，并形成了批量生产能力。关键技术的突破，使 6.1 系列产品主要技术性能达到国内领先、国际先进水平，打破了国外的垄断。

这一项目还带动了相关技术的持续创新，李斌先后申请了相关技术 19 项发明专利及 21 项实用新型专利，"高压轴向柱塞泵/马达国产化关键技术"也获得了国家科技进步二等奖，李斌也成为全国少数几个获得国家科技进步奖项的一线技术工人。

李斌说："做工人就要有一颗匠心，工匠精神在任何时候都不会过时，只要我们有一颗追求高标准、高品质的匠心，有一种不达目标决不放弃的精神，始终对自己所从事的职业充满感情、充满忠诚，就一定会走得更好更远！"

党的二十大报告指出，努力培养造就更多大师、战略科学家、一流科技领军人才和创新团队、青年科技人才、卓越工程师、大国工匠、高技能人才。在全社会弘扬劳动精神、奋斗精神、奉献精神、创造精神、勤俭节约精神，培育时代新风新貌。

一、项目引入

一个完整的液压系统由五部分组成，即动力元件、执行元件、控制元件、辅助元件和液压油。液压动力元件常指液压系统中的油泵，它的作用是将原动机的机械能转换成液体的压力能并向整个液压系统提供动力。

二、液压动力元件简介

（一）液压泵（见图 2-1）的工作原理

以图 2-2 所示的单柱塞泵为例来介绍容积式液压泵的工作原理。图中柱塞 2 装在缸体 3 中形成一个密封容积 V，柱塞在弹簧 4 的作用下始终压紧在偏心轮 1 上。原动机驱动偏心轮 1 旋转，柱塞 2 就在缸孔中做往复运动，从而使密封容积 V 的大小发生周期性的交替变化。当 V 由小变大时就形成部分真空，使油箱中油液在大气压的作用下，经吸油管顶开单向阀 6 进入油腔 V 而实现吸油。反之，当 V 由大变小时，V 腔中吸满的油液将顶开单向阀 5 流入系统而实现压油，这样液压泵就将原动机输入的机械能转换成液体的压力能。原动机驱动偏心轮不断旋转，液压泵就不断地吸油和压油。

由此可看出容积式液压泵工作必须具备如下基本条件：

（1）具有密封且可以周期性变化的空间。液压泵输出流量与此空间的容积变化量和单位时间内的变化次数成正比，与其他因素无关。这是容积式液压泵的一个重要特性。

（2）油箱内液体的绝对压力必须恒等于或大于大气压力。这是容积式液压泵能够吸入油液的外部条件。因此，为保证液压泵正常吸油，必须保证油箱与大气相通，或采用密闭的充压油箱。

（3）具有相应的配油机构，将吸油腔和排油腔隔开，保证液压泵有规律地、连续地吸、排液体。液压泵的结构原理不同，其配油机构也不相同。

液压泵简介请浏览下方 AR 资源。

图 2-1　液压泵

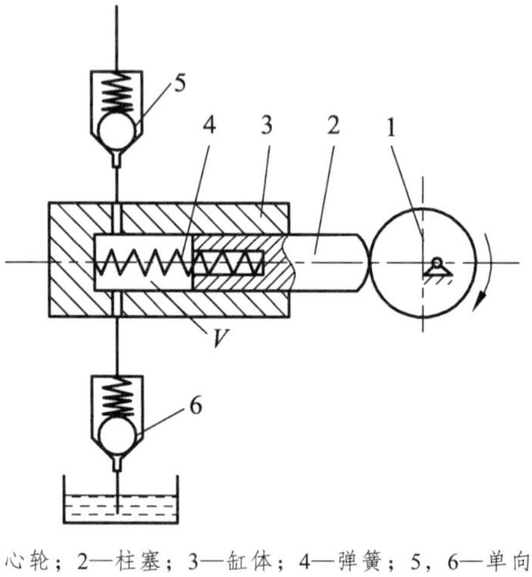

1—偏心轮；2—柱塞；3—缸体；4—弹簧；5，6—单向阀。

图 2-2　单柱塞泵

（二）液压泵的主要性能参数

液压系统有以下几个主要工作参数。

1. 工作压力和额定压力

（1）工作压力。

液压泵实际工作时的输出压力称为工作压力。工作压力的大小取决于外负载的大小和排油管路上的压力损失，与液压泵的流量无关。

（2）额定压力。

液压泵在正常工作条件下，按试验标准规定连续运转所允许的最高压力称为液压泵的额定压力。

（3）最高允许压力。

在超过额定压力的条件下，根据试验标准规定，允许液压泵短暂运行的最高压力值，称为液压泵的最高允许压力。

2. 排量和流量

（1）排量 V。

液压泵的排量是指液压泵每转一周由其密封容积几何尺寸变化计算而得的排出液体的体积。排量可调节的液压泵被称为变量泵；排量为常数的液压泵被称为定量泵。

（2）理论流量 q_L。

理论流量是指在不考虑液压泵的泄漏流量的情况下在单位时间内排出的液体体积。

显然，如果液压泵的排量为 V，其主轴转速为 n，则该液压泵的理论流量 q_L 为

$$q_L = Vn \tag{2-1}$$

式中　V——液压泵的排量，m^3/r；

n——液压泵的转速，r/s。

（3）实际流量 q_S。

液压泵在某一具体工况下，单位时间内所排出的液体体积称为实际流量。它等于理论流量减去泄漏和压缩损失流量。

$$q_S = q_L - \Delta q \tag{2-2}$$

（4）额定流量 Q。

液压泵在正常工作条件下，按试验标准规定（如在额定压力和额定转速下）必须保证的流量。

3. 功　率

（1）输入功率 P。

液压泵的输入功率是指作用在液压泵主轴上的机械功率，当实际输入转矩为 T、泵轴转速为 n 时，有

$$P = 2\pi nT \tag{2-3}$$

（2）输出功率 P_0。

液压泵的输出功率是指液压泵的工作压力 p 和实际流量 q 的乘积，即

$$P_0 = pq \tag{2-4}$$

在实际计算中，若油箱通大气，液压泵吸、压油的压力差往往用液压泵的出口压力 p 代替。

4. 效 率

（1）容积效率 η_V。

容积效率等于液压泵的实际输出流量 q_S 与其理论流量 q_L 之比。其表达式为

$$\eta_V = q_S/q_L \tag{2-5}$$

液压泵的容积效率随着液压泵工作压力的增大而减小，且随液压泵的结构类型不同而异，但恒小于 1。

（2）机械效率 η_M。

液压泵的机械效率等于液压泵的理论转矩 T_t 与实际输入转矩 T 之比，其表达式为

$$\eta_M = T_t/T \tag{2-6}$$

（3）总效率 η。

由于液压泵在工作时存在能量损失，故总效率为液压泵的实际输出功率与其输入功率的比值，即

$$\eta = P_0/P \tag{2-7}$$

将相关参数公式代入式（2-7）中，最终得

$$\eta = \eta_V \eta_M \tag{2-8}$$

即液压泵的总效率等于其容积效率和机械效率的乘积。

（三）齿轮泵的工作原理和结构

齿轮泵液压系统中广泛采用的液压泵，有外啮合和内啮合两种结构形式。齿轮泵的主要优点是结构简单、体积小、质量小、转速高且范围大、自吸性能好、对油液污染不敏感、工作可靠、维护方便和价格低廉等。它在液压传动系统，特别是采矿设备、冶金设备以及工程机械的液压传动系统中应用较为广泛。其主要缺点是流量脉动和压力脉动较大，泄漏损失大，容积效率较低，噪声较严重，容易发热，排量不可调节，只能作为定量泵使用，故适用范围受到一定限制。齿轮泵按齿轮啮合形式的不同分为外啮合齿轮泵和内啮合齿轮泵两种；按齿形曲线的不同分为渐开线齿形齿轮泵和非渐开线齿形齿轮泵两种。其中外啮合齿轮泵的应用最为广泛。

1. 外啮合齿轮泵

（1）外啮合齿轮泵的工作原理。

图 2-3 所示为渐开线圆柱直齿形外啮合齿轮泵，泵体、端盖和齿轮之间形成了密封腔，并由两个齿轮的齿面接触线将左右两腔隔开。当齿轮按图示方向旋转时，右侧吸油腔内的轮齿相继脱开啮合，使密封容积增大形成局部真空，油箱中的油在大气压力作用下进入吸油腔，并被旋转的齿轮带入左侧，左侧压油腔的轮齿不断进入啮合，使密封容积变小，油液被挤出，通过压油口压油。这就是齿轮泵的吸油和压油过程。齿轮不断地旋转，泵就不断地吸油和压油。

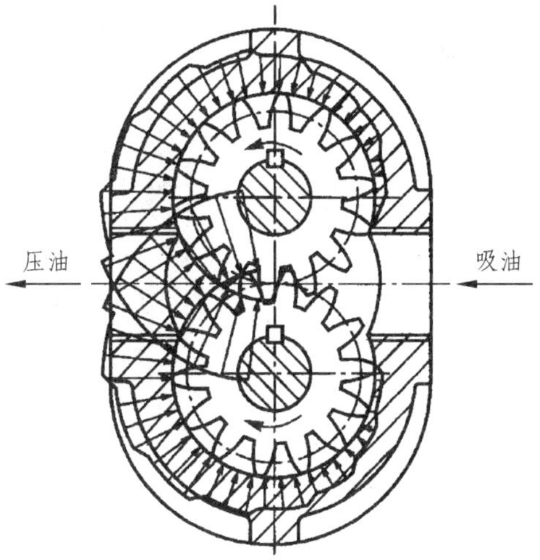

图 2-3　渐开线圆柱直齿形外啮合齿轮泵工作原理

齿轮泵的齿数越少，流量脉动率就越大。流量脉动引起压力脉动，随之产生振动与噪声（内啮合齿轮泵的流量脉动率要小得多），所以高精度机械不宜采用外啮合齿轮泵。

（2）外啮合齿轮泵的结构。

CB-B 型齿轮泵是外啮合齿轮泵，它属于中低压泵，不能承受较高的压力。其额定压力为 2.5 MPa，排量为 2.5 ~ 125 mL/r，转速为 1 450 r/min。CB-B 型齿轮泵主要用于机床作液压系统动力源以及各种补油、润滑和冷却系统。

CB-B 型齿轮泵的结构如图 2-4 所示，属于三片式结构。主动轴 10 上装有主动齿轮 6，从动轴 1 上装有从动齿轮。用定位销 11 和螺钉 5 把泵体 7 与后泵盖 8 和前泵盖 4 装在一起，形成齿轮泵的封闭腔。泵体两端面开有封油卸荷槽口 d，可防止油外泄并可减轻螺钉拉力。油孔 a、b、c 可使轴承处泄漏油液流向吸油口。

2. 外啮合齿轮泵结构特性分析

（1）困油现象。

齿轮泵要平稳地工作就要求齿轮啮合的重合度大于 1，即一对轮齿尚未脱开时，另一对轮齿已进入啮合。此时，就有一部分油液被围困在两对轮齿所形成的密封腔内，如图 2-5 所示。这个密封容积随齿轮转动，先由最大逐渐减到最小，又由最小逐渐增到最大。密封容积减小时，被困油液受到挤压，压力急剧上升，并从缝隙中流出，导致油液发热，轴承等机件也受到附加的不平衡负载作用。密封容积增大又会造成局部真空，使溶于油中的气体分离出来，产生气穴，引起噪声、振动和气蚀，这就是齿轮泵的困油现象。

消除困油现象的方法通常是在齿轮的两端盖板上开卸荷槽（如图 2-5 中的虚线所示），使密封容积减小时通过右边的卸荷槽与压油腔相通，密封容积增大时通过左边的卸荷槽与吸油腔相通。在很多齿轮泵中，两槽并不对称于齿轮中心线分布，而是整个向吸油腔侧平移一段距离，这样能取得更好的卸荷效果。

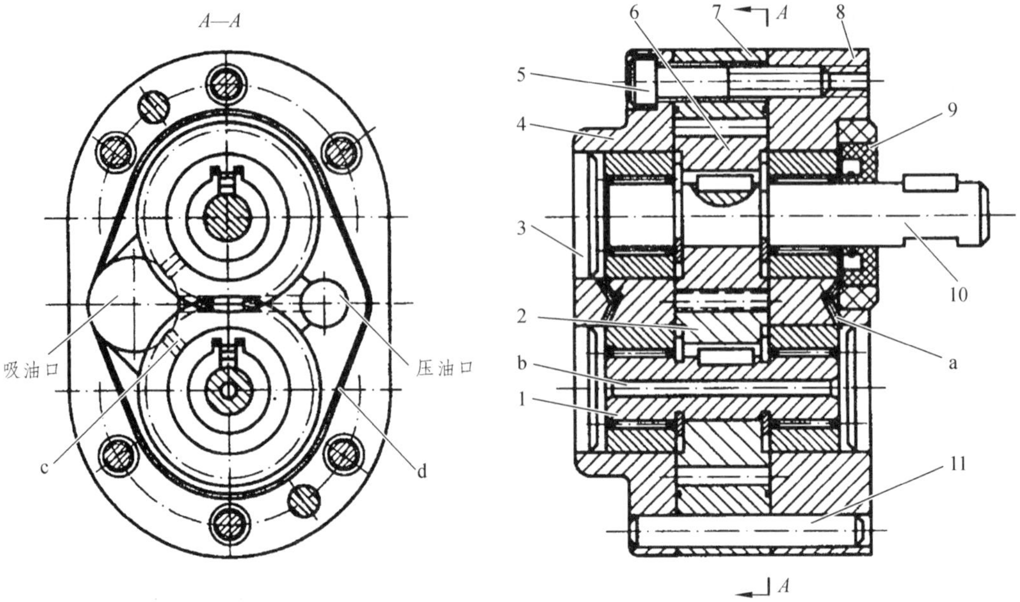

1—从动轴；2—从动齿轮；3—前端盖；4—前泵盖；5—螺钉；6—主动齿轮；
7—泵体；8—后泵盖；9—后端盖；10—主动轴；11—定位销。

图 2-4 CB-B 型齿轮泵结构

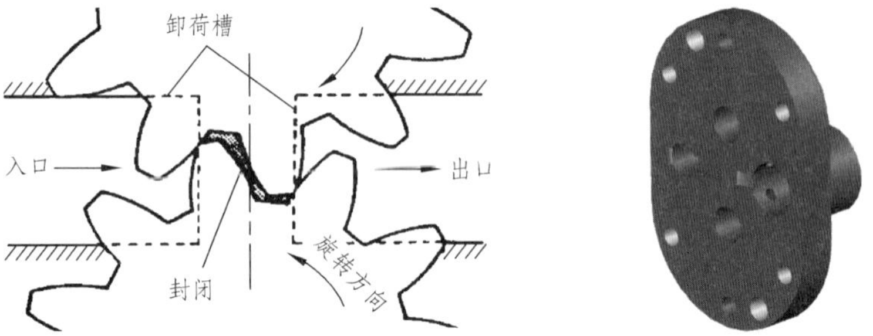

（a）　（b）

图 2-5 卸荷槽

（2）径向作用力不平衡。

齿轮泵工作时，液体作用在齿轮外缘上的压力是不均匀的，从低压腔到高压腔力沿齿轮旋转方向逐齿递增，因此齿轮和轴受到径向不平衡力的作用。工作压力越高，径向不平衡力越大，严重时能使泵轴弯曲，导致齿顶接触泵体，产生磨损的同时也降低轴承的使用寿命。

为了减轻径向不平衡力的影响，常采取缩小压油口的办法，使压油腔的压力油仅仅作用在一到两个齿的范围内。同时，适当增大径向间隙，使齿顶不与泵体接触。

（3）泄漏。

外啮合齿轮泵压油腔的压力油向吸油腔泄漏有三条途径：一是通过齿轮啮合处的间隙；二是通过泵体内孔和齿顶圆间的径向间隙；三是通过齿轮两端面和盖板间的端面间隙。在这三类间隙中，端面间隙的泄漏量最大，占 70%～80%，而且泵的压力越高，间隙泄漏就越大。

因此齿轮泵的容积效率很低，一般只适用于低压场合。

3. 内啮合齿轮泵

内啮合齿轮泵有渐开线齿形和摆线齿形两种，如图 2-6 所示。这两种内啮合齿轮泵的工作原理和主要特点皆与外啮合齿轮泵相同。在渐开线齿形内啮合齿轮泵中，小齿轮和大齿轮之间要装一块月牙形隔板，以便把吸油腔和压油腔隔开，如图 2-6（a）所示。摆线齿形内啮合齿轮泵又称摆线转子泵，在这种泵中，小齿轮和内齿轮只相差一齿，因而不需设置隔板，如图 2-6（b）所示。内啮合齿轮泵中的小齿轮是主动轮，大齿轮为从动轮，在工作时大齿轮随小齿轮同向旋转。

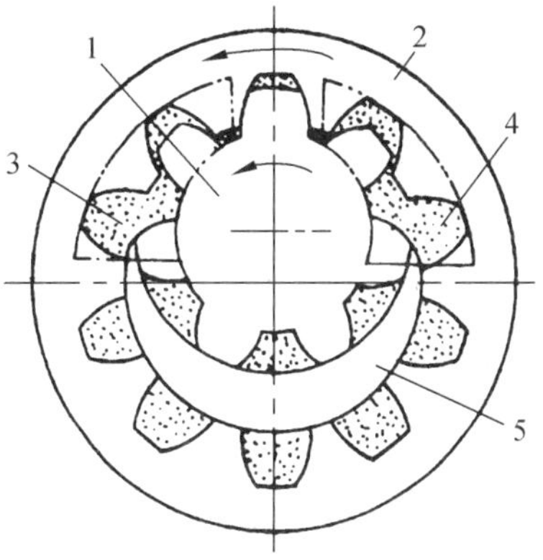

（a）渐开线齿形

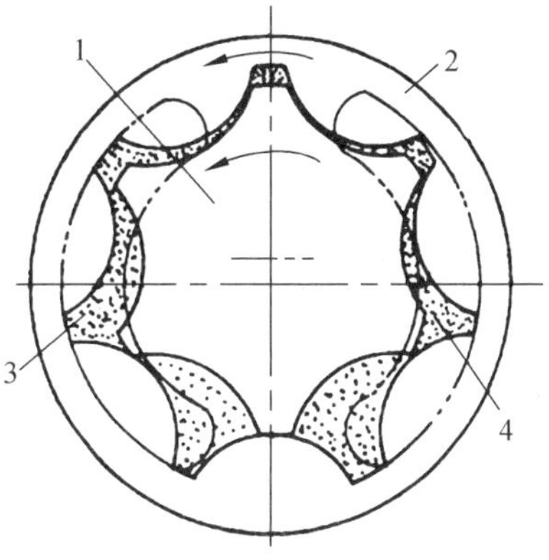

（b）摆线齿形

1—内齿轮；2—外齿轮；3—吸油腔；4—压油腔；5—隔板。

图 2-6　内啮合齿轮泵

与外啮合齿轮泵相比，内啮合齿轮泵可做到无困油现象，流量脉动小。内啮合齿轮泵的结构紧凑、尺寸小、质量小、运转平稳、噪声低，在高转速工作时有较高的容积效率。但在低速、高压下工作时，压力脉动大，容积效率低。

（四）叶片泵的工作原理和结构

叶片泵是机床液压系统中应用最广的一种泵，相对于齿轮泵来说它输出流量均匀，脉动小、噪声低，但结构较复杂，对油液的污染比较敏感，主要用于速度平衡性要求较高的中低压系统。随着结构、工艺及材料的不断改进，叶片泵正向着中高压及高压方向发展。按照工作原理，叶片泵按每转吸排油液次数分为单作用式和双作用式两大类。双作用叶片泵压力脉动和流量脉动较小，工作压力较高，应用较广。但其只能做成定量泵，而单作用叶片泵可以做成多种变量形式。

1. 单作用叶片泵

（1）单作用叶片泵的工作原理。

如图 2-7 所示为单作用叶片泵的工作原理。它由转子、定子、叶片和配油盘等组成。定子 1 的工作表面是一个圆柱表面，定子 2 与转子 1 偏心安装，有一偏心距 e。叶片 3 装在转子槽内可灵活滑动。转子回转时，叶片在离心力和叶片底部压力油的作用下，使其顶部贴紧在定子内表面上。在转子 1、定子 2、叶片 3 和两侧配油盘之间就形成了若干个密封腔。当转子 1 按图 2-7 中的方向旋转时，右侧的叶片逐渐伸出，密封腔容积逐渐增大，产生局部真空，于是油箱中的油液在大气压力作用下，经配油盘的吸油口进入密封腔，这就是吸油过程。反之，左侧的叶片被定子内表面压入转子槽内，密封腔容积逐渐减小，其内部的油液受到压缩，经配油盘的压油口压出，这就是压油过程。在吸油腔和压油腔之间有一段封油区，将吸油腔和压油腔隔开，这就是过渡区。

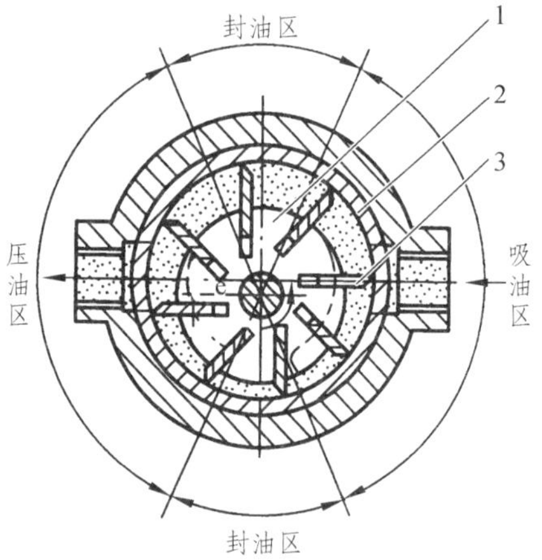

1—转子；2—定子；3—叶片。

图 2-7　单作用叶片泵的工作原理

（2）单作用叶片泵的结构特点。

① 定子曲线。单作用叶片泵定子内表面为圆面。

② 叶片倾角。为保证叶片所受合力与运动方向一致，减少叶片受弯的力，叶片前倾 θ 角。

③ 径向力。转轴所受径向力不平衡，有径向不平衡力。

④ 根部通油。叶片槽根部分别接通吸、压油腔，叶片厚度对排量无影响。

⑤ 叶片数。因叶片矢径是转角的函数，瞬时理论流量是脉动的。叶片数取奇数，以减小流量的脉动。

⑥ 变量泵。可以通过改变定子的偏心距 e 来调节泵的排量和流量。

⑦ 叶片伸出主要靠离心力作用。

2. 双作用叶片泵

（1）双作用叶片泵的工作原理。

如图 2-8 所示，泵体是由定子 1、转子 2、叶片 3、配油盘 4 和轴 5 等组成。转子和定子中心重合，定子内表面近似为椭圆形，该椭圆形由 2 段长半径 R、2 段短半径 r 和 4 段过渡曲线所组成。当转子转动时，叶片在离心力和根部压力油的作用下，在转子槽内做径向移动而压向定子内表面，由叶片、定子的内表面、转子的外表面和两侧配油盘间形成若干个密封空间。当转子按图示方向旋转时，处在小圆弧上的密封空间经过渡曲线而运动到大圆弧的过程中，叶片外伸，密封空间的容积增大，吸入油液。在从大圆弧经过渡曲线运动到小圆弧的过程中，叶片被定子内壁逐渐压进槽内，密封空间容积变小，将油液从压油口压出。当转子每转 1 周，每个工作空间要完成 2 次吸油和压油，所以这种泵被称为双作用叶片泵。这种叶片泵由于有 2 个吸油腔和 2 个压油腔，并且各自的中心夹角是对称的，所以作用在转子上的油液压力相互平衡，因此双作用叶片泵又称为卸荷式叶片泵。为了使径向力完全平衡，密封空间数（即叶片数）应当是偶数。

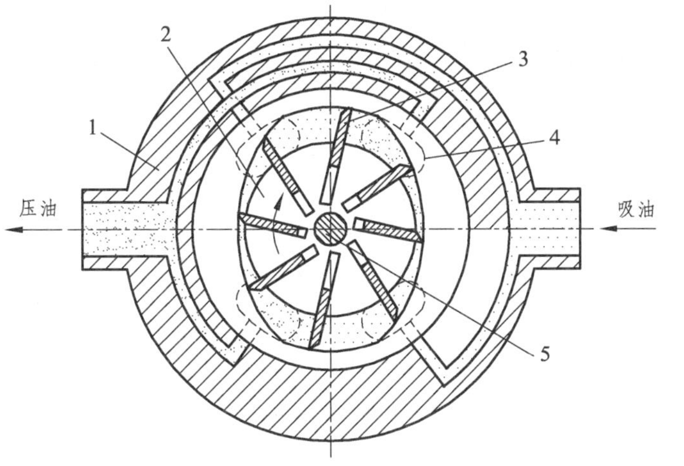

1—定子；2—转子；3—叶片；4—配油盘；5—轴。

图 2-8　双作用叶片泵的工作原理

双作用叶片泵结构紧凑、流量均匀、排量大，且几乎没有流量脉动，运动平稳，噪声小，容积效率可达 90%以上。转子受力相互平衡，可工作于高压系统，轴承寿命长。但双作用叶片泵结构复杂、制造比较困难，转速也不能太高，一般在 2 000 r/min 以下工作。它的抗污染出力也较差，对油液的质量要求较高，如果油液中存有杂质往往导致叶片在槽内卡死。

（2）双作用叶片泵的结构。

YB1 型双作用叶片泵的结构原理如图 2-9 所示，它由前泵体 7 和后泵体 6、左右配油盘 1 和 5、定子 4、转子 12、叶片 11 及传动轴 3 等组成。

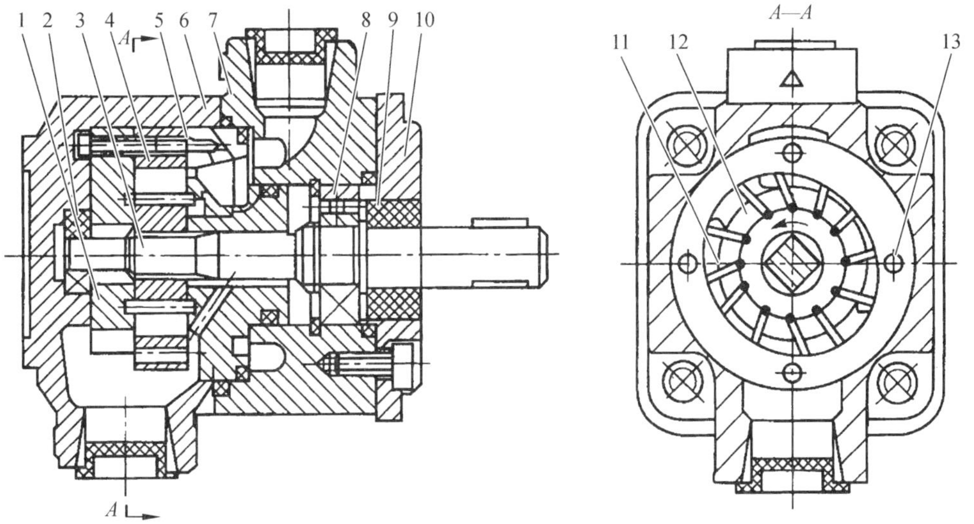

1—左配油盘；2，8—轴承；3—传动轴；4—定子；5—右配油盘；6—后泵体；7—前泵体；9—油毡；10—端盖；11—叶片；12—转子；13—螺钉定位销。

图 2-9　YB1 型双作用叶片泵结构原理

双作用叶片泵有如下几个结构特点。

① 吸油口与压油口有 4 个相对位置。

前后泵体的 4 个连接螺钉布置成正方形，所以前泵体的压油口可变配，以方便使用。

② 采用组合装配和压力补偿配油盘。

左右配油盘、定子、转子、叶片可以构成一个组件。两个长螺钉为组件的紧固螺钉，它们的头部作为定位销 13 插入后泵体 6 的定位孔内，并保证配油盘上吸、压油窗的位置能与定子内表面的过渡曲线相对应。当泵运转建立压力后，右配油盘 5 在右侧压力油作用下，会产生微量弹性变形，紧贴在定子上以补偿轴向间隙，减少内泄漏，有效地提高容积效率。

③ 配油盘。

如图 2-10 所示，配油盘的上、下两缺口 b 为吸油口，两个腰形孔 a 为压油口，相隔部分为封油区域。在腰形孔端开有三角槽，它的作用是使叶片间的密封容积逐步与高压腔相通，以避免产生液压冲击，可减少振动和噪声。在配油盘上对应于叶片根部位置处开有一环形槽 c，在环形槽内有 4 个小孔 d 与排油孔道相通，引进压力油作用叶片底部，使叶片紧贴定子端面，保证可靠密封，f 为泄漏孔，将泵体间的泄漏油引入吸油腔。

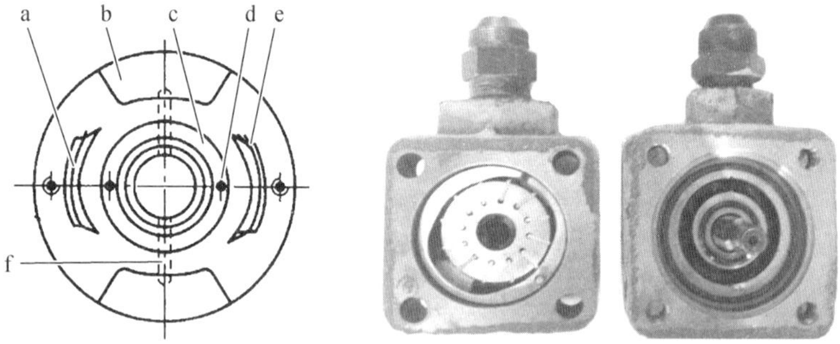

a—压油口；b—吸油口；c—环形槽；d—小孔；e—卸荷槽；f—泄漏孔。

图 2-10 叶片泵的配油盘

④ 定子内曲线。

定子的内曲线由 4 段网弧和 4 段过渡曲线组成。理想的过渡曲线既能使叶片顶紧定子内表面，又能使叶片在转子槽的滑动速度和加速度变化均匀，在过渡曲线和弧线交接点处应圆滑过渡，这样会减小加速度突变，降低冲击、噪声及磨损。目前双作用叶片泵一般都使用综合性能较好的等加速、等减速曲线作为过渡曲线。

⑤ 叶片倾角。

为了减小叶片对转子槽侧面的压紧力和磨损，双作用叶片泵的叶片在转子槽内不采用径向安装，而是有一个顺转向的倾角 θ，θ 一般取 13°。

（五）柱塞泵的工作原理和结构

柱塞泵具有工作压力高、结构紧凑、效率高及流量调节方便等优点，常用于高压大流量和流量需要调节的液压系统中。其缺点是结构复杂、加工精度高、价格高及对油液的污染敏感。柱塞泵按柱塞排列方向的不同，分为轴向柱塞泵和径向柱塞泵。轴向柱塞泵按其结构特点又分为斜盘式和斜轴式两类。

1. 斜盘式轴向柱塞泵

（1）斜盘式轴向柱塞泵的工作原理。

轴向柱塞泵的柱塞都沿缸体轴向布置，并均匀分布在缸体的圆周上。斜盘式轴向柱塞泵的工作原理如图 2-11 所示。它主要由斜盘 1、柱塞 2、缸体 3、配油盘 4、轴 5、弹簧 6 等组成。传动轴中心线与缸体中心线重合，斜盘与缸体间有一倾角 γ，配油盘 4 上有 2 个窗口。斜盘 1 和配油盘 4 固定不动，缸体由传动轴 5 带动旋转。在弹簧 6 的作用下，柱塞头部始终紧贴斜盘。当缸体按图示方向旋转时，由于斜盘和弹簧的共同作用，柱塞做往复运动，各柱塞与缸体间的密封容积便发生增大或缩小的变化，通过配流盘上的吸油和压油窗口实现吸油和压油。缸体每转一周，每个柱塞各完成吸、压油一次。由于配流盘上吸、压油窗口之间的过渡区的长度 L 必须大于缸体上柱塞根部的吸、压油腰形孔的长度，故当柱塞根部密封腔转至过渡区时会产生困油，为减小所引起的振动和噪声，可在配流盘的端面上开眉毛槽。

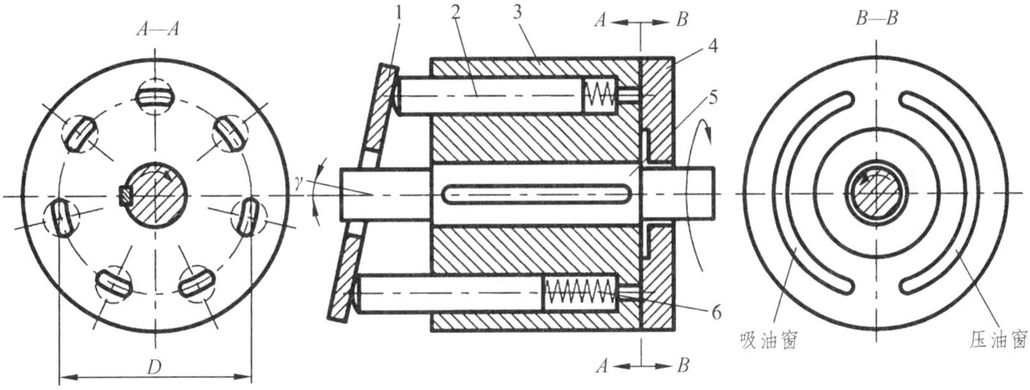

1—斜盘；2—柱塞；3—缸体；4—配油盘；5—轴；6—弹簧。

图 2-11 斜盘式轴向柱塞泵工作原理

（2）斜盘式轴向柱塞泵的排量和流量。

由图 2-10 可以看出如果改变斜盘倾角 γ 的大小，就能改变柱塞的行程，也就改变了泵的排量。如果改变斜盘倾角的方向，就能改变吸压油方向。这时柱塞泵就成为双向变量轴向柱塞泵。柱塞泵的输油量是脉动变化的。

（3）斜盘式轴向柱塞泵的结构特点。

图 2-11 所示为目前使用比较广泛的 CY 型斜盘式轴向柱塞泵的结构。泵的右边为主体部分，左边为变量机构。在中间泵体内装有缸体 7 和配油盘 8 等。缸体由传动轴 9 通过花键带动旋转。缸体上每个轴向孔中各装有一个柱塞 6，柱塞的球状头部装有一个滑履 4，抵在斜盘 2 上。当传动轴带动缸体旋转时，柱塞就在缸孔中做往复运动，引起密封容积发生变化，这时油液通过缸孔底部月牙形的通油孔、配油盘上的配油窗口以及前泵体上的进、出油孔，完成吸压油工作。通过调节手轮 1 可以改变斜盘的倾角 δ 的大小，从而调节泵的排量。斜盘式轴向柱塞泵的主要结构特点如下：

① 滑履结构。

在图 2-12 中，每个柱塞以球形头部直接接触斜盘而滑动，柱塞头部与斜盘之间为点接触。泵工作时，柱塞头部接触应力大，极易磨损，故一般轴向柱塞泵都在柱塞头部装一滑履，柱塞头部和滑履用球面配合，外面铆合，使两者不会脱离，但相配合的球面间可以相对转动。

滑履的端面和斜盘的平面接触，为了减小它们之间的滑动磨损，在滑履和柱塞的中心都加工有直径为 1 mm 的小孔。缸中的压力油可经过小孔通到柱塞与滑履及滑履与斜盘的相对滑动表面之间，起到静压支承的作用。

② 中心弹簧结构。

中心弹簧 5 装在传动轴 9 中，在弹簧力的作用下，传动轴通过回程盘 3 将滑履压向斜盘，使柱塞处于吸油位置时具有自吸能力。同时，弹簧力又使传动轴压在缸体的左端面上，与缸孔内的压力油作用力一起使缸体与配油盘接触良好、密封可靠，并在缸体和配油盘磨损后得到自动补偿，从而提高了泵的容积效率。

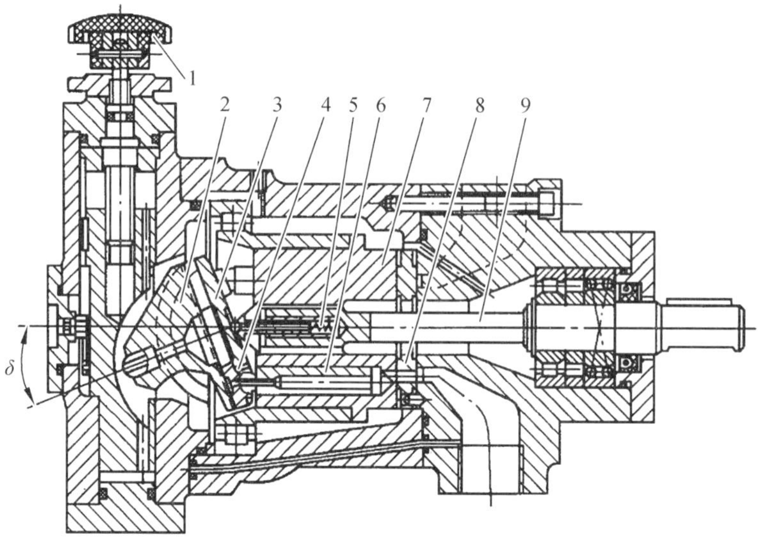

1—转动手轮；2—斜盘；3—回程盘；4—滑履；5—弹簧；6—柱塞；7—缸体；8—配油盘；9—传动轴。

图 2-12　轴向柱塞泵的结构

③ 配油盘结构。

配油盘结构如图 2-13 所示。两个配油窗口 a 和 c 分别与前泵体中的吸油口和压油口相通。外圈的环形槽 d 为卸荷槽，与回油腔相通。两个通孔 b 起减小液压冲击、降低噪声的作用。其余 4 个小盲孔起储存润滑油的作用。配油盘下面的缺口是定位槽，用来保证配油盘（见图 2-14）在泵体中的正确位置。

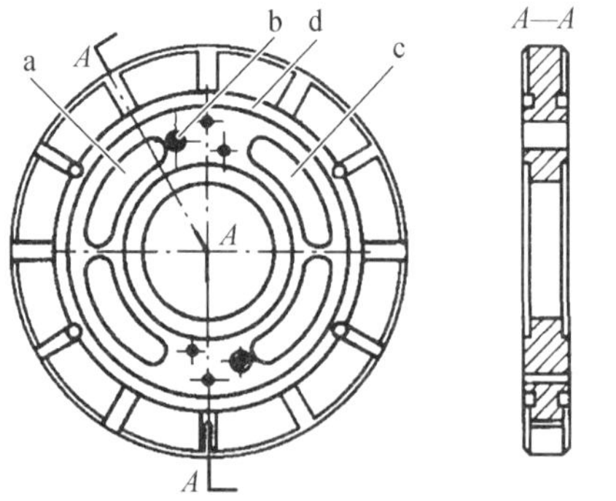

a，c—配油窗口；b—通孔；d—卸荷槽。

图 2-13　配油盘结构

配油盘结构请浏览下方 AR 资源。

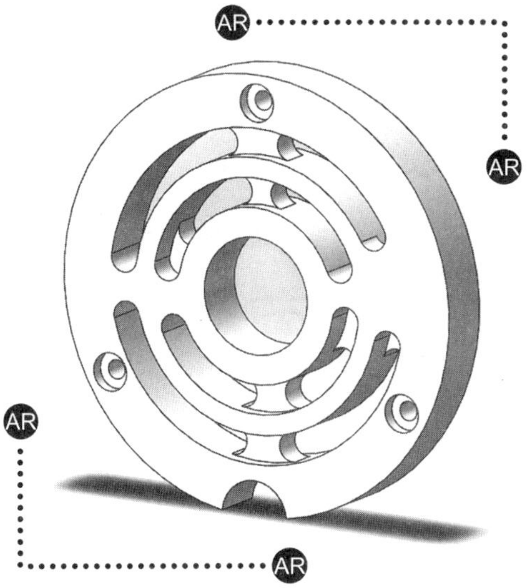

图 2-14　配油盘

④ 变量机构。

轴向柱塞泵的一个优点是容易做成变量泵。轴向柱塞泵有手动变量、伺服变量、恒功率变量、恒压变量等多种变量方式。

图 2-12 所示的轴向柱塞泵的左边部分为手动变量机构。转动调节手轮，使调节螺杆转动，在导向键作用下，带动变量柱塞做轴向移动。通过变量头及销轴，斜盘绕钢球的中心摆动，从而改变了斜盘的倾角。手动变量机构结构简单，但操纵力较大，通常只能在停机或泵压较低的情况下才能实现变量。

2. 径向柱塞泵

图 2-15 所示为径向柱塞泵的工作原理。它由定子、转子（又称为缸体）、配油轴、衬套和柱塞等组成。沿转子的半径方向均匀分布有若干个柱塞缸，柱塞可在其中灵活滑动。衬套 3 与转子 2 的柱塞缸是紧配合，随转子 2 一起转动。配油轴 5 固定不动。当转子 2 转动时，由于定子 4 内圆中心和转子 2 中心之间有偏心距 e，因而柱塞在定子 4 内表面的作用下，在转子 2 的柱塞缸中做往复运动，实现密封容积变化。在配油轴 5 与衬套 3 接触处加工出上、下两个缺口，形成吸油口 a 和压油口 b，留下的部分形成封油区。转子每转一转，每个柱塞往复运动一次，完成一次吸油和压油。若沿水平方向移动定子，改变偏心距 e 的大小，便可改变柱塞移动的行程长度，从而改变密封容积变化的大小，达到改变径向柱塞泵输出流量的目的。若改变偏心距 e 的偏移方向，则径向柱塞泵的输油方向也随之改变，即成为双向的变量径向柱塞泵。

径向柱塞泵径向尺寸大，转动惯量大，自吸能力差，且由于其配油轴受到径向不平衡力的作用，因而易磨损。这些都限制了径向柱塞泵转速与压力的提高，故其应用范围较小，常用于拉床、压力机或船舶等大功率系统。

（六）液压泵的选择方法

液压泵是向液压系统提供一定流量和压力油液的动力元件，它是每个液压系统不可缺少的核心元件，合理选择液压泵对降低液压系统的能耗、提高系统的效率、降低噪声、改善工作性能和保证系统工作的可靠性都十分重要。

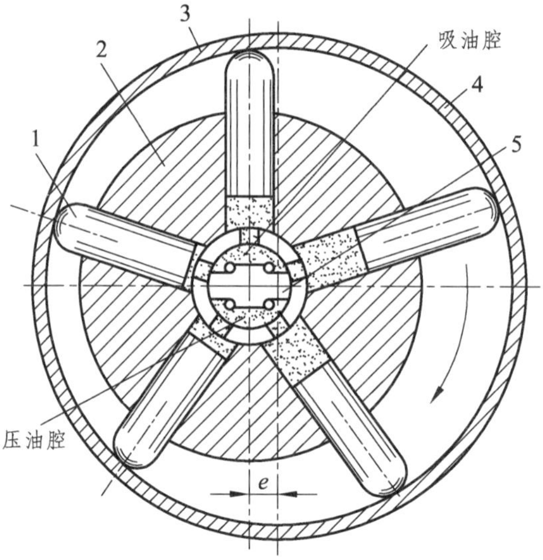

1—柱塞；2—转子；3—衬套；4—定子；5—配油轴。

图 2-15　径向柱塞泵工作原理

选择液压泵的原则是根据主机工况、功率大小和系统对工作性能的要求，首先确定液压泵的类型，然后按系统所要求的压力、流量大小确定其规格型号。一般轻载小功率的液压设备，可选用齿轮泵、双作用叶片泵；精度较高的机械设备（磨床），可用双作用叶片泵、螺杆泵；负载较大并有快慢速进给的机械设备（组合机床），可选用限压式变量叶片泵、双联叶片泵；负载大、功率大的设备（刨床、拉床、压力机），可用柱塞泵；机械设备的辅助装置，如送料、夹紧等不重要的场合，可选用价格低廉的齿轮泵。各种泵的性能及应用如表 2-1 所示。

表 2-1　各类液压泵的性能比较及应用

性能	外啮合齿轮泵	双作用叶片泵	限压式变量叶片泵	径向柱塞泵	轴向柱塞泵	螺杆泵
输出压力	低压	中压	中压	高压	高压	低压
流量调节	不能	不能	能	能	能	不能
效率	低	较高	较高	高	高	较高
输出流量脉动	很大	很小	一般	一般	一般	最小
自吸特性	好	较差	较差	差	差	好
对油的污染敏感性	不敏感	较敏感	较敏感	很敏感	很敏感	不敏感
噪声	大	小	较大	大	大	最小

（七）液压泵的职能符号

液压泵的职能符号如图 2-16 所示。

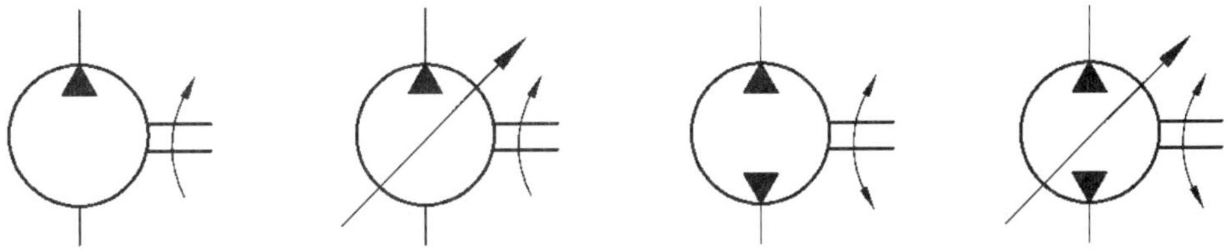

（a）单向定量液压泵　（b）单向变量液压泵　（c）双向定量液压泵　（d）双向变量液压泵

图 2-16　液压泵的职能符号

（八）液压泵与电动机的计算选用

1. 液压泵大小的选用

通常先根据液压泵的性能要求来选定液压泵的形式，再根据液压泵所应保证的压力和流量来确定它的具体规格。

液压泵的工作压力是根据执行元件的最大工作压力来决定的，考虑到各种压力损失，泵的最大工作压力 $p_{泵}$ 可按式（2-9）确定。

$$p_{泵} \geqslant k_{压} \times p_{缸} \tag{2-9}$$

式中　$p_{泵}$——液压泵所需要提供的压力，Pa；

$k_{压}$——系统中压力损失系数，一般取 1.3 ~ 1.5；

$p_{缸}$——液压缸中所需的最大工作压力，Pa。

液压泵的输出流量取决于系统所需最大流量及泄漏量，即

$$Q_{泵} \geqslant k_{流} \times Q_{缸} \tag{2-10}$$

式中　$Q_{泵}$——液压泵所需输出的流量，m^3/min；

$k_{流}$——系统的泄漏系数，一般取 1.1 ~ 1.3；

$Q_{缸}$——液压缸所需提供的最大流量，若为多液压缸同时动作，$Q_{缸}$ 应为同时动作的几个液压缸所需的最大流量之和，m^3/min。

2. 电动机参数的选择

液压泵是由电动机驱动的，可根据液压泵的功率计算出电动机所需要的功率，再考虑液压泵的转速，然后从样本中合理地选定标准的电动机。驱动液压泵所需的电动机功率可按式（2-11）确定。

$$P_M = \frac{p \times Q}{60\eta} \tag{2-11}$$

式中　P_M——电动机所需的功率，kW；

p——泵所需的最大工作压力，Pa；

Q——泵所需输出的最大流量，m^3/min；

η——泵的总效率。

三、实训操作

液压泵的拆装。

（一）实训目的

（1）熟悉常用液压泵的结构，进一步掌握其工作原理。
（2）学会使用各种工具正确拆装常用液压泵，培养实际动手能力。
（3）初步掌握液压泵的安装技术要求和使用条件。
（4）在拆装的同时，分析和了解常用液压泵易出现的故障及其排除方法。

（二）实训器材

1. 实 物

液压泵的种类、型号甚多，建议结合本项目内容，选取CB-B型齿轮泵和中高压齿轮泵、YB1型双作用叶片泵和斜盘式轴向柱塞泵。

2. 工 具

内六角扳手1套、耐油橡胶板1块、油盆1个及钳工常用工具1套。

（三）实训内容与注意事项

1. CB-B型齿轮泵

（1）拆卸顺序。

拆掉前泵盖4上的螺钉5和定位销11，使泵体7与后泵盖8和前泵盖4分离。拆下主动轴10及主动齿轮6、从动轴1及从动齿轮2等。在拆卸过程中注意观察主要零件的结构和相互配合关系，分析工作原理。

（2）主要零件的结构及作用。

观察泵体两端面上泄油槽的形状和位置并分析其作用。观察前、后泵盖上两个矩形卸荷槽的形状和位置，并分析其作用。观察进、出油口的位置和尺寸。

（3）装配要领。

装配前清洗各零件，将轴与泵盖之间、齿轮与泵体之间的配合表面涂上润滑液，然后按拆卸时的反向顺序装配。

2. YB1型双作用叶片泵

（1）拆卸顺序。

拧下端盖10上的螺钉，取下端盖。卸下前泵体7。卸下左、右配油盘1和5、定子4和转子12、叶片11和传动轴3，使它们与后泵体6脱离。在拆卸过程中要注意，由于左右配油盘与定子、转子和叶片以及轴与轴承之间是预先组成一体的，故不能分离的部分不要强拆。

（2）主要零件的结构及作用。

观察定子内表面的4段圆弧和4段过渡曲线的组成情况。观察转子叶片上叶片槽的倾斜角度和倾斜方向。观察配油盘的结构。观察吸油口、压油口、三角槽、环形槽及槽底孔，并分析其作用。观察泵中所用密封圈的位置和形式。

（3）装配要领。

装配前清洗各零件，按拆卸时的反向顺序装配。

3. 斜盘式轴向柱塞泵

（1）拆卸顺序。

拆掉前泵体上的螺钉与销子，分离前泵体与中间泵体；再拆掉变量机构上的螺钉，分离中间泵体与变量机构。这样将泵分为前泵体、中间泵体和变量机构三部分。

拆卸前泵体部分：拆下端盖，再拆下传动轴 9、前轴承及轴套等。

拆卸中间泵体部分：拆下回程盘及其上的 7 个柱塞 6，取出弹簧 5、钢珠、内套以及外套等，卸下缸体 7 和配油盘 8。

拆卸变量机构部分：拆下斜盘 2，拆掉手轮 1 上的销子，拆掉手轮。拆掉两端的 8 个螺钉，卸掉端盖，取出螺杆及变量活塞等。

（2）主要零件的结构及作用。

观察柱塞球形头部与滑履之间的连接形式以及滑履与柱塞之间的相互滑动情况。观察滑履上的小孔。观察配油盘的结构。找出吸油口、压油口，分析外圈的环形卸压槽，2 个通孔和 4 个盲孔的作用。观察泵的密封及连接、安装形式。

（3）装配要领。

装配前清洗各零件，按拆卸时的反向顺序装配。

4. 其他液压泵

有条件也可对其他液压泵进行拆装，如高压齿轮泵、内啮合齿轮泵、限压式变量叶片泵、径向柱塞泵等，观察其结构，掌握吸、压油工作原理。

（四）确认你会干——项目操作评价

表 2-2 操作考核评分表

<table>
<tr><td colspan="2">学号</td><td></td><td>姓名</td><td></td><td>小组</td><td colspan="2"></td></tr>
<tr><td colspan="2">任务编号</td><td>2-1</td><td>任务名称</td><td colspan="4">液压泵的拆装</td></tr>
<tr><td colspan="2">模块</td><td>序号</td><td>考核点（90 分）</td><td>分值标准</td><td>得分</td><td>备注</td></tr>
<tr><td rowspan="7">1</td><td rowspan="7">液压泵的识别</td><td>1</td><td>型号一：液压泵品牌型号识别</td><td>5</td><td></td><td></td></tr>
<tr><td>2</td><td>型号二：液压泵品牌识别</td><td>5</td><td></td><td></td></tr>
<tr><td>3</td><td>描述两种液压泵原理及特点</td><td>10</td><td></td><td></td></tr>
<tr><td>4</td><td>参数一：液压泵额定压力</td><td>5</td><td></td><td></td></tr>
<tr><td>5</td><td>参数二：液压泵额定流量</td><td>5</td><td></td><td></td></tr>
<tr><td>6</td><td>参数三：液压泵功率</td><td>5</td><td></td><td></td></tr>
<tr><td>7</td><td>参数四：液压泵效率</td><td>5</td><td></td><td></td></tr>
<tr><td rowspan="4">2</td><td rowspan="4">齿轮泵拆装</td><td>8</td><td>步骤 1：拆齿轮泵前泵盖</td><td>5</td><td></td><td></td></tr>
<tr><td>9</td><td>步骤 2：拆主动轴、主动齿轮</td><td>5</td><td></td><td></td></tr>
<tr><td>10</td><td>步骤 3：拆从动轴、从动齿轮</td><td>5</td><td></td><td></td></tr>
<tr><td>11</td><td>步骤 4：观察之后组装齿轮泵</td><td>10</td><td></td><td></td></tr>
</table>

续表

3	叶片泵拆装	12	步骤5：拆叶片泵端盖	5		
		13	步骤6：拆配油盘	5		
		14	步骤7：拆叶片及传动轴	5		
		15	步骤8：观察之后组装叶片泵	10		
4	互评	小组互评（10分）				
5	总分	合计总分				
学生签字			考评签字			
互评签字			考评时间			

四、工程应用案例与分析——金属屑压块机液压系统

近年来，随着企业环保意识的增强，市场对金属屑处理设备的需求越来越大。金属屑压块机是一种把金属屑压缩成型的锻压设备，其原理是利用液体的压力能，通过挤压模具将松散的金属屑挤压成高密度的压块。液压系统是金属屑压块机的重要动力组成部分，主要完成盖压、挤压、推料等动作。

液压系统图如图2-17所示。金属屑压块机采用双缸压制，分为水平放置的主液压缸和垂直放置的辅助液压缸，主液压缸完成挤压、推料动作，辅助液压缸完成盖压动作。由于金属屑在挤压过程中，由松散状态到密实状态，所以主液压缸分为轻压和重压2个过程，故采用由高压小流量泵和低压大流量泵构成的双联齿轮泵，构成高低压双泵供油快速运动回路，实现轻载快速运动、重载慢速运动，节省工作时间，提高效率。辅助液压缸要在金属屑挤压过程中保持盖压动作，故采用液控单向阀保压回路，同时辅助液压缸又是缸头朝下垂直放置，故采用单向顺序阀构成平衡回路，防止辅助液压缸因自重而自行下落。

单向阀2、3防止油液倒流，保护液压泵；外控卸荷阀4实现重压过程中低压大流量泵的卸荷；单向阀5用于隔断高低压油路；电磁溢流阀6实现对系统的压力控制，在压块保压阶段实现液压泵卸荷，使系统的功率利用更加合理；电磁换向阀7、13改变油液流动方向，Y型的中位机能使液控单向阀的锁紧效果更好；在主液压缸重压时，当压力达到压块所需的设定值时，压力继电器8发出信号给电磁溢流阀6，使双联齿轮泵1卸荷；液控单向阀10、15分别构成2条支路的保压回路。

液压系统工作过程如下：

（1）系统工作时，电磁铁5YA通电，使电磁溢流阀6由卸荷状态变成工作状态，为系统提供动力；

（2）当电磁铁4YA通电时，换向阀13切换至左位，双联齿轮泵1经过换向阀13、液控单向阀10向辅助液压缸11无杆腔供油，活塞杆下落，有杆腔油液经单向顺序阀12和换向阀13流回油箱，完成辅助液压缸11盖压动作；

（3）当电磁铁1YA通电时，换向阀7切换至右位，双联齿轮泵1同时经过换向阀7、液控单向阀15向主液压缸9无杆腔供油，其活塞杆伸出，实现主液压缸轻载快速运动，当金属屑逐

渐被压实，系统压力逐渐上升，达到外控卸荷阀 4 的调定压力时，卸荷阀 4 打开，低压大流量泵油液经过卸荷阀 4 流回油箱，此时由于单向阀 5 的作用，高压小流量泵只能向主液压缸 9 无杆腔单独供油，实现主液压缸重载慢速运动；

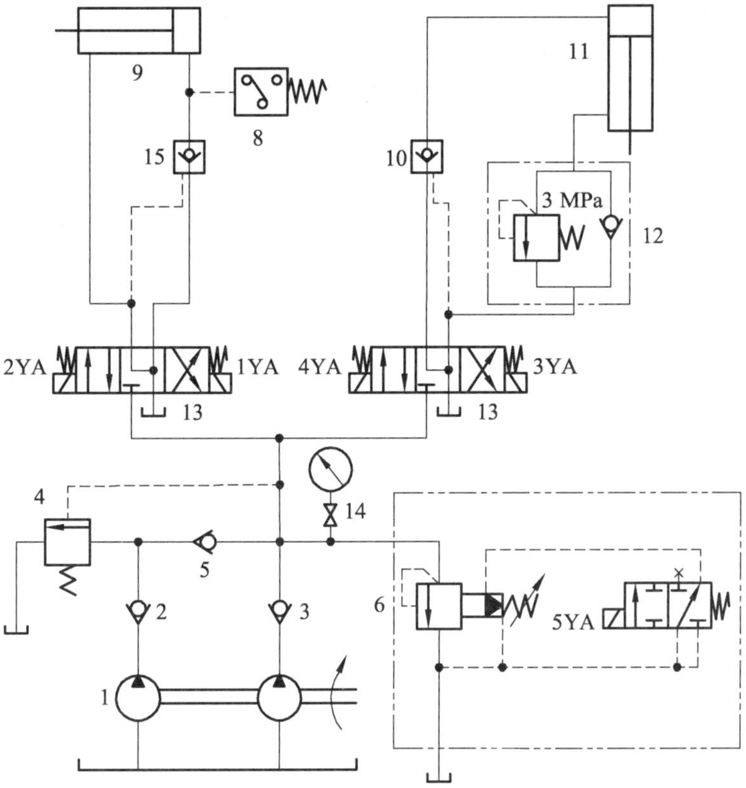

1—双联齿轮泵；2，3，5—单向阀；4—外控卸荷阀；6—电磁溢流阀；7，13—三位四通电磁换向阀；8—压力继电器；9—主液压缸；10，15—液控单向阀；11—辅助液压缸；12—单向顺序阀；14—压力表及开关。

图 2-17 液压系统原理图

（4）当电磁铁 2YA 通电时，换向阀 7 切换至左位，双联齿轮泵 1 经换向阀 7 向主液压缸 9 有杆腔供油，同时向液控单向阀 15 的控制油口供油，液控单向阀 15 打开，无杆腔油液经换向阀 7、液控单向阀 15 流回油箱，主液压缸快速退回；

（5）当电磁铁 3YA 通电时，换向阀 13 切换至右位，双联齿轮泵 1 经过换向阀 13 和单向顺序阀 12，向辅助液压缸 11 有杆腔供油，同时向液控单向阀 10 的控制油口供油，液控单向阀 10 打开，活塞杆快速缩回，无杆腔油液经液控单向阀 10、换向阀 13 流回油箱。

习题与思考

一、判断题

1. 液压泵的额定压力取决于它的外负载。 （ ）
2. 液压泵的排量仅取决于它本身的几何尺寸。 （ ）
3. 叶片式液压泵的输出流量与片数成正比。 （ ）
4. 为了降低柱塞泵的流量脉动性，其柱塞数目最好是偶数。 （ ）

5. 限压式变量叶片泵能按负载压力的变化自动调节流量，在功率使用上较合理。（　　）

二、填空题

1. CB 型齿轮泵采取缩小压油口，增大吸油口的办法是为了（　　）。

A. 改善吸油条件　　B. 减小轴向泄漏　　C. 提高泵的寿命

2. CB 型齿轮泵最主要的泄漏渠道是（　　）。

A. 齿顶泄漏　　B. 端面泄漏　　C. 啮合线泄漏

3. Y B 型双作用叶片泵的转子叶片向着旋转方向倾斜了一个角度，其目的是（　　）。

A. 减小流量脉动　　B. 减轻叶片对定子内表面的冲击

C. 使叶片在其槽中运动更为灵活

4. 单作用式叶片泵，当其叶片数量增多后，其输出流量（　　）。

A. 不变　　B. 减小　　C. 增大

5. YB 型叶片泵的定子内表面过渡曲线采用等加速等减速曲线，其目的是（　　）。

A. 减小流量脉动

B. 减轻叶片对定子内表面的冲击

C. 使叶片在其槽中运动更为灵活

6. 深入实施（　　）战略，坚持尊重劳动、尊重知识、尊重人才、尊重创造，完善人才战略布局，加快建设世界重要人才中心和创新高地，着力形成人才国际竞争的比较优势，把各方面优秀人才集聚到（　　）事业中来。

A. 人才强国　经济社会发展　　B. 人才强国　党和人民

C. 人才兴国　经济社会发展　　D. 人才兴国　党和人民

三、填空题

1. 在图 2-18 中，当输入轴按顺时针方向旋转时，指出 A、B 口哪个为吸油口，哪个为压油口。

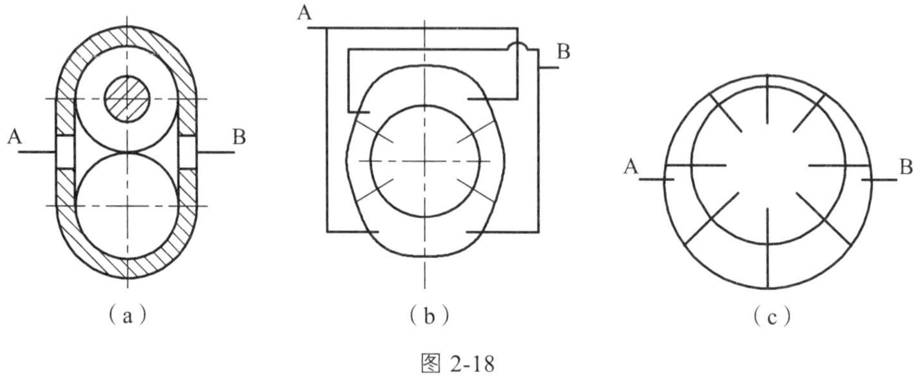

图 2-18

图（a）中 A 为________，B 为________；图（b）中 A 为________，B 为________；图（c）中 A 为________，B 为________。

2. 单作用叶片泵转子每转一周，完成吸、排油各________次，同一转速的情况下，改变它的________可以改变其排量。

3. CB 型齿轮泵中，为了消除困油现象，采用了在两侧盖板上________办法。

4. 对于齿轮泵，为了减少其径向不平衡力的影响，常采用________办法予以解决。

5. CB 型齿轮泵的排量可用公式 $V=$________计算，YB 型双作用叶片泵的排量可用公式 $V=$

________计算。

6. 对额定压力为 30 MPa 的齿轮泵进行性能试验，当泵输出的油液直接通向油箱时（不计管道阻力），则此时泵的输出压力为________。

7. 叶片泵运转时，作用于转子上的径向力相抵消，故称________荷式叶片泵。

8. 双作用叶片泵定子内表面的过渡曲线用的是等加速等减速曲线。其目的是________。

9. 选择液压泵时，首先根据液压系统所提出的要求________和_______，选择液压泵的类型，然后再选型号和规格。

四、计算题

1. 某液压泵的排量为 $V_P = 10$ mL/r，泵的转速为 1 200 r/min，泵的输出压力 $p = 5$ MPa，泵的容积效率 $\eta_v = 0.92$，总效率 $\eta = 0.84$，求：

（1）泵的理论流量 q_T。

（2）泵的实际流量 q。

（3）泵的输出功率 P_0。

（4）所需电机的驱动功率 P_T。

（5）如果泵的转速降至 750 r/min，其他条件均不变，此时泵的理论流量 q_T 是多少？容积效率 η_v 是多少？

2. （选做题）图 2-19 所示变量泵和定量液压马达组成的液压回路，已知变量泵的转速 $n_P = 900$ r/min，容积效率 $\eta_{PV} = 0.94$，机械效率 $\eta_{PM} = 0.85$，定量马达的排量 $V_M = 50$ mL/r，容积效率 $\eta_V = 0.95$，机械效率 $\eta_{MM} = 0.82$。管路损失略去不计，当液压马达的输出转速为 $n_M = 100$ r/min，输出转矩 $T_M = 30$ N · m 时，求：

（1）变量泵的排量应调为多少？

（2）此时油泵的驱动功率又为多少？

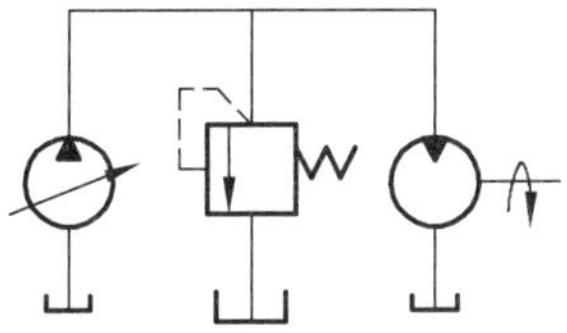

图 2-19

项目三

液压执行元件及液压辅件

【知识目标】

✧ 掌握液压缸的分类、特点、结构、应用、职能符号。

✧ 理解各种液压辅助元件的分类、工作原理、作用、职能符号。

✧ 了解液压马达的分类、工作原理、结构、性能参数、职能符号。

【技能目标】

✧ 能够正确选用液压执行元件、液压辅助元件；能够分析排除液压缸和液压马达常见故障。

【素养目标】

✧ 培养严谨的科学态度和良好的职业道德。

✧ 培养自我学习和探索求新的能力。

✧ 培养专业技术交流的表达能力和良好的团队合作精神。

✧ 培养发现问题和解决问题的能力，培养终身学习与专业发展能力。

一、项目引入

在液压传动系统中，液压执行元件是把通过回路输入的液压能转变为机械能输出的装置。液压执行元件有液压马达和液压缸两种类型，二者的区别在于液压马达将液压能转换成连续回转的机械能，而液压缸则将液压能转换成往复运动的机械能。

二、液压执行元件

（一）液压马达

液压马达是液压系统的执行元件，它将液体的压力能转换为机械能，用来驱动工作机构工作。与液压泵的结构基本相同，液压马达也可分为齿轮式、叶片式和柱塞式 3 种。

1. 齿轮式液压马达

图 3-1 所示为齿轮式液压马达的工作原理，齿轮式液压马达与齿轮式液压泵的结构基本相

同，最大的不同是齿轮式液压马达的两个进出油口一样大，且内泄漏单独引出油箱。当高压油进入右腔时，由于两个齿轮的受压面积存在差异因而产生转矩，推动齿轮转动。这种齿轮式液压马达适用于高转速、低扭矩的场合。

2. 叶片式液压马达

图 3-2 所示为叶片式液压马达的工作原理，这种马达由转子、定子、叶片、配油盘、转子轴和泵体等组成，在结构上与叶片泵有一些重要的区别，叶片式液压马达的叶片径向放置，以便马达可以正反向旋转。在吸、压油腔通入叶片根部的通路上设有单向阀，使叶片底部能与压力油相通，以保证马达的正常启动。在每个柱塞根部均设有弹簧使叶片始终处于伸出状态，以保证密封。

当压力油进入压油腔后，在叶片 3、7 和叶片 1、5 上，一面作用有压力油，另一面无压力油。由于叶片 3、7 的受压面积大于叶片 1、5，从而由叶片受力差构成的力矩推动转子和叶片顺时针旋转。当改变输油方向时，液压马达就会反转。叶片式液压马达的转子惯性小，动作灵敏，可以频繁换向，但泄漏量较大，不宜用于低速场合，多用于转速高、转矩小、动作要求灵敏的场合。

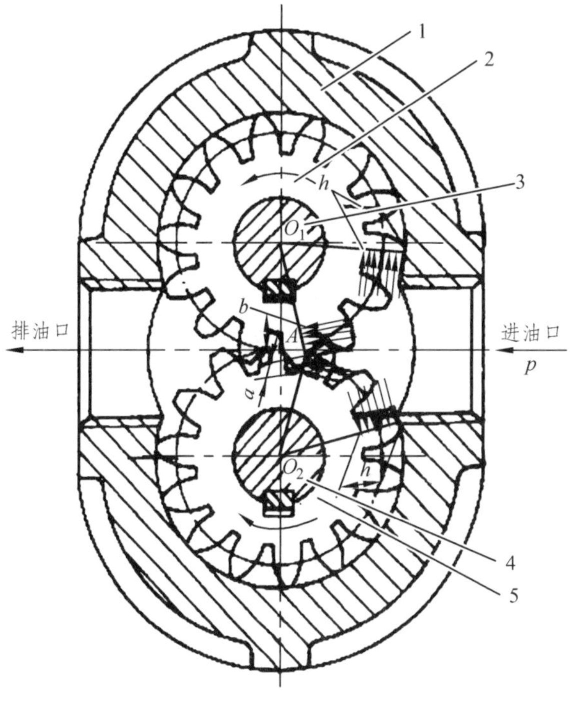

1—壳体；2，5—齿轮；3，4—齿轮轴。

图 3-1　齿轮式液压马达的工作原理

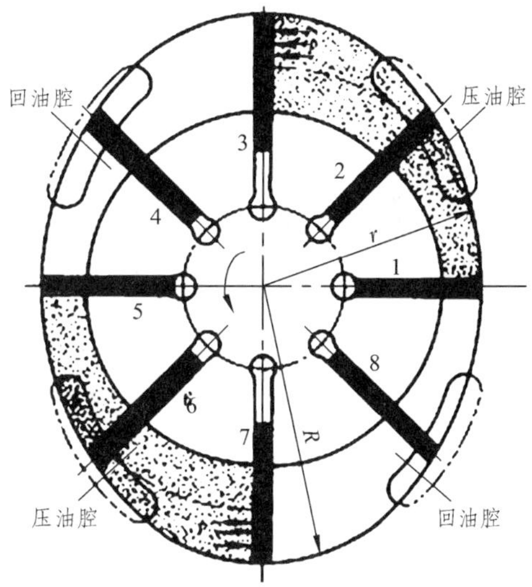

1，2，3，4，5，6，7，8—叶片。

图 3-2　叶片式液压马达的工作原理

3. 轴向柱塞式液压马达

图 3-3 所示为斜盘式轴向柱塞马达的工作原理，这种液压马达输出转矩较大。

当液压马达工作时，压力油经配油盘进入柱塞底部，柱塞受压力油作用外伸，并紧压在斜盘上，这时在斜盘上产生反作用力 F_N。F_N 可分成轴向分力 F 和径向分力 F_T，轴向分力 F

与作用在柱塞上的液压力相平衡，而径向分力 F_T 使转子产生转矩，使缸体旋转，从而带动液压马达的传动轴转动。

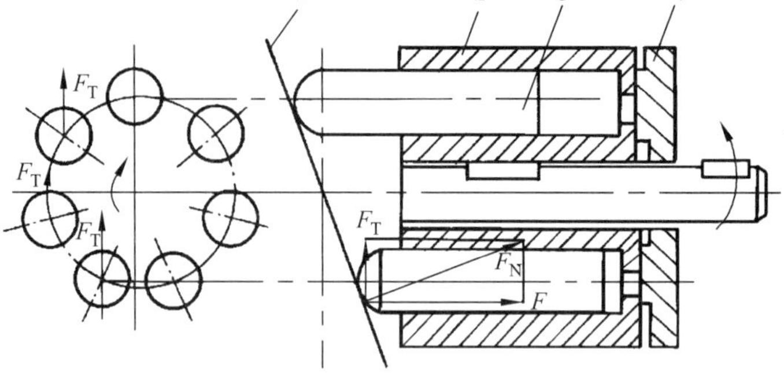

1—斜盘；2—缸体；3—柱塞；4—配油盘。

图 3-3 斜盘式轴向柱塞马达工作原理

4. 液压马达的图形符号和参数

液压马达的图形符号如图 3-4 所示，其参数见表 3-1。

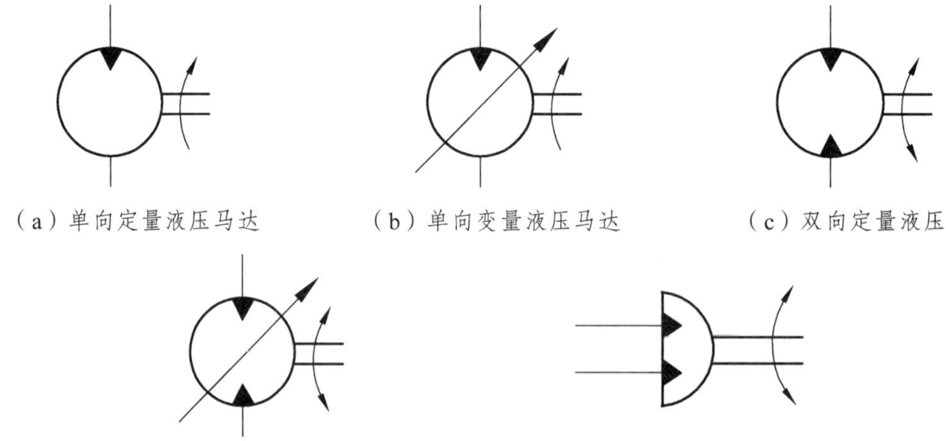

（a）单向定量液压马达（b）单向变量液压马达（c）双向定量液压马达

（d）双向变量液压马达（e）摆动式液压马达

图 3-4 液压马达图形符号

表 3-1 常用液压马达的技术性能参数

性 能	类 别		
	齿轮马达	叶片马达	轴向柱塞马达
压力范围/MPa	10～14	6～20	10～32
转 矩/N·m	17～330	10～70	17～5 655
转 速/（r/min）	150～3 000	120～3 000	300～3 000
机械效率	0.8～0.85	0.85～0.95	0.90～0.95
制动性能	差	较差	好

续表

性　能	类　别		
	齿轮马达	叶片马达	轴向柱塞马达
噪　声	大	小	较小
流量脉动/%	11 ~ 27	1 ~ 3	2 ~ 14
最高自吸能力/kPa	50	33.5	33.5
对油液污染的敏感性	不敏感	较敏感	较敏感

（二）液压缸

液压缸也被称作油缸，是液压系统中的执行元件，是一种将压力能转换为机械能的能量转换装置，其输出直线运动及推力或者输出摆动运动及转矩。如机床组合动力滑台系统中，就是由液压缸驱动滑台实现各种运动。由于液压缸结构简单、工作可靠，加工和维修方便，因此被广泛应用于各种液压机械设备中。

1. 液压缸的分类和特点

液压缸按结构特点不同可分为活塞缸、柱塞缸、摆动缸 3 类，按运动形式不同可分为直线运动和摆动（见表 3-2）。柱塞缸和活塞缸用来实现直线运动，输出推力和速度。摆动缸用来实现小于 360°的转动，输出转矩和角速度。液压缸按作用方式不同分为单作用式和双作用式两种：单作用式液压缸中液压力只能使活塞向一个方向运动，反方向运动需要靠外力实现，如重力或弹簧力等；双作用式液压缸中液压力可实现两个方向的运动。

表 3-2　液压缸的分类特点

分类	名　称	结构示意图	说　明
单作用液压缸	单杆活塞式液压缸	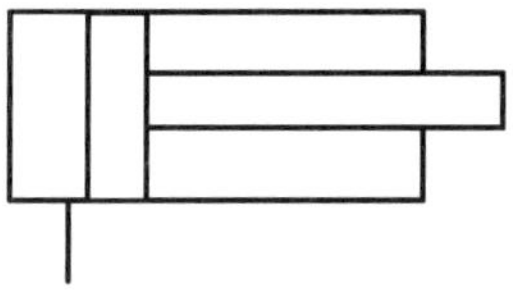	活塞靠液压力伸出，回程靠外力
	双杆活塞式液压缸	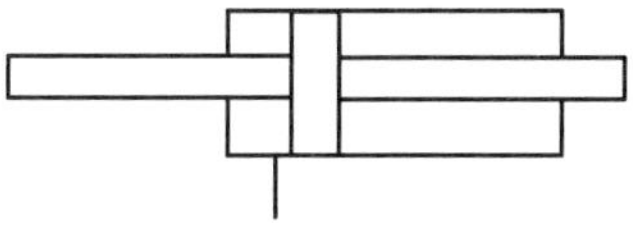	活塞两侧均有活塞杆，活塞向右运动靠液压力，活塞向左运动靠外力
	柱塞式液压缸	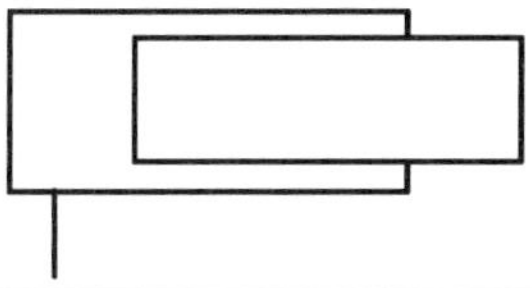	柱塞靠液压力伸出，回程靠外力
	伸缩式液压缸	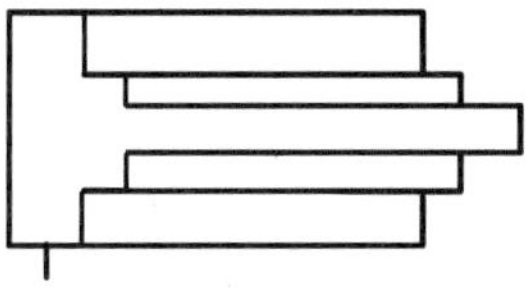	液压力使缸筒由大到小逐渐伸出，回程靠外力也由小到大缩回

续表

分类	名　称	符　号	说　明
双作用液压缸	单杆活塞式液压缸	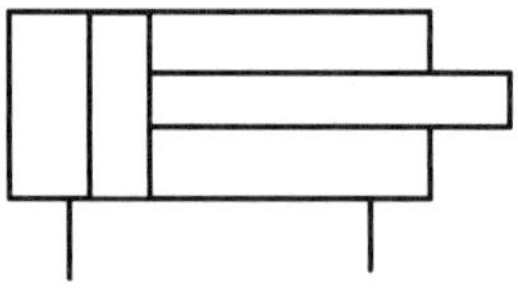	活塞的伸出和缩回都靠液压力
	双杆活塞式液压缸	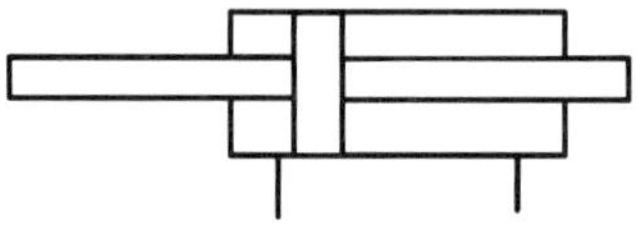	活塞两侧均有活塞杆，活塞向右和向左运动都靠液压力完成，可实现双向等速运动
	伸缩式液压缸	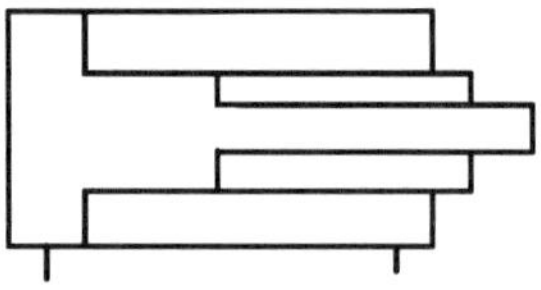	双向液压力推动，伸出时缸筒由大到小，缩回时缸筒由小到大
组合液压缸	弹簧复位液压缸	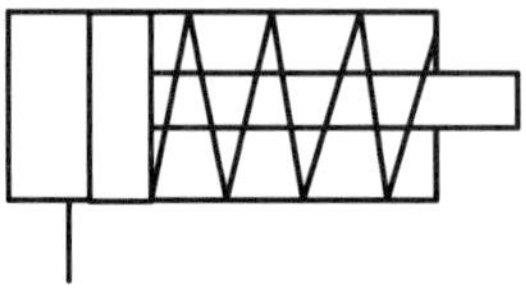	伸出靠液压力推出，回程靠弹簧
	串联液压缸	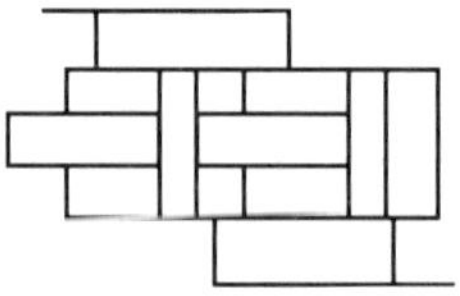	用于液压缸直径受限制，长度不受限制的场合或需要大推力的场合
	增压器	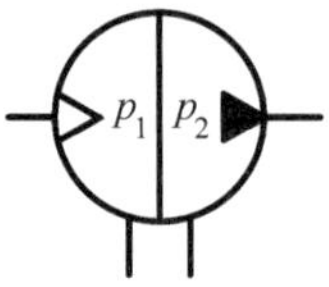	由左侧液压缸驱动，右侧液压缸输出高压力液压油
	齿条传动液压缸	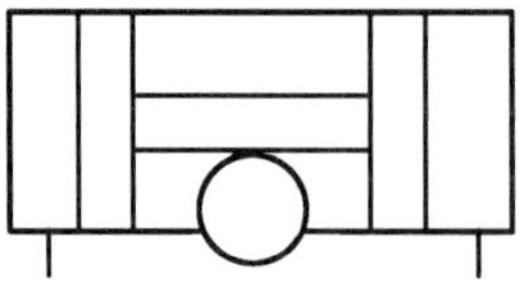	活塞往复直线运动经装在一起的齿条转化为齿轮往复回转运动

（1）活塞缸。

活塞缸可分为单活塞杆（见图 3-5）和双活塞杆两种结构，其固定方式有缸体固定和活塞杆固定两种。

图 3-5　单活塞杆式液压缸

单活塞杆式液压缸根据进出油液的方向不同，分为无杆腔进油、有杆腔回油，有杆腔进油、无杆腔出油，无杆腔和有杆腔同时通压力油 3 种连接方式，其结构如图 3-6 所示。

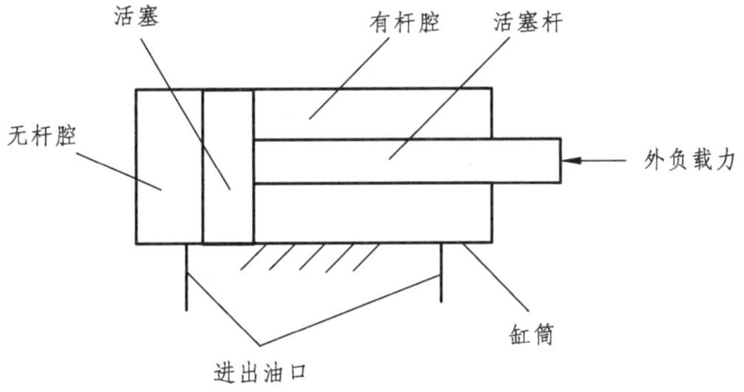

图 3-6　单杆活塞式液压缸结构

① 无杆腔进油、有杆腔回油。

如图 3-7 所示，当进入无杆腔液压缸的油液流量为 q，液压缸进出油口压力分别为 p_1 和 p_2，活塞杆的推力 F_1 和速度 v_1，可用公式（3-1）和公式（3-2）计算。

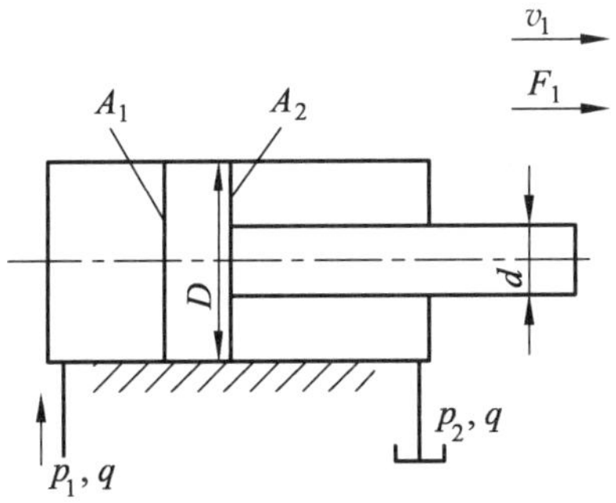

图 3-7　无杆腔进油、有杆腔回油

$$F_1 = A_1 p_1 - A_2 p_2 = \frac{\pi}{4}(p_1 D^2 - p_2 d^2) \tag{3-1}$$

$$v_1 = \frac{q}{A} = \frac{4q}{\pi D^2} \tag{3-2}$$

得出推力 F_1 和速度 v_1 同方向，向右。

② 有杆腔进油、无杆腔回油。

如图 3-8 所示，当输入有杆腔液压缸的油液流量为 q，液压缸进出油口压力分别为 p_1 和 p_2，活塞杆的推力 F_2 和速度 v_2，可用公式（3-3）和公式（3-4）计算。

$$F_2 = A_2 p_1 - A_1 p_2 = \frac{\pi}{4}[p_1(D^2 - d^2) - p_2 D^2] \tag{3-3}$$

$$v_2 = \frac{q}{A_2} = \frac{4q}{\pi(D^2 - d^2)} \tag{3-4}$$

得出，推力 F_2 和速度 v_2 同方向，向左。

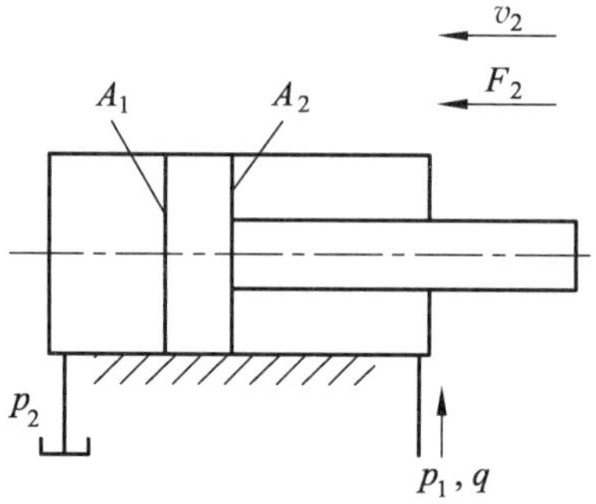

图 3-8 有杆腔进油、无杆腔回油

③ 无杆腔和有杆腔同时通压力油。

如图 3-9 所示，液压缸的无杆腔和有杆腔同时接通压力油的连接方式称为差动连接。差动连接油缸左、右两腔的油液压力相同，但是由于左腔的有效面积大于右腔的有效面积，故活塞向右运动，同时使右腔中排出的油液也进入左腔，加大了流入左腔的流量，从而加快了活塞移动的速度，活塞杆的推力 F_3 和速度 v_3，可用公式（3-5）和公式（3-6）计算。

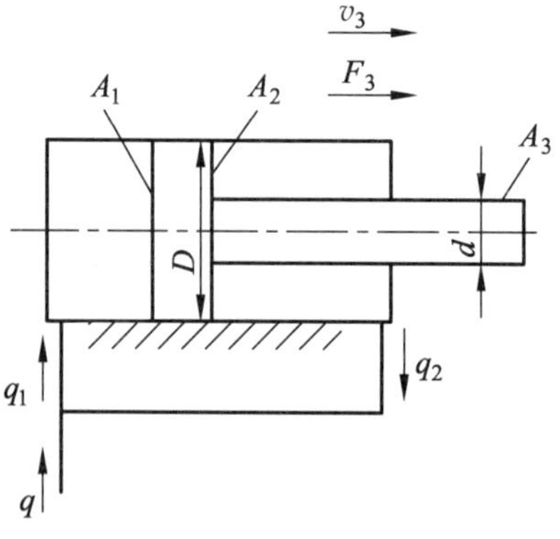

图 3-9 差动连接

$$F_3 = p_1(A_1 - A_2) = p_1\frac{\pi d^2}{4} \tag{3-5}$$

进入无杆腔的流量：

$$q_1 = \upsilon_3\frac{\pi D^2}{4} = q + \upsilon_3\frac{\pi(D^2 - d^2)}{4} \tag{3-6}$$

$$\upsilon_3 = \frac{4q}{\pi d^2}$$

得出推力 F_3 和速度 υ_3 同方向，向右。

经过对比发现，无杆腔进油、有杆腔回油这种进油方式能得到较大的推力，速度较低；差动连接能得到较高的速度，推力较低。

（2）双活塞杆液压缸。

图 3-10 所示为双活塞杆液压缸原理，其活塞的两侧都有伸出杆。图（a）所示为缸体固定式结构简图，图（b）所示为活塞杆固定式结构简图。当压力油从两油口交替输入液压缸左、右工作腔时，压力油作用于活塞端面，驱动活塞（或缸体）运动，并带动工作台做直线往复运动。

当两活塞缸直径相同、活塞两侧的供油压力和流量相等时，活塞（或缸体）两个方向的运动速度和推力也都相等。这种液压缸常用于要求往复运动速度和负载相同的场合，如各种磨床。缸体固定式工作台的运动范围大于活塞有效行程的 3 倍，一般用于行程短或小型液压设备上。活塞杆固定式工作台的运动范围略大于有效行程的 2 倍，所以工作台运动时所占空间面积较小，适用于行程长的大、中型液压设备。

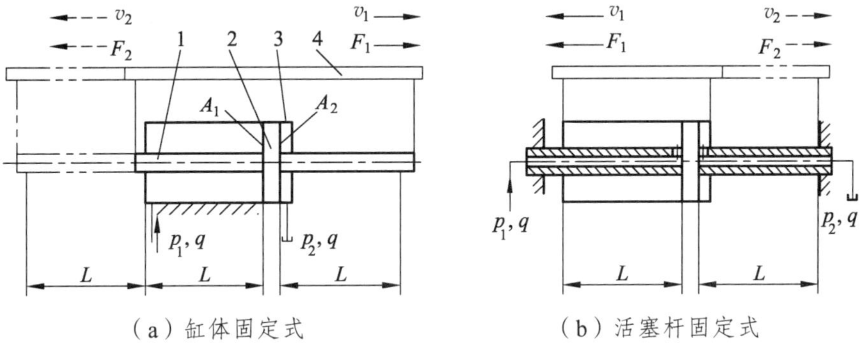

（a）缸体固定式　　（b）活塞杆固定式

1—活塞杆；2—活塞；3—液压缸；4—工作台。

图 3-10　双活塞杆液压缸

双活塞杆缸的推力和速度可按式（3-7）和式（3-8）计算

$$F = A(p_1 - p_2) = \frac{\pi}{4}(D^2 - d^2)(p_1 - p_2) \tag{3-7}$$

$$\upsilon = \frac{q}{A} = \frac{4q}{\pi(D^2 - d^2)} \tag{3-8}$$

式中，双杆活塞缸的推力 F 和速度 υ，活塞的直径为 D，活塞杆的直径

为 d，液压缸进、出油腔的压力为 p_1 和 p_2，输入流量为 q，活塞的有效工作面积为 A。

双杆活塞油缸在工作时，一个活塞杆受拉，而另一个活塞杆不受力，因此这种液压缸的活塞杆可以做得较细。

（3）柱塞缸。

由于活塞缸缸体内孔加工精度很高，当缸体较长时，孔的精加工较困难，为了使工作台得到双向运动，可以选择柱塞缸，柱塞缸常成对使用，如图 3-11 所示。

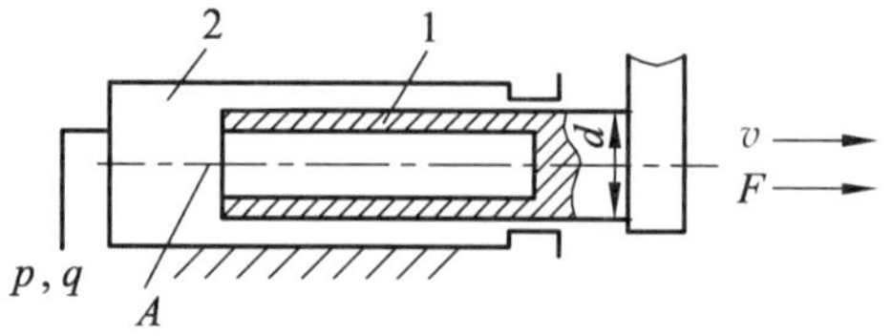

（a）单柱塞式

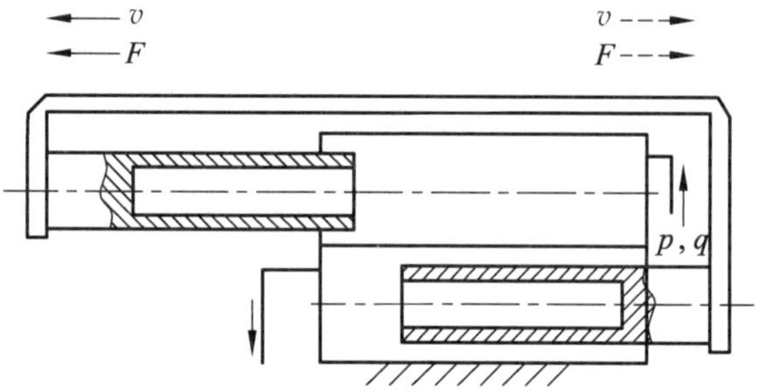

（b）两个柱塞式

1—柱塞；2—缸筒。

图 3-11　柱塞杠

柱塞缸的特点如下：

① 柱塞和缸体内壁不接触，具有加工工艺性好、成本低的优点，适用于行程较长的场合。

② 柱塞缸是单作用缸，即只能实现一个方向的运动，回程要靠外力（如弹簧力、重力）或成对使用。

③ 柱塞工作时总是受压，因而要有足够的刚度。

④ 柱塞质量较大（有时做成中空结构），水平安置时会因自重下垂，引起密封件导向套单边磨损，故多垂直使用。

柱塞缸主要用在龙门刨床、导轨磨床、大型拉床等大行程设备的液压系统中。

（4）摆动缸。

摆动缸是输出转矩并实现往复摆动的液压缸，又称摆动液压马达。液压摆动缸按结构主要分为叶片式和齿轮齿条式两大类。叶片式有单叶片和双叶片两种形式。

① 叶片式摆动缸。

图 3-12（a）、（b）为叶片式摆动缸工作原理，定子块固定在缸体上，叶片与输出轴连为一体。当两油口交替通入压力油时，叶片即带动输出轴做往复摆动。图 3-12（c）所示为其图形符号。

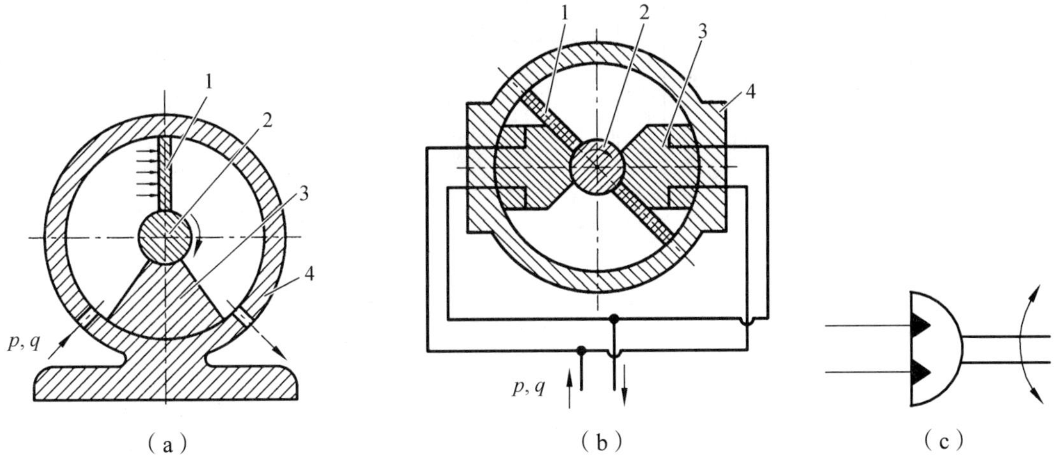

1—叶片；2—输出轴；3—定子块；4—缸体。

图 3-12　叶片式摆动缸

单叶片摆动缸的摆动角一般不超过 280°。双叶片摆动缸当其结构尺寸相同时，其输出转矩是单叶片缸的两倍，而摆动角度为单叶片缸的一半（一般不超过 150°）。叶片式摆动缸常用于机床送料装置、回转夹具、机器人手臂及工程机械回转机构等液压系统中。

② 齿轮齿条式摆动缸。

齿轮齿条式摆动缸的原理是将液压缸的往复运动通过齿条带动齿轮，转化成齿轮轴的正反向摆动旋转，同时将往复缸的推力转化成齿轮轴的输出转矩。由于齿轮轴的摆动角度与齿条的长度成正比，因此齿轮轴的摆角可以任意选择，并能大于 360°。齿轮齿条式摆动缸广泛用于钢铁、轻工、军事、环保、水电等领域，如炼钢厂中铁水包倾翻摆动缸、军舰减摇摆动缸、清扫车用摆动缸、阀门开启摆动缸等。齿轮齿条式摆动缸有法兰式和脚架式两种安装方式，结构形式有单齿条、双齿条两种。图 3-13 所示是齿轮齿条式摆动缸。

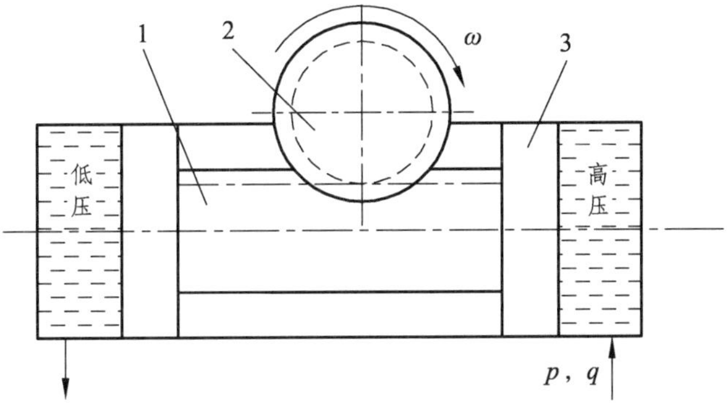

图 3-13　齿轮齿条式摆动缸

（5）增压缸。

增压缸能将输入的低压油转变为高压油，向液压系统中的某支路供油。它由大、小直径分别为 D 和 d 的复合缸筒及有特殊结构的复合活塞组成，如图 3-14 所示。

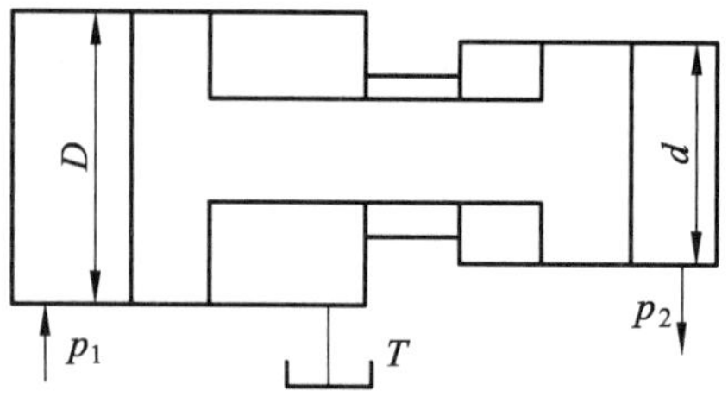

图 3-14 增压缸

若输入增压缸大端的油压为 p_1，由小端输出的油压为 p_2，输出压力可按式（3-9）计算

$$p_2 = \frac{D^2}{d^2} p_1 \tag{3-9}$$

式中，D^2/d^2 是增压比，即增压倍数。增压缸只能将高压端输出油通入其他液压缸以获取大的推力，其本身不能直接作为执行元件，所以安装时应尽量使它靠近执行元件。增压缸常用于压铸机、造型机等设备的液压系统中。

（6）伸缩缸。

图 3-15 为多级伸缩套筒式液压缸，简称伸缩缸。这种缸的特点是活塞杆伸出行程大，收缩后结构尺寸小。伸缩缸常用于自卸汽车、起重机等设备。活塞伸出顺序是先大后小，相应的推力也是由大到小，伸出时的速度是由慢到快。活塞缩回时的顺序，一般是先小后大，速度是由快到慢。

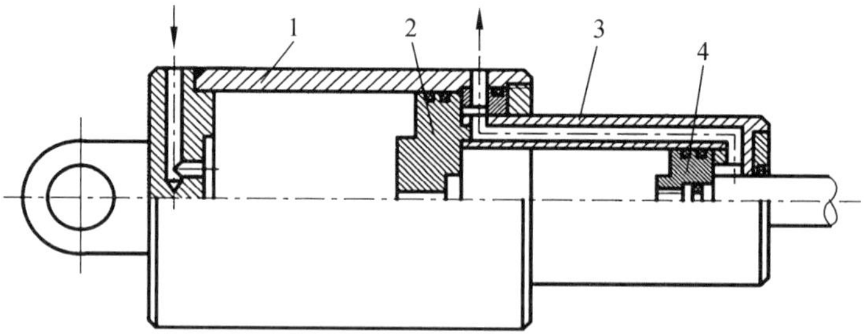

1—一级缸筒；2—一级活塞；3—二级缸筒；4—二级活塞。

图 3-15 伸缩缸

2. 液压缸（见图 3-16）的结构

液压缸结构请浏览下方 AR 资源。

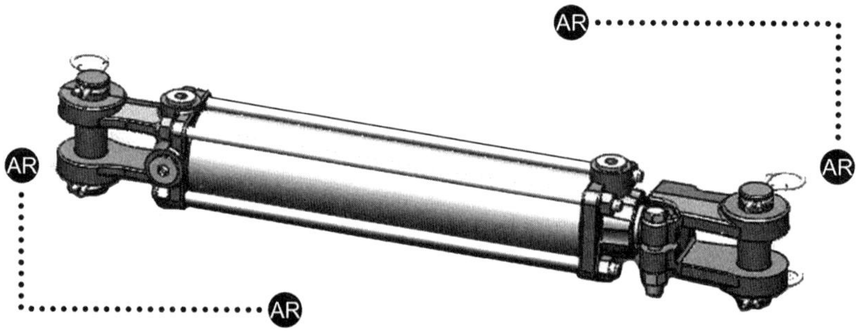

图 3-16 液压缸

单杆活塞式液压缸的典型结构如图 3-17 所示，液压缸的结构可分为活塞与活塞杆的连接、缸筒与缸盖的连接、密封装置缓冲装置和排气装置等 5 个基本部分。

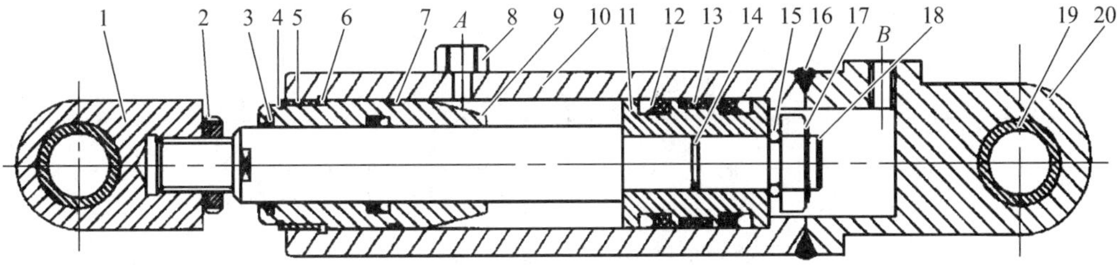

1—耳环；2—螺母；3—防尘圈；4，17—弹簧挡圈；5—套；6，15—卡键；7，14—O 形密封圈；8，12—Y 形密封圈；9—缸盖兼导向套；10—缸筒；11—活塞；13—耐磨环；16—卡键帽；18—活塞杆；19—衬套；20—缸底。

图 3-17　双作用单活塞杆液压缸

（1）活塞与活塞杆的连接。

活塞受液压力的作用，在缸体内作往复运动，因此必须有一定的强度和耐磨性，它常用耐磨铸铁制造。活塞结构分整体式和组合式，它与活塞杆的连接形式和优缺点如表 3-3 所示。

活塞杆是连接活塞和工作部件的传力零件，要有足够的强度、刚度。活塞杆要在导向套内作往复运动，其外圆柱表面要耐磨和防锈，故其表面有时采用镀铬工艺。

表 3-3　活塞与活塞杆连接

方　式	图　示	特　点
整体式	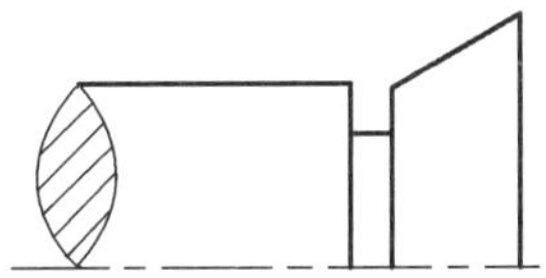	优点： 1. 结构简单。 2. 轴向尺寸小。 缺点： 磨损后需整体更换，因而成本高
销连接	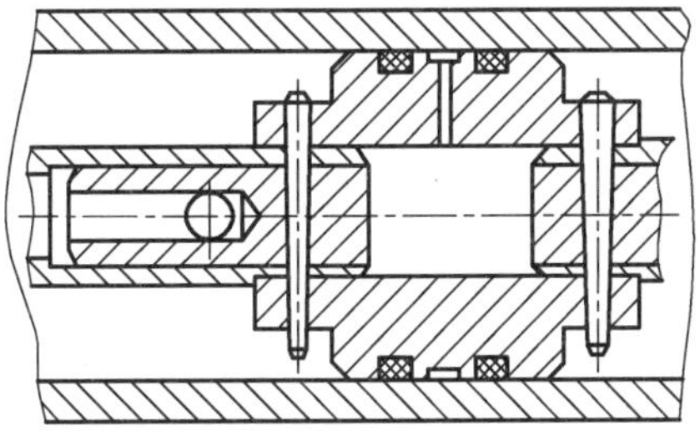	优点： 1. 工艺简单。 2. 装配方便。 缺点： 1. 承载能力小。 2. 需有防脱落的措施
半环连接	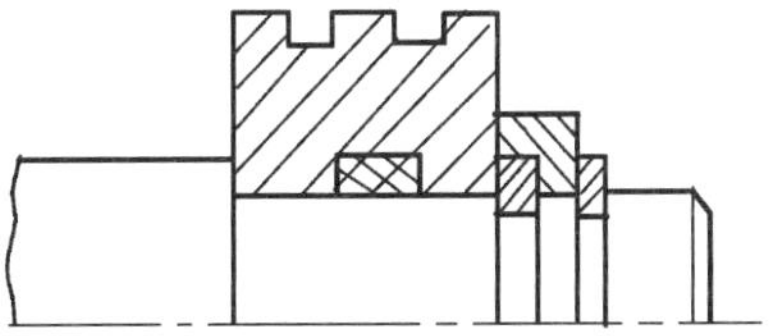	优点： 1. 拆卸方便。 2. 连接可靠。 3. 承载能力大，耐冲击。 缺点：结构复杂
螺纹连接	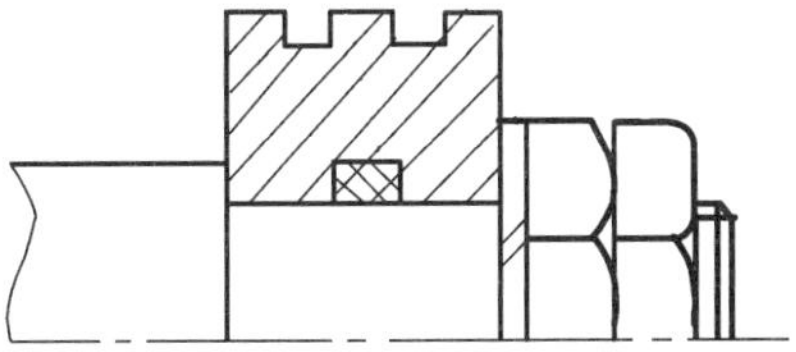	优点： 1. 结构简单。 2. 连接稳固。 缺点： 需有防松措施

（2）缸筒与缸盖的连接。

缸筒与缸盖和密封装置构成了液压缸的密封容积来承受液压力，所以缸筒与缸盖要有足够的强度、刚度和可靠的密封性。缸筒与缸盖连接的主要方式见表3-4。

表3-4 缸筒与缸盖的连接

方式	图示	特点
法兰连接	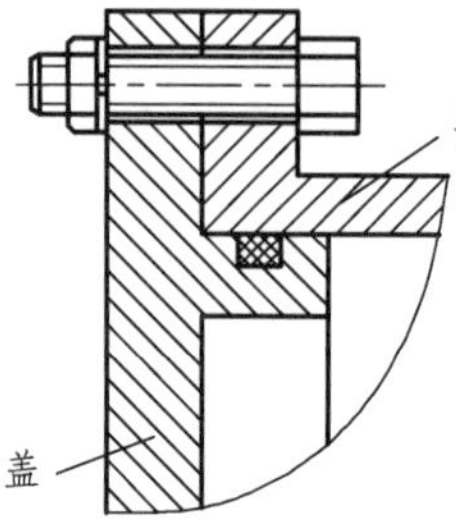	优点： 1. 结构简单。 2. 加工方便。 3. 便于拆装。 缺点： 1. 连接端部较大。 2. 外部尺寸大
螺纹连接	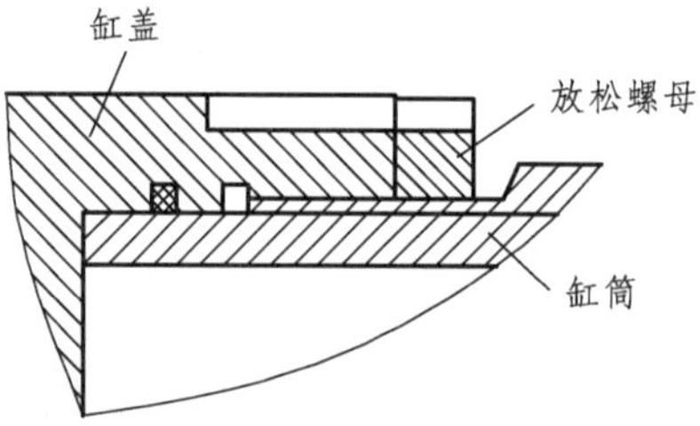	优点： 1. 质量较小。 2. 外部尺寸小。 3. 结构紧凑。 缺点： 1. 端部结构复杂。 2. 削弱了缸体强度
半环连接	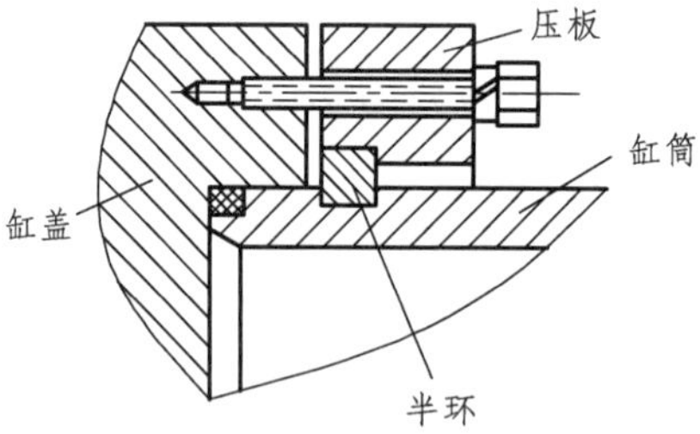	优点： 1. 结构简单。 2. 工艺性好。 3. 便于拆装。 缺点： 键槽削弱了缸体强度
拉杆连接	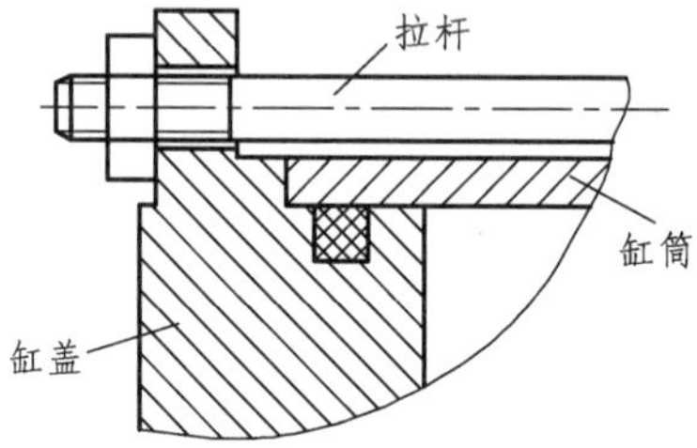	优点： 1. 结构简单。 2. 工艺性好。 3. 通用性大。 缺点： 1. 质量轻，体积大。 2. 拉杆受力，影响密封
焊接	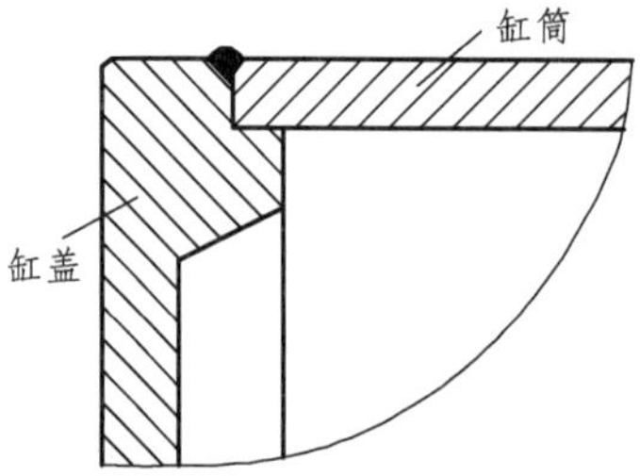	优点： 1. 结构简单。 2. 尺寸小。 缺点： 1. 焊后有变形。 2. 局部有硬化。 3. 内径不易加工

缸筒、端盖和导向套的材料及技术要求参考有关手册。缸筒是液压缸的主体，其内孔一般采用镗削、磨削、珩磨或滚压等精密加工方法生产，表面粗糙度 Ra 值为 0.1 ~ 0.4 μm，以

保证活塞及密封件、支承件顺利滑动，减少磨损。缸筒要承受很大的液压力，既要保证密封可靠，又要使连接有足够的强度，因此设计时要选择工艺性好的连接结构。导向套对活塞和柱塞起支承和导向作用，要求其所用材料耐磨、有足够的强度。有些液压缸不设导向套，直接用端盖孔导向，这种结构简单，但磨损后要更换端盖。

（3）密封装置。

液压缸的密封主要用来防止液压油的泄漏，泄漏分为内泄和外泄。泄漏会使油液发热和容积效率降低，外泄还会污染工作环境。密封效果直接影响液压缸的工作性能和效率，因此对液压缸密封装置有以下几点要求：

① 良好的密封性，且能随压力升高而自动提高密封性能。

② 运动密封处摩擦阻力小。

③ 结构简单，工艺性好。

④ 密封件应有良好的耐磨性和足够的寿命。

液压缸的密封形式见表 3-5。

表 3-5　液压缸密封形式

方　式	图　示	特　点
间隙密封	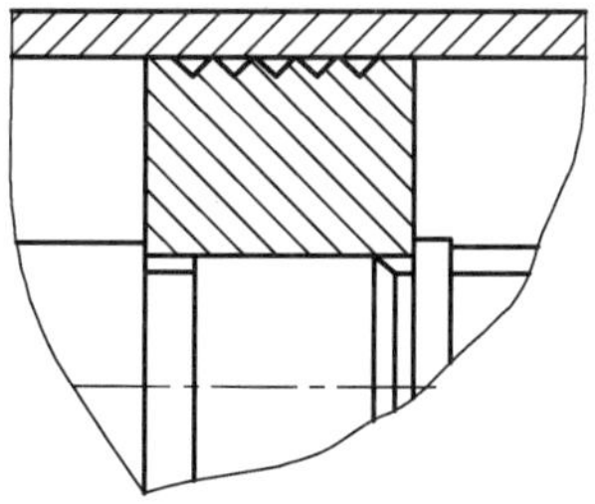	依靠运动件之间的微小间隙来防止泄漏。为了提高这种装置的密封能力，常在活塞的表面上制出几条细小的环形槽，以增大油液通过间隙时的阻力。它的结构简单，摩擦阻力小，可耐高温，但泄漏大，加工要求高，磨损后无法恢复原有能力，只有在尺寸较小、压力较低、相对运动速度较高的缸筒和活塞间使用
浮动环密封	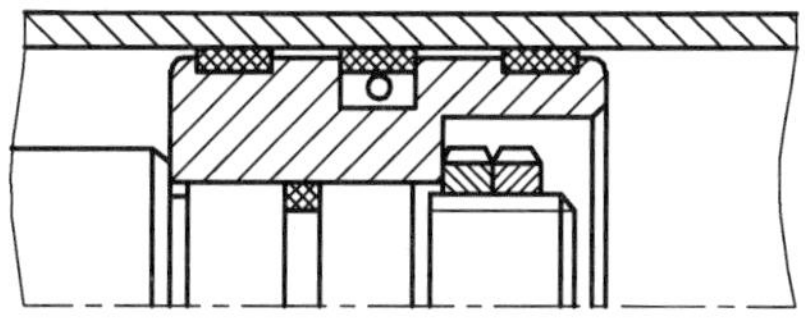	依靠套在活塞上的摩擦环（尼龙或其他高分子材料制成）在 O 形密封圈弹力作用下贴紧缸壁而防止泄漏。这种材料密封效果较好，摩擦阻力较小且稳定，可耐高温，磨损后有自动补偿能力，但加工要求高，装拆较不便，适用于缸筒和活塞之间的密封
密封圈密封	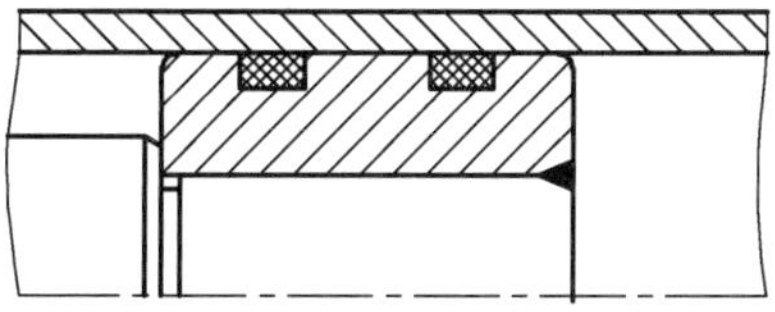	利用橡胶或塑料的弹性使各种截面的环形圈贴紧在静、动配合面之间来防止泄漏。它结构简单，制造方便，磨损后有自动补偿能力，性能可靠，在缸筒和活塞之间、缸盖和活塞杆之间、活塞和活塞杆之间、缸筒和缸盖之间都能使用
	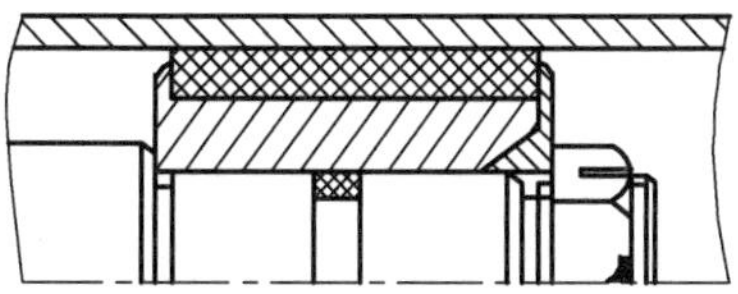	对于活塞杆外伸部分，由于它很容易把脏污带入液压缸，使油液受到污染，使密封件磨损，因此常需要在活塞杆密封处增添防尘圈，并放在向着活塞杆外伸的一端

（4）缓冲装置。

缓冲装置的原理是为了避免活塞在行程两端撞击缸盖，与缸盖接近时增大回油阻力，从而降低活塞运动速度。一般液压缸均设有缓冲装置，常用的缓冲方式见表 3-6。

表 3-6　常用的缓冲

方　式	图　示	特　点
缓冲柱塞缓冲	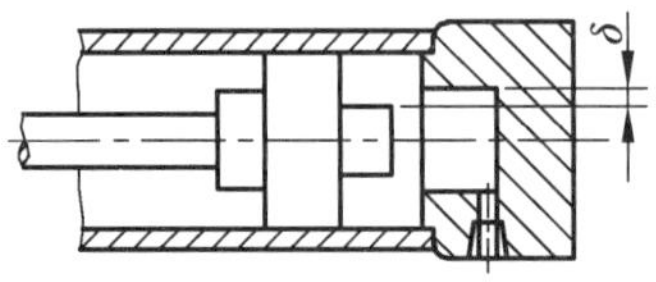	当缓冲柱塞进入与其相配的缸盖上的内孔时，孔中的液压油只能通过间隙 δ 排出，使活塞速度降低。由于配合间隙不变，故随着活塞运动速度的降低，起缓冲作用
节流阀缓冲	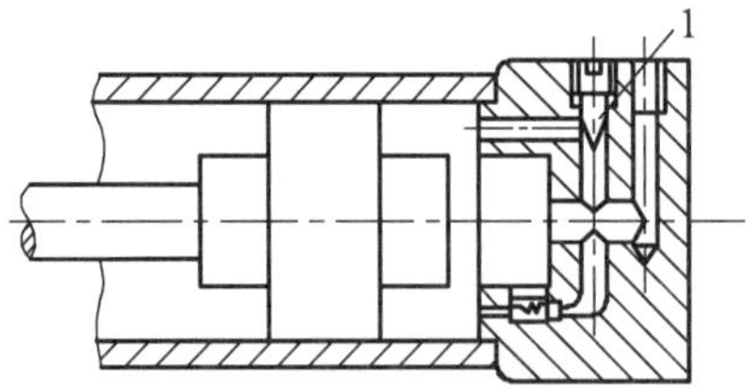	当缓冲柱塞进入配合孔之后，油腔中的油只能经节流阀 1 排出。由于节流阀 1 是可调的，因此缓冲作用也可调节，但仍不能解决速度减低后缓冲作用减弱的缺点
三角槽缓冲	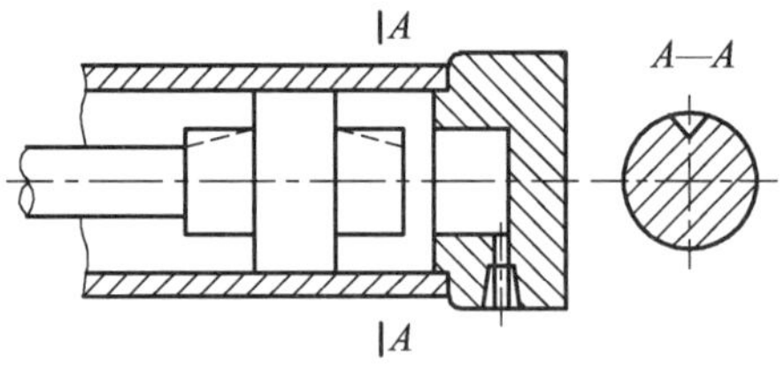	在缓冲柱塞上开有三角槽，随着柱塞逐渐进入配合孔中，其节流面积越来越小，解决了在行程最后阶段缓冲作用过弱的问题

（5）排气装置。

液压缸在安装过程中或长时间停放后重新工作时，液压缸内和管道系统中会渗入空气，为了防止执行元件出现爬行、噪声和发热等不正常现象，需要把液压缸和管道系统中的空气排出。一般可以在液压缸的最高处设置进出油口把气带走，也可在最高处设置如图 3-18 所示的排气孔或专门的排气阀。

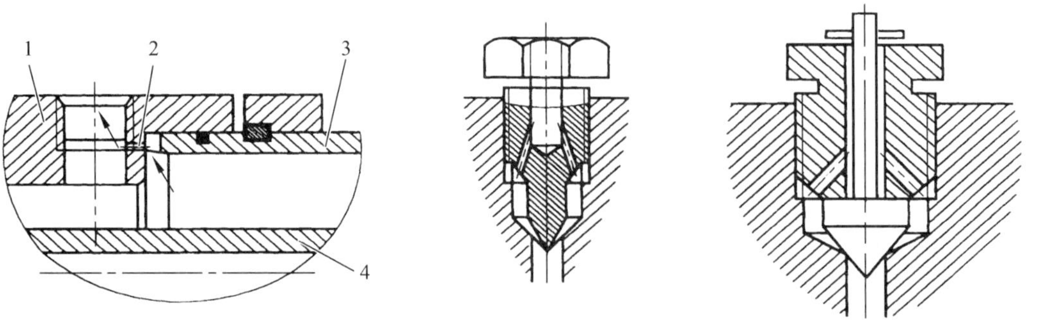

1—缸盖；2—放气小孔；3—缸体；4—活塞杆。

图 3-18　排气装置

三、液压辅助元件

在液压传动系统中，液压辅助元件是指那些既不直接参与能量转换，也不直接参与方向、压力、流量等控制的元件或装置。液压辅助元件主要包括油箱、过滤器、压力表、蓄能器、冷却器、加热器、连接管件、密封装置等。

液压辅助元件（见图 3-19）和其他液压元件一样，都是液压系统中不可缺少的组成部分。它们对系统的性能、效率、温升、噪声和寿命等都有很大的影响，是系统正常工作的重要保证。因此，在液压系统设计时对液压辅助元件的选用要给予充分的重视。

液压辅助元件简介请浏览下方 AR 资源。

图 3-19　液压辅助元件

（一）油　箱

油箱的作用主要是储油，油箱必须能够盛放系统中的全部油液。液压泵从油箱里吸取油液送入系统，油液在系统中完成传递动力的任务后返回油箱。此外，因为油箱有一定的表面积，所以能够散发油液工作时产生的热量。同时，油箱还具有沉淀油液中的污物，使渗入油液中的空气逸出，分离水分的作用。有时它还能被当作液压元件的阀块安装台等。液压系统中的油箱主要有总体式和分离式两种。总体式是利用机器设备机身内腔作为油箱（例如压铸机、注塑机等），结构紧凑，各处漏油易于回收，但维修不便，散热条件不好。分离式是设置一个单独油箱，与主机分开，减少了油箱发热和液压源振动对工作精度的影响，因此得到了广泛的应用，在组合机床、自动线和精密机械设备上大多采用分离式油箱，其结构如图 3-20 所示。

油箱以采用不锈钢板焊接为最好，但成本高，大多数情况下采用镀锌钢板制作而成。

油箱主要应具有以下结构特点：

（1）油箱应有足够的容量。液压系统工作时，油箱油面应保持一定的高度，以防液压泵吸空。为了防止系统中的油液全部流回油箱时，油液溢出油箱，所以油箱中的油面不能太高，一般不应超过油箱高度的 80%。油面高度为油箱高度 80%时的容积称为油箱的有效容积。

（2）为防止油液被污染，油箱上各盖板、管口处都要妥善密封。注油孔上要加装滤油器，通气孔上装空气滤清器，空气滤清器的通流量应大于液压泵的流量，以便空气及时补充液位的下降。

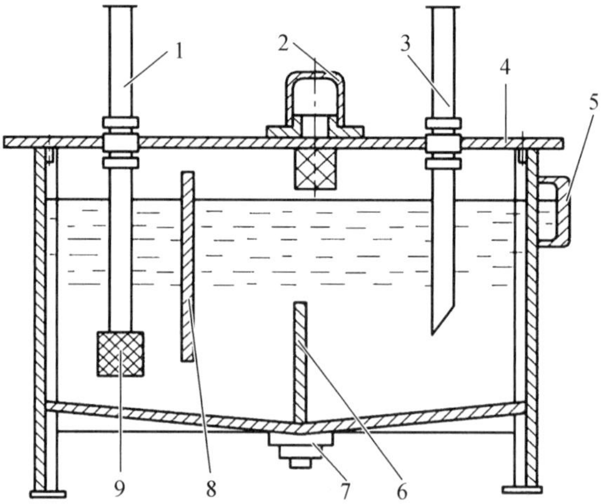

1—吸油管；2—空气滤清器；3—回油管；4—上盖；5—油位指示器；6，8—隔板；7—放油阀；9—过滤器。

图 3-20　分离式油箱结构

（3）为使漏到上盖板上的油液不流到地面上，油箱侧壁应高出上盖板 10 ~ 15 mm。

（4）油箱应有足够的刚度和强度。特别是上盖板上如果要安装电动机、液压泵等装置时应适当加厚，而且要采取局部加固措施。

（5）为了排净存油和清洗油箱，油箱底板应有适当斜度，并在最底部安装放油阀或放油塞。

（6）油箱内部应喷涂耐油防锈清漆或与工作油液相容的塑料薄膜，以防生锈。

（7）油箱底部应设置底脚，便于通风散热和排除箱底油液。

（8）吸油管和回油管之间的距离应尽量远。油箱中的吸油管和回油管应分别安装在油箱的两端，以增加油液的循环距离，使其有充分的时间进行冷却和沉淀污物，排出气泡。为此一般在油箱中都设置隔板，使油液迂回流动。

（9）为防止吸油时吸入空气和回油时油液冲入油箱搅动液面形成气泡，吸油管和回油管均应保证在油面最低时仍没入油中。为避免将油箱底部沉淀的杂质吸入泵内和回油对沉淀的杂质造成冲击，油管端距箱底应大于 2 倍管径，距箱壁应大于 3 倍管径。

（10）吸油管与回油管端口应制成 45°斜断面以增大流通截面，降低流速。这样可以减小吸油阻力，避免吸油时流速过快产生气蚀和吸空，还可以降低回油时引起的冲溅，有利于油液中杂质的沉淀和空气的分离。

（11）箱体侧壁应设置油位指示装置，滤油器的安装位置应便于装拆，油箱内部应便于清洗。

（12）对于系统负载大并且长期连续工作的系统来说，还应考虑系统发热及散热的平衡。油箱正常工作温度应在 15 ~ 65 °C，如要安装加热器或冷却器，必须考虑其在油箱中的安装位置。

（二）过滤器

在液压系统故障中，近 80%是由于油液污染引起，故在液压系统中必须使用过滤器。过滤器的主要参数有过滤精度、通流量和过流压力损失，这些在手册中可以查得。

1. 过滤器主要参数

（1）过滤精度。

衡量过滤精度的指标有多种，如过滤比、绝对精度、名义精度等。过滤精度是指过滤器对各种不同尺寸污染颗粒的滤除能力。

过滤比是指过滤器上游油液单位容积中大于某一给定尺寸的颗粒数与下游油液单位容积中大于同一尺寸的颗粒数之比。过滤比能确切地反映过滤器对不同尺寸颗粒污染物的过滤能力。

目前广泛应用的过滤精度指上游被滤除的最小球形颗粒，直径 d 的公称尺寸（μm）表示。过滤精度可分为粗（$d \geqslant 100$ μm）、普通（10 μm$\leqslant d \leqslant$100 μm）、精（5 μm$\leqslant d \leqslant$10 μm）和特精（1 μm$\leqslant d \leqslant$5 μm）4 个过滤等级。

（2）过滤器的通流量与压力损失。

当选用的过滤器通流量过小时，会造成清洗或更换周期太短，也会增加压力损失。过滤器通流量过大，虽然会减少压力损失，但它的体积会加大从而影响液压系统元件的布置。一般所选过滤器的通流量应是实际流量的 2 ~ 3 倍。

（3）有一定的机械强度。过滤器要有一定的机械强度（包括滤芯和壳体的强度），保证在压力油作用下，过滤器不致被破坏。

2. 过滤器类型及其特点

不同的液压系统对油液的过滤精度要求不同，滤芯是过滤器的关键部件，根据滤芯材料和结构形式不同，可分为网式、线隙式、烧结式、纸芯折叠式和磁性过滤器等。滤芯的主要材料有玻璃纤维纸、合成纤维纸、植物纤维纸、金属纤维毡和金属网等。

（1）网式过滤器。

网式过滤器（见图 3-21）由筒形骨架 2 上包一层或多层金属网 3 组成，过滤精度由网孔的大小和层数决定，有 80 μm、100 μm、180 μm 三个规格。网式过滤器结构简单，清洗方便，通油能力大，压力损失小，但过滤精度低。常用于泵的吸油管路对油液进行粗滤。

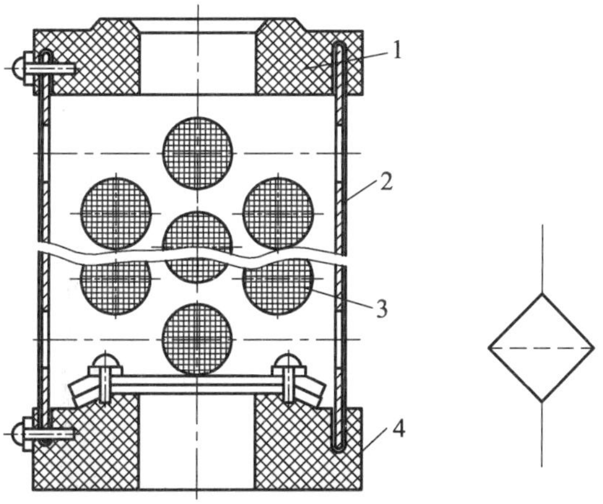

1—上盖；2—骨架；3—过滤网；4—下盖。

图 3-21　网式过滤器

（2）线隙式过滤器。

线隙式过滤器（见图 3-22）由用铜线或铝线绕在筒形芯架 1 的外部而成的滤芯 2 和壳体 3 组成。流入壳体内的油液经线间缝隙流入滤芯内，再从上部孔道流出。过滤精度为 30 ~ 100 μm，常安装在压力管路上。其特点是过滤精度较高，通油能力大，但不易清洗。

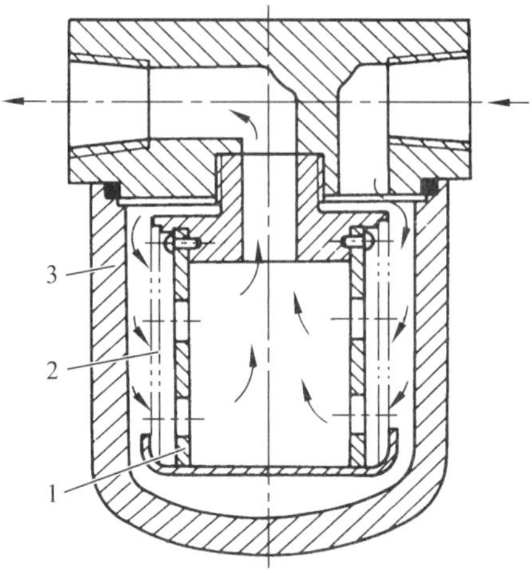

1—芯架；2—滤芯；3—壳体。

图 3-22 线隙式过滤器

（3）纸芯式过滤器。

纸芯式过滤器（见图 3-23）的结构与线隙式过滤器相似，只是滤芯换为纸质。纸质有玻纤滤纸、化纤滤纸、木浆滤纸。其过滤精度为 5 ~ 30 μm，它的结构紧凑，通油能力大，但无法清洗，需经常更换滤芯。

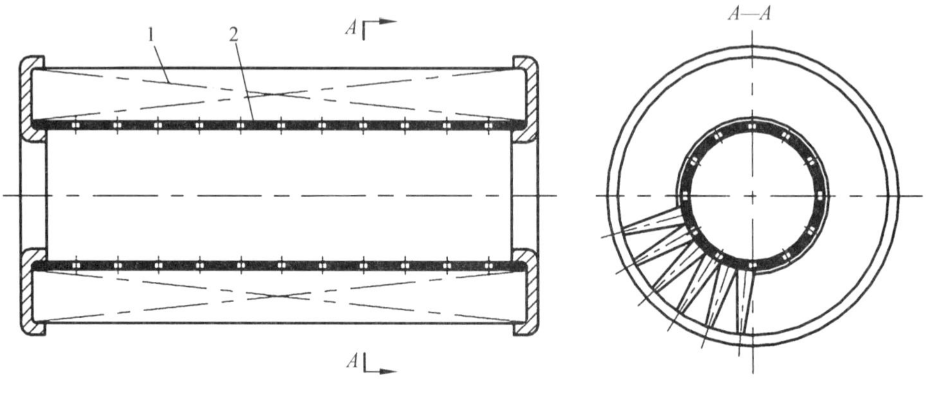

1—纸芯；2—芯架。

图 3-23 纸芯式过滤器

（4）烧结式过滤器。

烧结式过滤器（见图 3-24）的滤芯通常由青铜等颗粒状金属烧结而成，利用颗粒间的微孔进行过滤。过滤精度高、抗腐蚀、滤芯强度大，能在较高油温下工作，但易堵塞、难于清洗、颗粒易脱落。

烧结式过滤器结构请浏览下方 AR 资源。

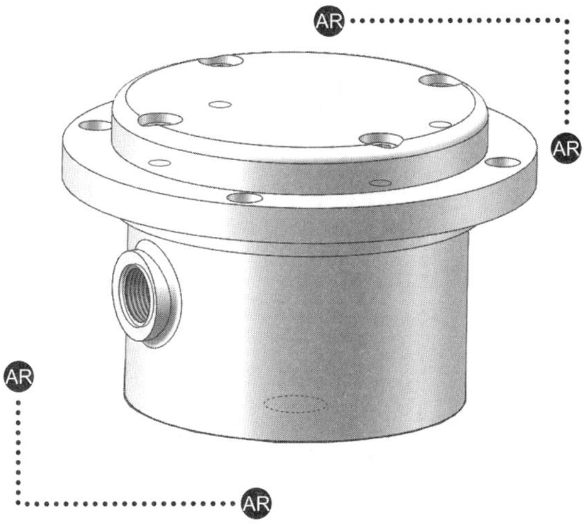

图 3-24　烧结式过滤器

（5）磁性过滤器。

磁性过滤器（见图 3-25）是利用磁铁吸附油液中的铁质微粒，但一般结构的磁性过滤器对其他污染物不起作用，所以常把它用作复式过滤器的一部分。

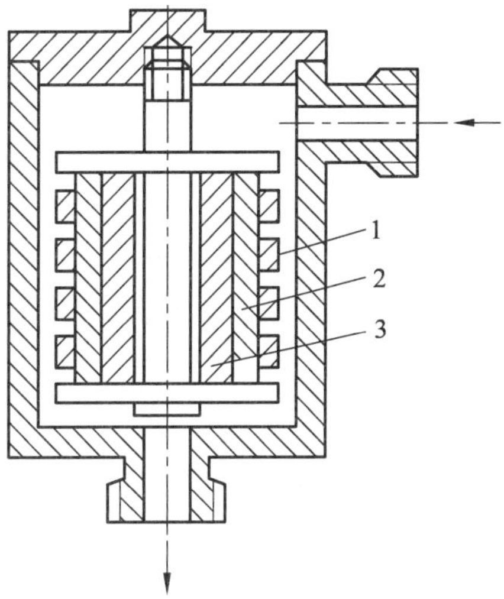

1—铁环；2—罩子；3—永磁铁。

图 3-25　磁性过滤器

3. 过滤器的安装和使用

（1）过滤器安装的注意事项。

过滤器一般安装在液压泵的吸油管路上，过滤器安装使用时应注意以下几点：

① 应满足系统的过滤精度要求。

② 应满足系统的流量，要能在较长的时间内保持足够的通液能力。

③ 工作可靠，满足承压要求。

④ 滤芯抗腐蚀性能好，能在规定的温度下长期工作。

⑤ 滤芯清洗、更换方便。

（2）过滤器的使用位置。

过滤器在液压系统中安装的位置，通常有图 3-26 所示的几种情况：

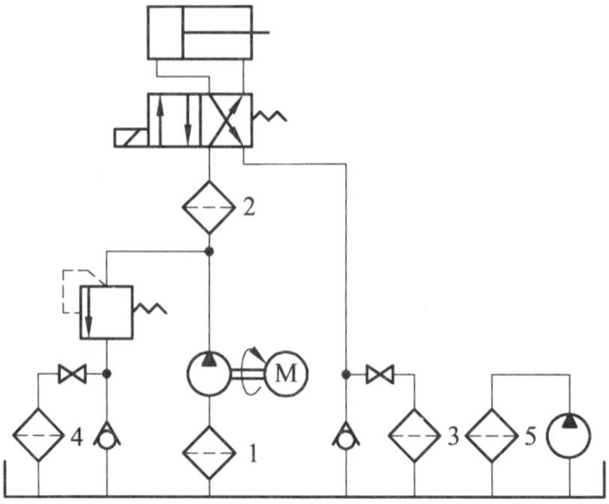

图 3-26 过滤器在液压系统中安装的位置

① 过滤器 1 安装在泵的吸油管路上。这种安装位置主要是保护泵不致吸入较大的颗粒杂质。由于一般泵的吸油口不允许有较大阻力，因此只能安装压力损失较小的粗级或普通精度等级的过滤器。

② 过滤器 2 安装在压油管路上。这种安装位置主要用来保护除泵以外的其他液压元件。油与过滤器在高压下工作时，滤芯及壳体应能承受油路上的工作压力和冲击压力。为防止过滤器堵塞而使液压泵过载或引起滤芯破裂，可以并联安全阀和防堵塞发讯装置。

③ 过滤器 3 安装在回油路上。这种安装位置适用于液压执行元件在脏、湿环境下工作的系统，可在油液流入油箱以前滤去污染物。由于回油路压力低，可采用强度较低的精过滤器。

④ 过滤器 4 安装在系统的分支油路上。当泵流量较大时，若仍采用上述各种油路过滤杂质，则要求过滤器的通流面积大，使得过滤器的体积较大。为此，在相当于总流量 20% ~ 30% 的支路上安装小规格过滤器对油液进行过滤，不会在主油路上造成压力损失，但不能保证杂质进入系统。

⑤ 过滤器 5 安装在单独的过滤系统。这种设置方式是用一个液压泵和过滤器组成独立于液压系统之外的过滤回路，它可以经常清除系统中的杂质，定时运行对油箱的油液进行过滤。

为了获得较好的过滤效果，在液压系统中往往综合运用上述几种安装方法。安装过滤器时应当注意，一般过滤器都只能单向使用（滤芯的外围进油，中心出油），进出油口不能反接，以利于滤芯清洗和安全。因此，过滤器不要安装在液流方向可能变换的油路上。必要时可增设过滤器和单向阀以保证双向过滤，也可采用双向过滤器。

（三）热交换器

如果油液温度过高，油液黏度就会下降，使润滑部位的油膜被破坏，油液泄漏量增大。如果油液温度过低，系统压力损失增大。热交换器作用就是保证液压油的温度维持在一个合适范围内。热交换器包括冷却器（见图 3-27）和加热器。

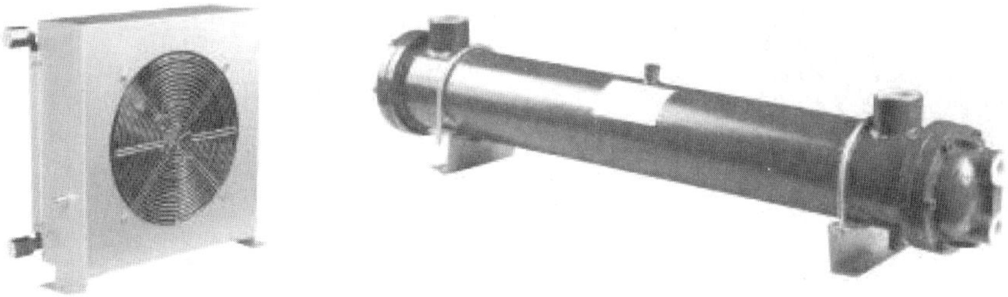

（a）　　（b）

图 3-27　冷却器

1. 冷却器

油液的工作温度一般保持在 30 ~ 50 °C 时比较理想，最高不超过 70 °C，否则不仅会使油液黏度降低，增加泄漏，而且能加速油液变质。当油液依靠油箱冷却后而油温仍超过 70 °C 时，就须采用冷却器。按冷却介质分类，冷却器有风冷、水冷和氨冷等不同的形式。

机械设备多使用水冷却器，按冷却器结构特点可分为蛇形管冷却器、多管式冷却器、翅片式冷却器等。

（1）风扇冷却器。

风冷是利用风扇产生的高速气流，通过散热器将油箱的热量带走，从而降低油温。这种冷却方法结构简单，但是冷却效果差。

（2）蛇形管冷却器。

这种冷却方式（见图 3-28）是在油箱内敷设蛇形管，通入循环水对油液进行冷却。蛇形管一般使用壁厚 1.15 mm、外径 15 ~ 25 mm 的紫铜管盘旋制成。采用这种冷却方法结构简单，但由于油箱中油液只能靠对流冷却，所以冷却效果较差。

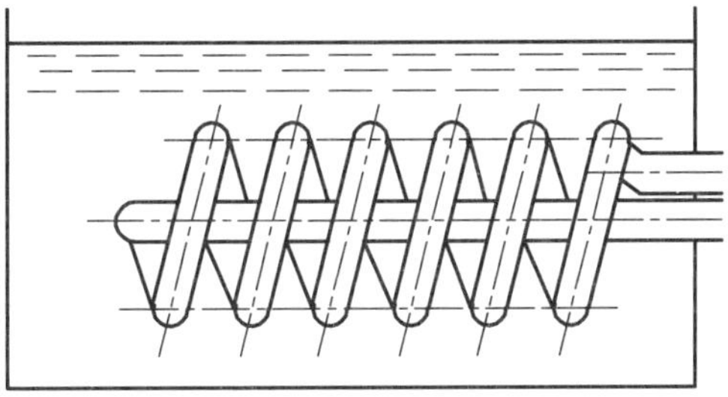

图 3-28　蛇形管冷却器

（3）多管水冷却器。

多管水冷却器是一种强制对流的冷却器，在使用时应使液流方向与水流方向相反，这样可提高冷却效果。

图 3-29 所示为卧式冷却器结构，其传热系数为 $12.1\times10^5 \sim 14.6\times10^5$ J/（$m^2\cdot h\cdot °C$），最高允许温度 80 °C，工作介质压力 16×10^5 Pa。冷却介质压力为 8×10^5 Pa。该冷却器体积小，散热面积大，维修方便，管板在一头浮动，不致由于热膨胀产生故障，冷却管束能从壳体取出便于维修、清洗检查。浮动管板一侧采用单独密封，保证冷却介质与被冷却介质不相混淆。

水腔中装有防电化腐蚀的锌棒，能延长维护周期和使用寿命。

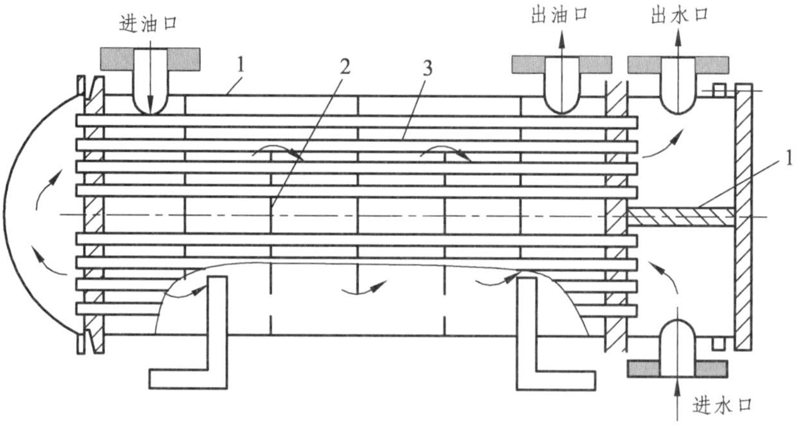

图 3-29　卧式冷却器

2. 加热器

加热器是在液压系统中，将油液温度提高到 15 °C 以上的预加热的设备。常用的预加热方式有：

（1）采用流体阻力损失加热。

（2）采用蛇形管蒸气加热。

（3）采用电加热器加热（见图 3-30）。

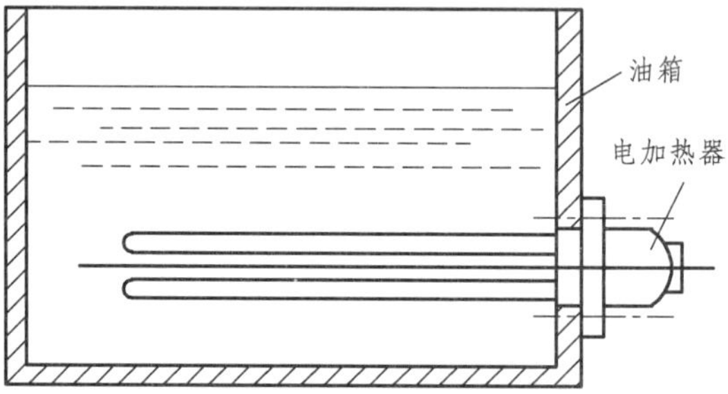

图 3-30　利用电加热器进行加热

液压系统中油温过低时常使用结构简单能按需要自动调节最高和最低温度的电加热器。电加热器水平安装，并使发热部分全部浸入油中，单个加热器的功率不能太大，以避免其周围油液过度受热而变质。

（四）蓄能器

蓄能器是液压系统中的储能元件，它储存液体的压力能，并在需要时释放出来供给系统。根据加载方式的不同，蓄能器有重力加载式[重锤式，见图 3-31（a）]、弹簧加载式[弹簧式，见图 3-31（b）]和气体加载式[活塞式，见图 3-31（c）]3 类，以气体加载式蓄能器最为常用。

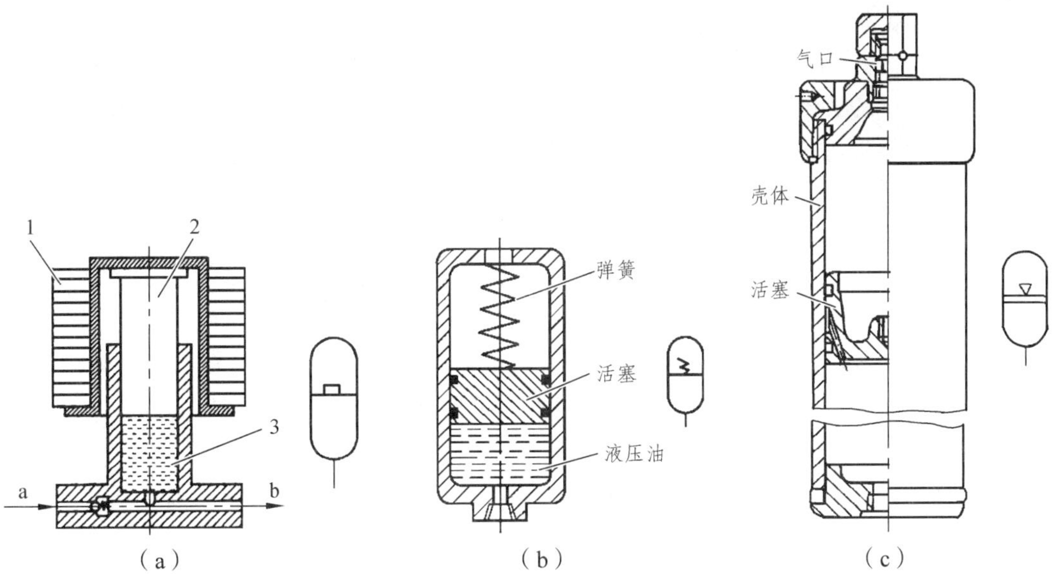

1—重锤；2—活塞；3—液压油。

图 3-31　蓄能器

1. 蓄能器结构

图 3-32 所示为气囊式蓄能器，气囊用耐油橡胶制成，固定在耐高压壳体的上部，气体由充气阀充入气囊内（一般为氮气）。提升阀是一个用弹簧加载的菌形阀，压力油全部排出时，该阀能防止气囊膨胀挤出油口。这种蓄能器气囊惯性小，反应灵敏，容易维护，但容量较小，制造比较困难。

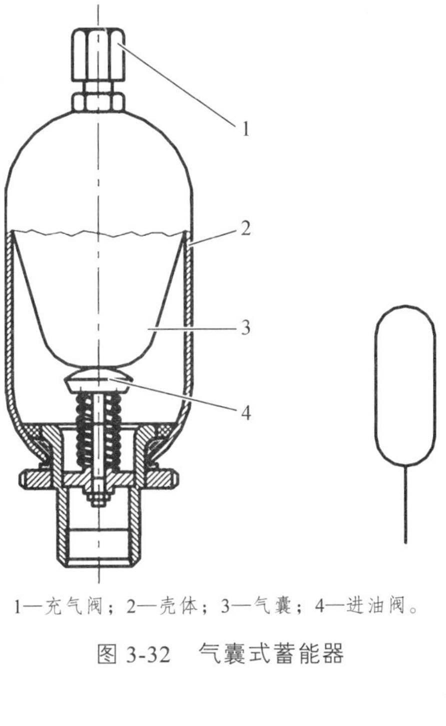

1—充气阀；2—壳体；3—气囊；4—进油阀。

图 3-32　气囊式蓄能器

2. 蓄能器在液压系统中的功用

（1）短期大量供油。

在液压系统的一个工作循环中，若大流量工作时间很短，而小流量工作时间很长（例如有些切削加工中的液压进给系统），便可采用蓄能器来供油。这样，系统可选用流量较小的液压泵和功率较小的电动机，从而节约能耗和降低温升。

（2）系统保压。

某些液压系统达到一定的压力时需要液压缸保压（例如建井用吊盘采用液压缸固定），这时泵可卸荷，而使用蓄能器提供压力油来补偿系统中的泄漏并保持一定压力，以节约能耗和降低温升。

（3）应急能源。

在停电或原动机发生故障时，蓄能器可作为液压系统的应急能源。

（4）缓和冲击压力。

当液压阀突然启闭或换向时，可能在液压系统中产生冲击力，在产生冲击力的部位加接蓄能器，可使冲击力得到缓和。

（5）吸收脉动压力。泵的输出口并接蓄能器，可使泵的流量脉动以及因之而引起的压力脉动减小。

（6）用作辅助能源。

3. 蓄能器的安装与使用

（1）蓄能器应将油口向下垂直安装且装在管路上的蓄能器必须用支架固定。

（2）蓄能器与泵之间应设置单向阀，以防止压力油向泵倒流。蓄能器与系统之间应设截止阀，供充气、调整和检修时使用。

（3）用于吸收压力脉动和液压冲击的蓄能器，应尽量安装在接近发生压力脉动或液压冲击的部位。

（4）蓄能器是压力容器，使用时必须注意安全，搬运和拆装时应先排出压缩气体。

（五）密封装置

密封装置的功用是防止液压元件和液压系统中液压油的泄漏，保证建立起必要的工作压力。密封的好坏直接影响液压系统的工作性能和效率。

1. 常用的密封方法

（1）间隙密封。

间隙密封（见图 3-33）是靠密封表面之间很小的配合间隙来实现密封的（例如滑阀式换向阀的阀芯与阀体之间的密封）。密封的效果取决于间隙大小、密封面长度、密封两端压力差和表面加工质量。这种密封不用任何专用的密封元件，所以结构简单、尺寸小。但是，它对部件的尺寸精度、几何形状精度和表面光洁度要求高。由于温度和变形等原因，间隙密封有时会产生别劲或卡阻等现象。由于有间隙存在，不能完全避免泄漏，但间隙内充满油液，密封件在运动时摩擦阻力小、寿命长、结构简单。在容许有少量泄漏的地方采用这种密封方式是合理的。

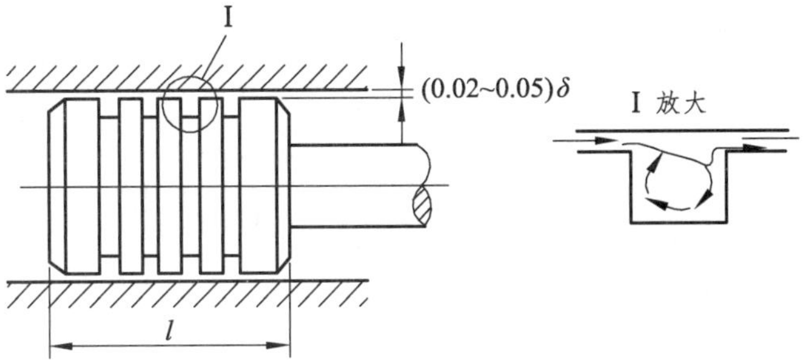

图 3-33　间隙密封

（2）接触密封。

接触密封是在需要密封的接触面间安装专用的密封元件，靠密封元件的弹性力和介质的压力达到密封。密封件使用的材料有橡胶（丁腈、聚氨酯，氯丁等）、夹织物橡胶、塑料（聚四氟乙烯）、皮革、金属等。

密封圈密封在液压系统中应用最广泛。密封圈常用耐油橡胶（或尼龙）压制而成，常用的有 O 形、Y 形、V 形密封圈。

O 形密封圈[见图 3-34（a）]，它是靠橡胶的初始变形及油液压力作用引起的变形来消除间隙而实现密封。

Y 形密封圈[见图 3-34（b）]，它是依靠液压力而使唇边紧贴于密封表面实现密封的，因此，随着压力增大能自动增大唇边与密封表面的接触压力，提高密封能力，且磨损后能自动补偿。

V 形密封圈[见图 3-34（c）]工作原理与 Y 形密封圈相似。安装时，密封圈的唇口应面向压力高的一侧。

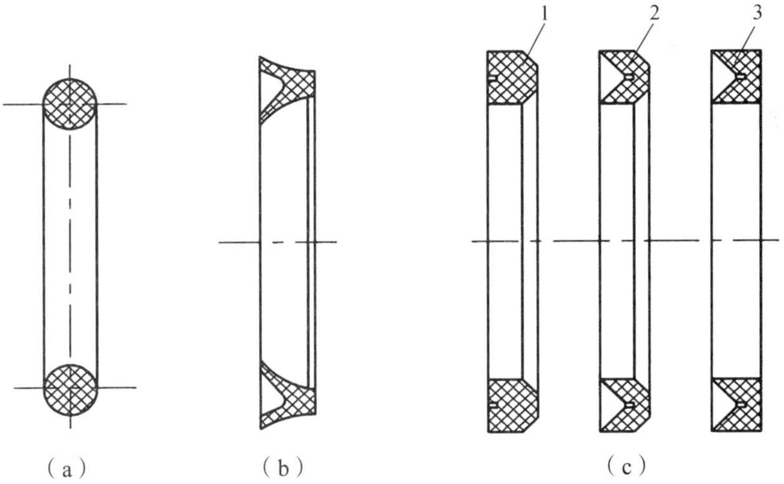

1—支承环；2—密封环；3—压环。

图 3-34　常用密封圈

2. 对密封装置的要求

（1）在额定压力和规定的温度范围内，应具有良好的密封性能，并随着压力的增大能自动提高密封性能。

（2）密封装置和运动件之间的摩擦力要小，摩擦系数要稳定。

（3）抗腐蚀能力强、不易老化、工作寿命长、耐磨性好，磨损后在一定程度上要能自动补偿。

（4）结构简单，使用、维护方便，成本低。

四、液压缸和液压马达的拆装

（一）液压缸的拆装

1. 实训步骤

（1）观察液压缸的外部形状，记录铭牌数据。

（2）按拆卸顺序，逐个拆下液压缸各零件，并编号。指出所拆液压缸的密封方式、活塞连接方式、端盖连接形式以及液压缸的固定安装特点。

（3）清洗各零件。

（4）按装配顺序，装配各零件。

（5）完成项目工单，清理现场。

2. 注意事项

（1）准备好拆卸工具，包括内六角扳手、内卡簧钳、活动扳手或呆扳手、螺丝刀、铜棒、木槌等。

（2）螺钉要对称拆装。

（3）拆卸时应做好记号。

（4）勿碰伤或损坏零件和轴承等。

（5）紧固件应借助专用工具拆卸，不得随意敲打。

3. 液压缸拆装步骤

（1）拆卸顺序。

① 松开并卸下液压缸两端端盖与缸筒上的固定螺钉。

② 拆下液压缸端盖。

③ 拆下活塞杆与活塞之间的锁定装置，旋转活塞杆将活塞与活塞杆分离。

④ 取出密封圈。

⑤ 拆卸后清洗、检验、分析各零部件，准备装配。

（2）装配顺序。

① 清洗各零部件。

② 在缸头上使用专用工具安装活塞杆密封圈。

③ 将活塞旋紧或用锁母旋紧，安装在活塞杆上。

④ 安装缸头、缸底的密封圈。

⑤ 将缸底对正位置安装到缸筒上，拧紧螺栓。

⑥ 将安装好活塞的活塞杆对正位置装入缸筒。

⑦ 在缸筒内孔上和缸头杆密封处涂液压油，将缸头对正活塞杆位置后，装入缸筒，拧紧螺栓。

4. 问题分析

（1）活塞有杆腔为何是锥形体？它起何作用？

（2）活塞上的组合圈有何特点？

（二）液压马达的拆装（以柱塞马达为例）

1. 实训步骤

（1）观察液压马达的外部形状，记录铭牌数据。

（2）按拆卸顺序，逐个拆下液压马达各零件，并编号。指出所拆液压马达配流装置的结构和进出油液流动路线。

（3）清洗各零件。

（4）按装配顺序，装配各零件。

（5）完成项目工单，清理现场。

2. 注意事项

（1）准备好拆卸工具包括内六角扳手、内卡簧钳、活动扳手或呆扳手、螺丝刀、铜棒、木槌等。

（2）螺钉要对称拆装。

（3）拆卸时应做好记号。

（4）勿碰伤或损坏零件和轴承等。

（5）紧固件应借助专用工具拆卸，不得随意敲打。

3. 液压马达拆装步骤

（1）拆卸顺序。

（2）装配顺序。

① 拆下螺栓，将冲洗阀拆下，取出右泵盖。

② 取出配流盘、泵体上的密封圈。

③ 取出回转缸体。

④ 拆卸压板安装螺钉后，取出压板和柱塞。

⑤ 从泵体左侧拆卸输出轴。

⑥ 拆卸后清洗、检验、分析，准备装配。

① 清洗各零部件。

② 将输出轴从左端装入。

③ 将柱塞套入回转缸体内，安装柱塞球铰。

④ 装入配流盘。

⑤ 将密封圈装入泵盖内，连接泵盖和泵体。

⑥ 将冲洗阀阀芯装入阀体内，安装单向阀和螺母，将冲洗阀装在泵盖上。

⑦ 安装进、出油口盖板。

五、工程应用案例与分析——液压启闭机液压系统

治理江河、城市防洪防涝以及蓄水灌溉、引水发电等工程都离不开闸门，而闸门的开关必须要用专门的机械装置来实现，启闭机是水利水电闸门、拦污栅专用的起重机械。某水闸集成式液压启闭机结构如图 3-35 所示。当液压缸活塞杆伸出时，带动闸门绕支点逆时针旋转实现关门动作；当液压缸活塞杆缩回时，带动闸门绕支点顺时针旋转实现开门动作。

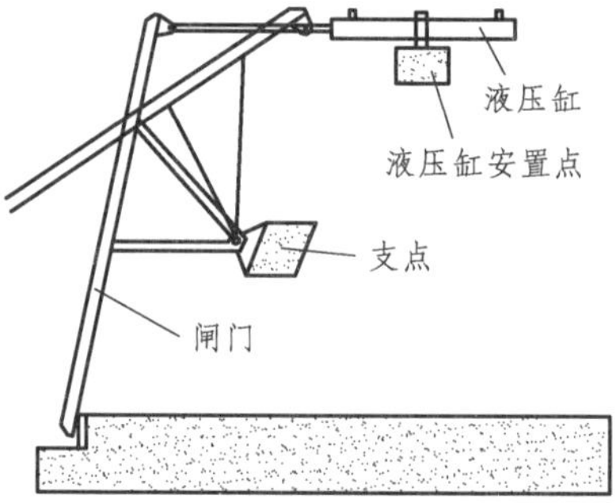

图 3-35　液压启闭机结构示意图

根据控制要求，液压系统原理如图 3-36。

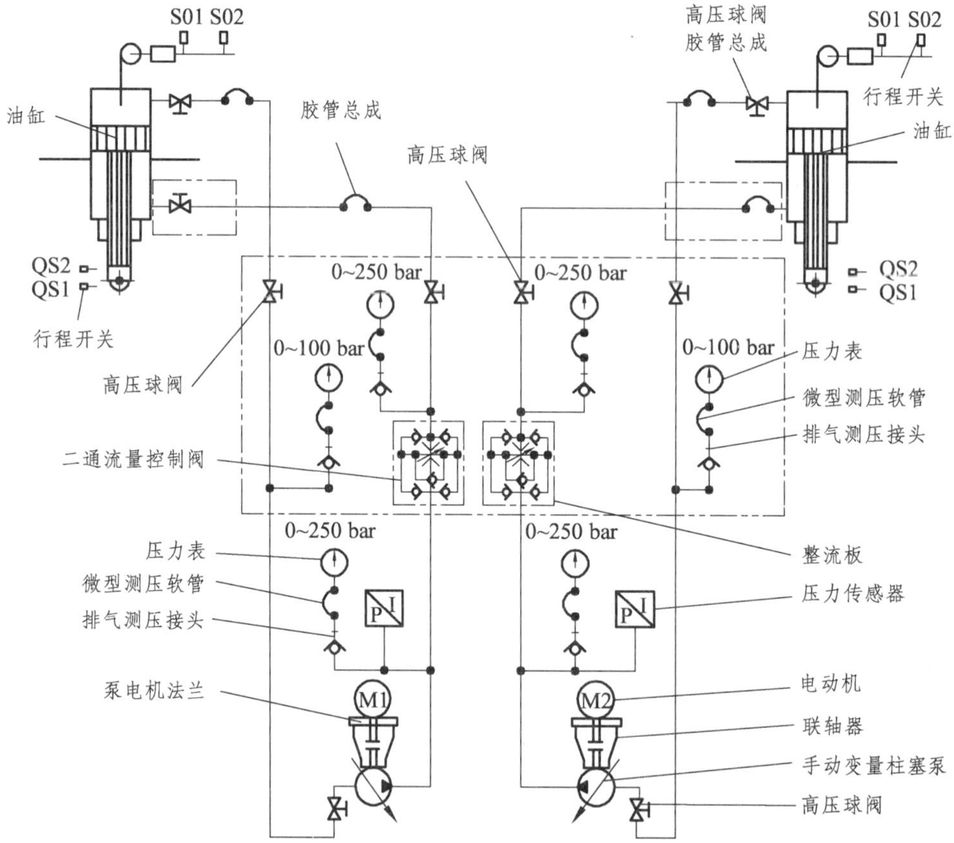

图 3-36　集成式液压启闭机液压系统原理图

为防止电机和油泵故障，本系统采用每个泵站增设一台备用的电机泵组，与工作油泵电

机组互为备用，两只液压缸的进排油管对称布置。系统出现故障时，自动换泵，以满足可靠运行的要求。

关门控制。启动液压泵电动机组，油液经高压球阀，有杆腔油压变大，无杆腔液压油经二通流量控制阀流向泵，闸门关闭。当有活塞杆经过行程开关 SQ2 时，电机失电。

开门控制。启动液压泵电动机组，液压油经二通流量控制阀，无杆腔液压油压变大，有杆腔液压油经高压球阀流向泵。闸门打开，当闸门打开至行程开关 SQ1，电机失电。

同步控制。闸门开关过程中，闸门的开度和行程检测装置全程连续检测行程的偏差，当偏差达到一定值时，两回路中的二通流量控制阀通过改变自身的流通量或液压泵转速来改变活塞杆的运行速度，调整至同步范围。当偏差超过更大值时，系统则会严重报警，甚至停机。

在系统保护措施中，液压油路中设定了过压保护。在开关闸门时，若液压系统工作压力超过设定值，由压力继电器发出声光报警信号，切断电源使电机停止运转；同时当液压油压过低时，也会发出警报，则启动备用泵组。

习题与思考

一、判断题

1. 双杆活塞式油缸不管采用缸筒固定安装，还是采用活塞杆固定安装，其占地范围都是相同的。（　　）

2. 单杆活塞式油缸采用差动连接，其运动速度增加，且推力也增大。（　　）

3. 柱塞式液压油缸特别适用于工作行程很长的机械设备。（　　）

4. 间隙密封适用于直径较小，运动速度较高，压力低的油缸。（　　）

5. 在使用过段时间之后，滤油器的过滤精度略有提高。（　　）

6. Y 形密封圈适用于相对运动速度较高表面处的动密封。（　　）

7. 油箱内的隔板将吸油区和回油区分开，以利于散热、杂质沉淀及气泡逸出。（　　）

二、选择题

1. 图 3-37 所示为杆固定的单杆活塞式液压缸，当有杆腔进油时，缸体的运动方向为（　　）。

A. 向右　　B. 向左

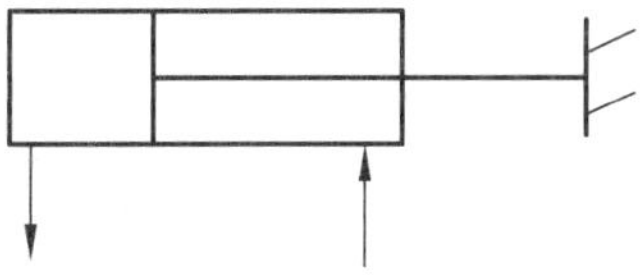

图 3-37

2. 若差动液压缸的往返速度相等，则缸筒直径应为活塞杆直径的（　　）倍。

A. 2　　B. $\sqrt{2}$　　C. 3

3. 图 3-38 所示油缸，缸筒直径为 D，活塞杆径为 d，若输入油缸的油液压力为 p，则活塞上产生的推力为（　　）。

A. $p\frac{\pi}{4}d^2$　　B. $p\cdot\frac{\pi}{4}(D^2-d^2)$　　C. $p\cdot\frac{\pi}{2}(D^2-d^2)$

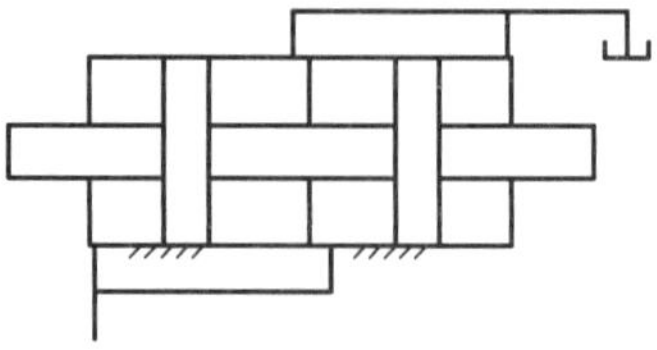

图 3-38

4. 设计液压缸时，缸筒长度一般不大于内径的（　　）。

A. 20~30 倍　　B. 10~15 倍　　C. 50 倍

5. 油箱的主要功用是（　　）。

A. 差动连接　　B. 储油　　C. 使泵卸荷

6. 过滤器应主要根据（　　）来选择。

A. 通油能力　　B. 外形尺寸　　C. 滤芯的材料

7. 党的二十大报告强调，加快实施创新驱动发展战略，加快实现高水平科技自立自强，要以（　　）为导向，集聚力量进行原创性引领性科技攻关，坚决打赢关键核心技术攻坚战。

A. 社会需求　　B. 人民需求　　C. 部队需求　　D. 国家战略需求

三、填空题

1. 图 3-39 所示的 3 个液压缸的活塞杆直径均为 d，活塞直径均为 D，已知输入流量为 q，压力为 p，分析各缸运动件的运动方向，写出推力 F 和速度 υ 的表达式。

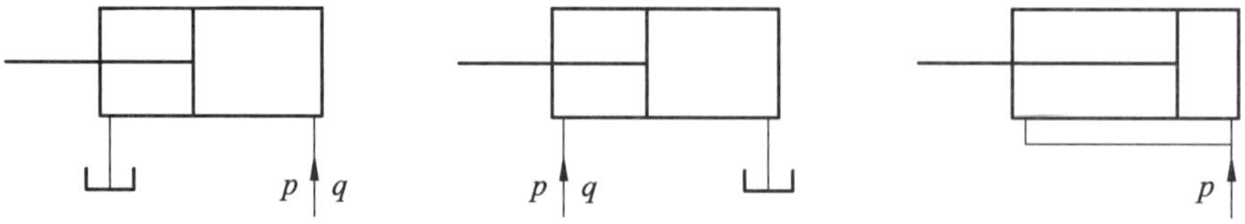

方向：________　　方向：________　　方向：________

$F_a=$________　　$F_b=$________　　$F_c=$________

$\upsilon_a=$________　　$\upsilon_b=$________　　$\upsilon_c=$________

图 3-39

2. 如图 3-40 所示为一柱塞固定，缸筒运动式的柱塞式油缸，压力油从空心柱塞中通入，压力为 $p=10$ MPa，流量为 $q=25$ L/min，缸筒直径为 $D=100$ m，柱塞杆径为 $d=80$ mm，柱塞内孔直径为 $d_0=30$ mm，缸筒所产生的推力和速度分别为________、________。

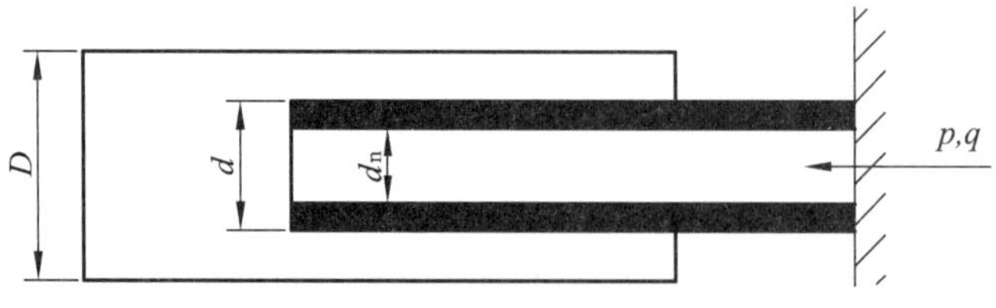

图 3-40

3. 职能符号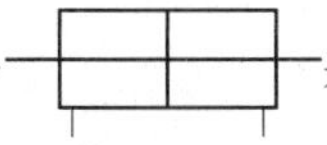表示________，职能符号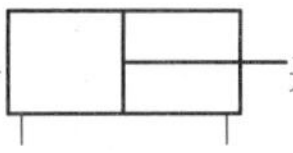表示________。若油缸的运动速度较过去逐渐降低，一般是已磨损，需要更换________。

4. 液压系统中常用的滤油器有________、________、________、________和________。

5. 油箱的作用是________、________、________、分离油中的________和________。

6. 蓄能器的功用是________、________、________、________和________。

7. Y 形密封圈的正确安装应使其唇边端对着________。

四、计算题

1. 如图 3-41 所示，两串联双杆活塞杆液压缸的有效作用面积 $A_1 = 50\ \mathrm{cm}^2$，$A_2 = 20\ \mathrm{cm}^2$，液压泵的流量 $q_1 = 3\ \mathrm{L/min}$，负载 $F_1 = 5\ \mathrm{kN}$，$F_2 = 4\ \mathrm{kN}$，不计损失，求两缸工作压力 p_1、p_2；及两活塞运动速度 v_1、v_2。

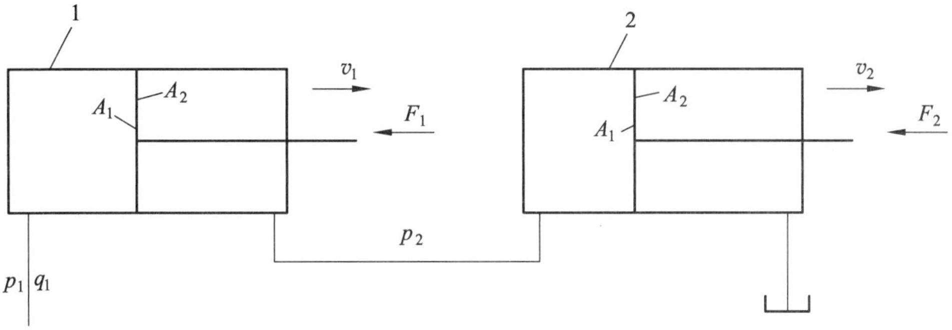

图 3-41

2. 已知单活塞杆的内径 $D = 50\ \mathrm{mm}$，活塞杆直径 $d = 35\ \mathrm{mm}$，泵供油流量为 8 L/min，不计管路压力损失，试求：

（1）液压缸差动连接时的运动速度。

（2）若缸在差动阶段所能克服的外负载为 $F_L = 1\ 000\ \mathrm{N}$，无杆腔内油压的压力该有多大？

3.（选做题）设计一单杆活塞液压缸，要求快进时为差动连接，快进和快退（有杆腔进油）时的速度均为 6 m/min。工进时（无杆腔进油）可驱动的负载为 $F = 25\ 000\ \mathrm{N}$，回油背压为 0.25 MPa，采用额定压力为 6.3 MPa，额定流量为 25 L/min 的液压泵，试确定油缸筒内径和活塞杆的直径。

项目四

液压控制元件

【知识目标】

✧ 掌握方向控制元件、压力控制元件、流量控制元件的结构原理、职能符号、常见类型及实际应用。

✧ 理解控制元件的性能参数、基本控制回路的性能分析。

✧ 了解各种控制元件的常见故障及故障的排除。

【技能目标】

✧ 能够分析各种控制元件在系统中的作用；能够正确选用控制元件。

【素养目标】

✧ 培养崇尚劳动、热爱劳动、辛勤劳动、诚实劳动的劳动精神。

✧ 培养执着专注、精益求精、一丝不苟、追求卓越的工匠精神。

✧ 培养质量意识、安全意识、环保意识、创新思维、信息素养。

液压故事：中国梦·大国工匠——河南液压技术“大拿”李向宾

李向宾，装配钳工高级技师，现任郑州煤矿机械集团液压电控公司质量副总工程师，从事装配钳工 30 年来，他勤勤恳恳，兢兢业业，先后获得全国煤炭青年岗位能手、河南省技术能手、煤炭行业技能大师、郑州市突出贡献高技能人才、郑州市青年岗位能手、郑煤机集团首席员工，享受国务院特殊津贴等荣誉，2016 年李向宾技能大师工作室被评为“国家级技能大师工作室”、2017 年 5 月被评为“郑州大工匠”荣誉称号。

1987 年，李向宾高中毕业，成为一名装配钳工。“这么多年，我就干了一件事，做液压阀、液压支架以及液压系统的装配调试工作。”李向宾说。

如今，李向宾不仅能通过“望闻问切”解决液压系统的疑难杂症，还能通过“小改善”节约上千万元的生产成本。

经过多年对电、液控制系统理论及工况的研究，他具备了丰富的实践经验，善于处理疑难杂症，解决生产过程中的重点、关键性技术问题，并获得“大拿”称号。在“高压大流量试验台”技改项目中，他凭借对液压大流量试验理论的研究经验，对管路及检测系统进行优化，实现了高压大流量综合性能试验技术攻关，并为系统升级改造节约费用近 20 万元。为解决公司瓶颈工序难题，特制专用液压冲方设备，并配以定位、引向、拔脱机构，简单实用，为公司节约资金百万元。2013 年装配流水线的落地，彻底颠覆了生产组织模式，实现一个流精益生产模式，成为液压阀装配流水线国内首创。2014 年参与的“液压反冲洗手柄装配不良改善”获集团公司优秀改善课题三等奖。他独创的小径深孔密封件的装配方法，解决了高端千升安全阀的装配瓶颈，提高生产效率 60%，实现减员增效，节约资金 20 万元；历年的大改革、小改善使他屡获改善之星称号，累计获得公司改善提案 300 余项，改善课题 126 余项，节约成本 1 000 万元以上。他结合用户立柱升降缓慢的问题，牵头研发立柱大流量供液系统，并将产品运用于神华 7 米、6.3 米等高端支架，既提升了用户的生产效率，得到用户认可，又提升了公司荣誉，并使该系统成为大采高支架的标配，为公司带来不低于年 300 万元的巨大市场效益。牵头平衡补偿双向锁项目的研发，彻底解决了用户平衡千斤顶安全阀频繁开启的问题，这在国内外都处于领先地位，得到了煤矿用户的一致好评，累计年市场效益达到 200 万元。

图 4-0　李向宾在排查液压支架操纵阀故障

党的二十大报告指出，当代中国青年生逢其时，施展才干的舞台无比广阔，实现梦想的前景无比光明。广大青年要坚定不移听党话、跟党走，怀抱梦想又脚踏实地，敢想敢为又善作善成，立志做有理想、敢担当、能吃苦、肯奋斗的新时代好青年，让青春在全面建设社会主义现代化国家的火热实践中绽放绚丽之花。

一、项目引入

液压控制阀是液压系统的控制元件（见图 4-1），其作用是控制和调节液压系统中液体流动的方向、压力的高低和流量的大小，以满足执行元件的工作要求。

液压控制元件概述请浏览下方 AR 资源。

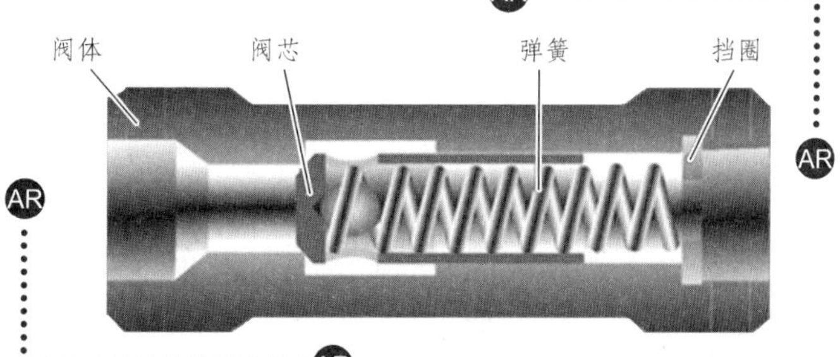

图 4-1　液压控制元件

（一）对液压控制元件的基本要求

（1）动作灵敏，使用可靠，工作时冲击和振动小，使用寿命长。

（2）油液通过液压控制阀时的压力损失小。

（3）密封性能好，内泄漏少，无外泄漏。

（4）结构简单紧凑，体积小。

（5）安装、维护、调整方便，通用性好。

（二）液压控制阀的分类

1. 按用途分

液压控制阀可分为方向控制阀、压力控制阀和流量控制阀（见图4-2）。这3类阀还可根据需要互相组合成为组合阀，以使结构紧凑，连接简单，并可提高效率。

三类液压控制阀简介请浏览下方AR资源。

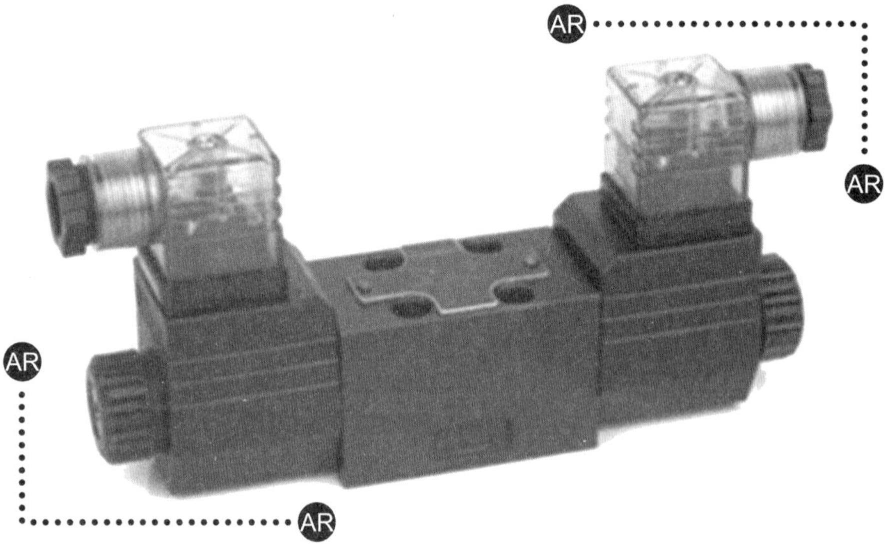

图4-2 三类液压控制阀

2. 按控制原理分

液压控制阀可分为开关阀、比例阀、伺服阀和数字阀。开关阀调定后只能在调定状态下工作，本章将重点介绍这种使用最为普遍的液压控制阀。比例阀和伺服阀能根据输入信号连续地或按比例地控制系统的参数。数字阀则用数字信息直接控制阀的动作。

3. 按安装连接形式分

（1）管式连接：又称螺纹式连接，阀的油口用螺纹管接头或法兰和管道及其他元件连接，并由此固定在管路上，适用于元件较少的简单系统。

（2）板式连接：阀的各油口均布置在同一安装面上，并用螺钉固定在与阀有对应油口的连接板上，再用管接头与管道及其他元件连接。板式连接方便，应用较广。

（3）叠加式连接：阀的上下面为连接结合面，各油口分布在这两个面上，且同规格阀的油口连接尺寸相同。每个阀除其自身的功能外，还起油路通道的作用。阀相互叠装便构成回路，无须管道连接，故结构紧凑，压力损失很小。

（4）插装式连接：这类阀无单独的阀体，由阀芯、阀套等组成的单元插装在插块体的预制孔中，用连接螺纹或盖板固定，并通过块内通道把各插装式阀连通组成回路，插装块体起到阀体和管路的作用。这是适应液压系统集成化而发展起来的一种新型安装连接方式。

二、方向控制回路基础知识

（一）方向控制阀（见图 4-3）结构分析

方向控制阀简介请浏览下方 AR 资源。

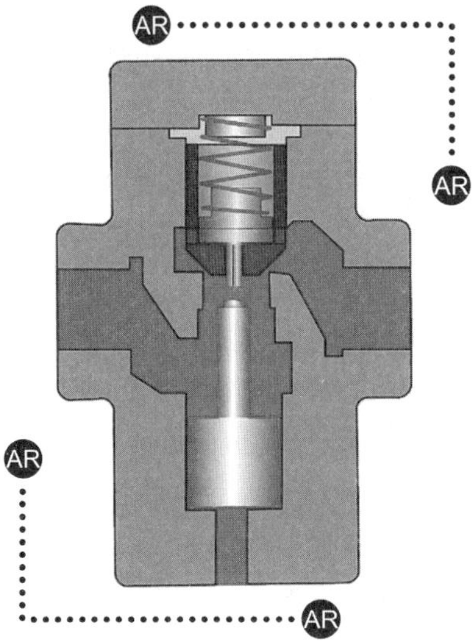

图 4-3　方向控制阀

1. 普通单向阀

普通单向阀简称单向阀，又称止回阀，它控制油液只能按一个方向流动而反向截止。它由阀体 1、阀芯 2、弹簧 3 等零件组成，如图 4-4 所示。阀芯 2 分锥阀式和钢球式两种，图 4-4（a）为锥阀式。钢球式阀芯结构简单，但密封性不如锥阀式。当压力油从进油口 P_1 输入时，克服弹簧 3 的作用力，顶开阀芯 2，并经阀芯 2 上 4 个径向孔及轴向孔，从出油口 P_2 输出。当液流反向流动时，在弹簧和压力油的作用下，阀芯锥面紧压在阀体 1 的阀座上，油液不能通过。图 4-4（b）是板式连接单向阀，其进出油口开在底平面上，用螺钉将阀体固定在连接板上，其工作原理和管式单向阀相同，图 4-4（c）为单向阀的图形符号。

阀中的弹簧主要用来克服阀芯运动时的摩擦力和惯性力。为了使单向阀工作灵敏可靠，弹簧力量应较小，以免液流产生过大的压力降。一般单向阀的开启压力为 0.035 ~ 0.05 MPa，额定流量通过时的压力损失不超过 0.1 ~ 0.3 MPa。当利用单向阀作背压阀时应换成较硬的弹簧，使回油保持一定的背压。作背压阀用时开启压力一般为 0.2 ~ 0.6 MPa。

单向阀的主要性能要求：当油液从单向阀正向通过时阻力要小（压力降小）而反向截止时无泄漏，阀芯动作灵敏，工作时无撞击和噪声。普通单向阀常与某些阀组合成一体，成为组合阀或称复合阀，如单向顺序阀（平衡阀）、可调单向节流阀、单向调速阀等。

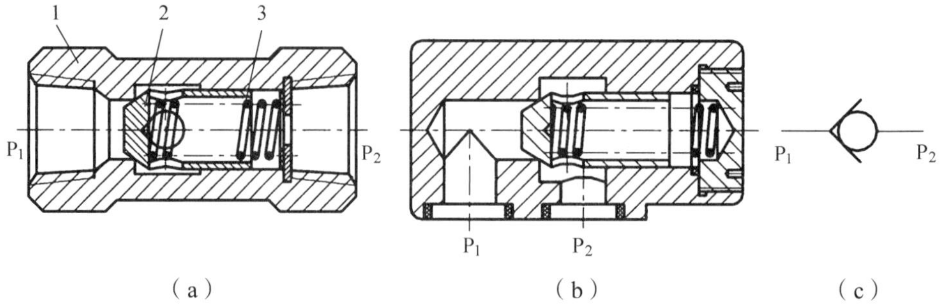

1—阀体；2—阀芯；3—弹簧。

图 4-4　普通单向阀

2. 液控单向阀

液控单向阀的结构如图 4-5（a）所示，它与普通单向阀相比，增加了一个控制油口 K，当控制油口 K 处无压力油通入时，液控单向阀起普通单向阀的作用，主油路上的压力油经 P_1 口输入，P_2 口输出，不能反向流动。当控制油口 K 通入压力油时，活塞 1 的左侧受压力油的作用，右侧油腔与泄油口相通，于是活塞 1 向右移动，通过顶杆 2 将阀芯 3 打开，使进、出油口接通，油液可以反向流动，不起单向阀的作用。控制油口 K 处的油液与进、出油口不通。通入控制油口 K 的油液压力最小不应低于主油路压力的 30%～50%。液控单向阀具有良好的单向密封性，常用于执行元件需长时间保压、锁紧的情况，也常用于防止立式液压缸停止运动时因自重而下滑的锁紧回路中。这种阀也称液压锁，图 4-5（b）所示为其图形符号。

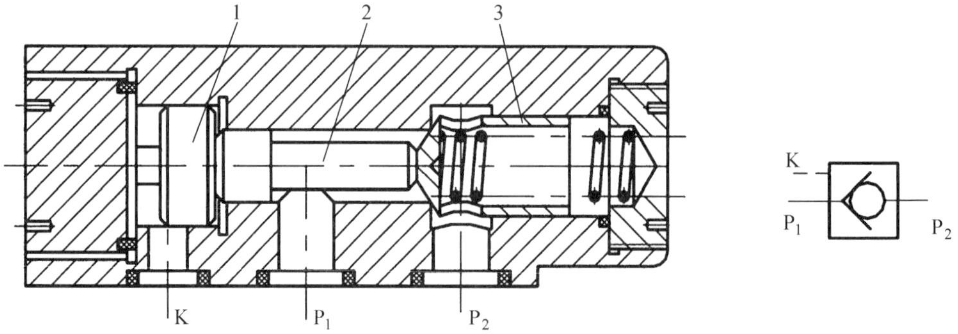

1—活塞；2—顶杆；3—弹簧。

图 4-5　液控单向阀

3. 换向阀

（1）换向阀的工作原理和分类。

换向阀（见图 4-6）是通过改变阀芯与阀体的相对位置使油路接通、切断或变换油流的方向，从而实现液压执行元件的启动、停止或方向变换。

换向阀工作原理和分类请浏览下方 AR 资源。

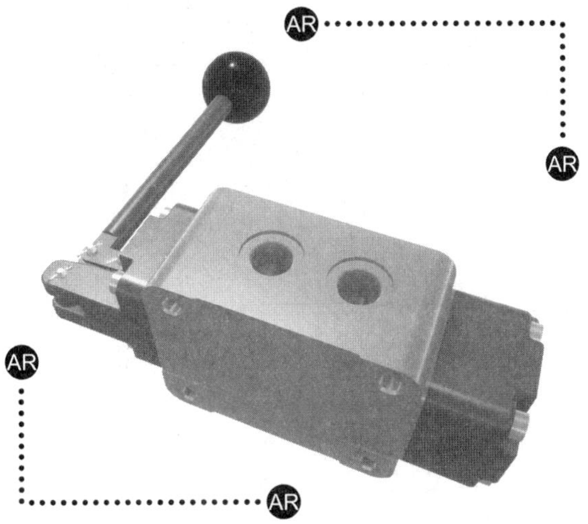

图 4-6　换向阀

当阀芯在图 4-7 所示的工作位置时，4 个油口互不相通，液压缸两腔均不通压力油，处于停车状态。若使换向阀的阀芯左移，P 口和 A 口相通，B 口和 T 口相通，压力油经 P、A 油口进入液压缸左腔，液压缸右腔的油液经 B、T 油口回油箱，活塞向右运动。反之，若使阀芯右移，P 口和 B 口相通，A 口和 T 口相通，活塞向左运动。

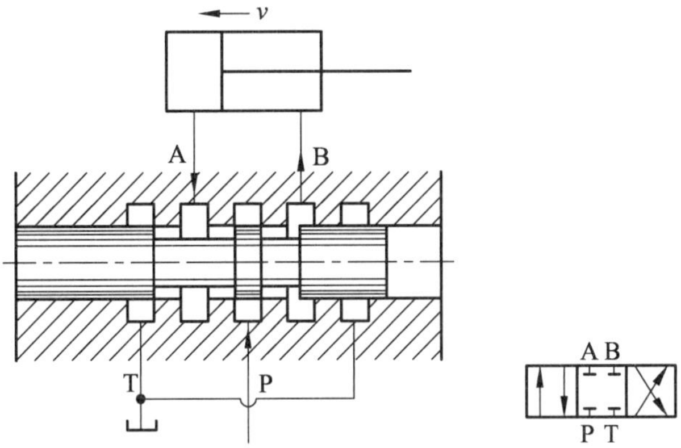

图 4-7　换向阀的工作原理

换向阀可按照如下方式进行分类。

① 按阀芯在阀体内的工作位数和油口通路数，换向阀可分为二位二通、二位三通、二位四通、三位四通、二位五通、三位五通等类型。

② 按阀芯换位的控制方式，换向阀可分为手动、机动、电动、液动和电液动等类型。

③ 按阀芯结构及运动方式，换向阀可分为滑阀、转阀、锥阀等。

④ 按安装方式，换向阀可分为管式、板式、法兰式等。

换向阀的结构原理和图形符号见表 4-1。换向阀各通道口的表示方法：P 为供油口，T 为回油口，A、B 为输出口，L 为泄油口。

表 4-1　换向阀的类型和图形符号

名　称	结构原理图	符　号
二位二通	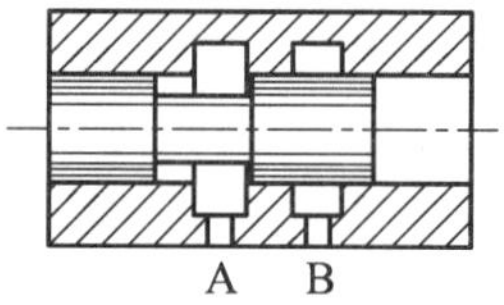	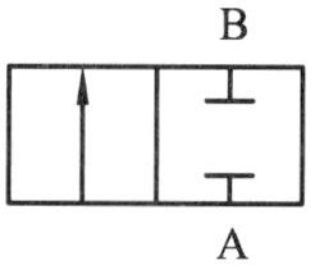
二位三通	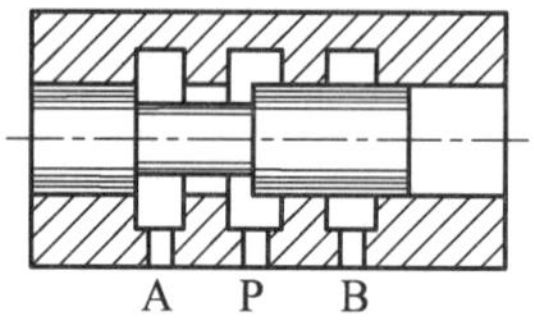	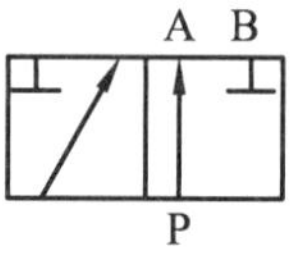
二位四通	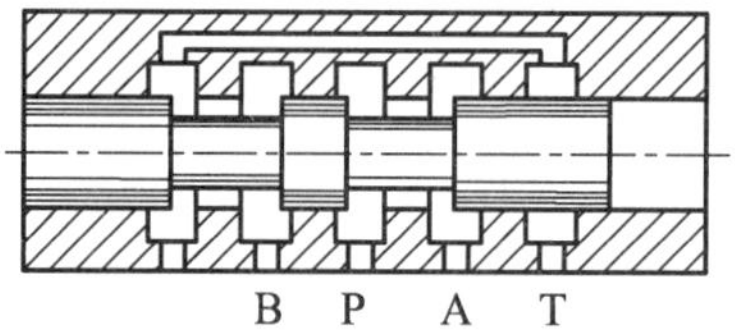	
三位四通	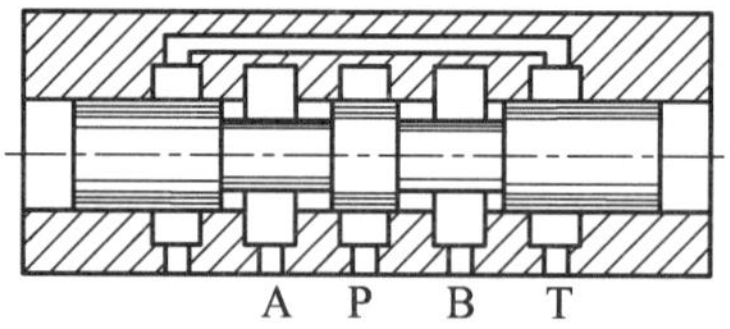	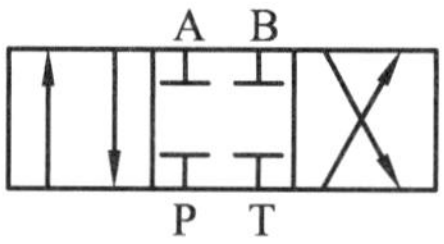
二位五通	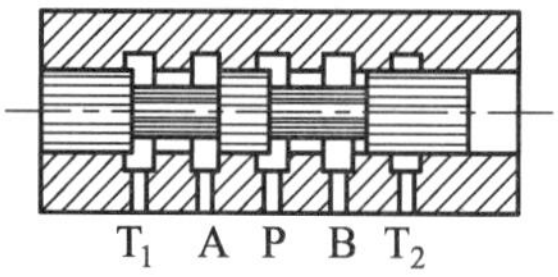	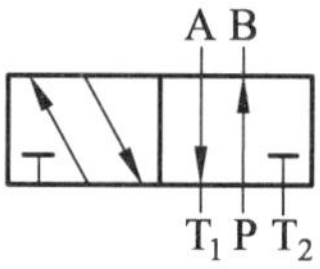
三位五通		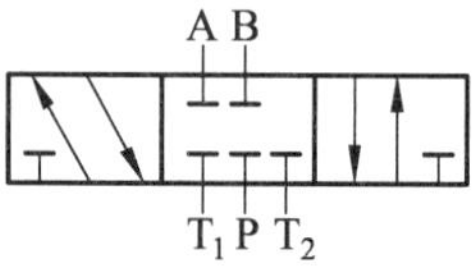

（2）换向阀的滑阀机能。

换向阀处于常态位置时，各油口间有不同的连通情况，其各油口的连通方式称为滑阀机能。三位换向阀的常态为中位，因此三位换向阀的滑阀机能又称为中位机能（见图 4-8）。不同中位机能的三位换向阀体通用，仅阀芯台肩的结构、尺寸及内部通孔情况有区别。表 4-2 为三位换向阀的滑阀中位机能。

滑阀的中位机能简介请浏览下方 AR 资源。

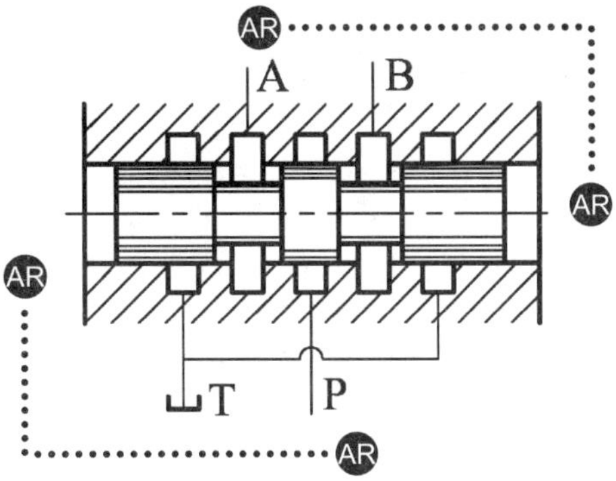

图 4-8　滑阀的中位机能

表 4-2　三位换向阀的滑阀中位机能

类型	结构原理图	中位机能		机　能	其他机能符号示例
		四　通	五　通		
O	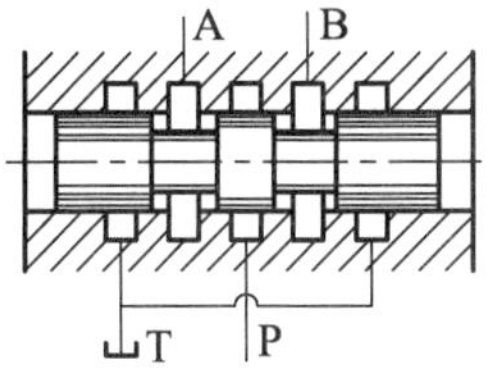	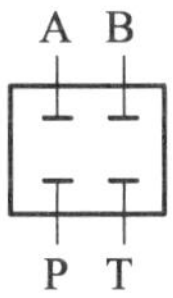	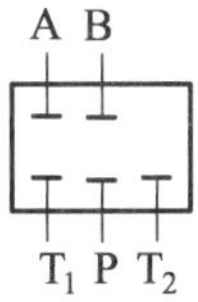	中位时，换向阀各油口全部关闭，液压缸锁紧。液压泵不卸荷，并联的其他液压执行元件运动不受影响，从静止到启动较平稳，但换向冲击大	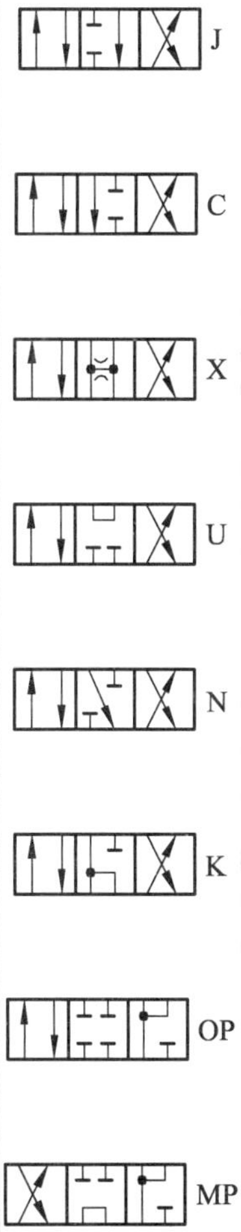
H	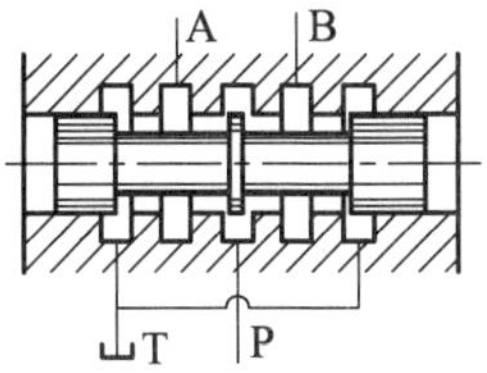	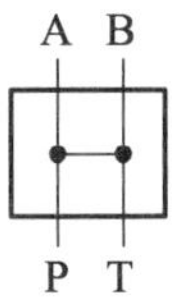	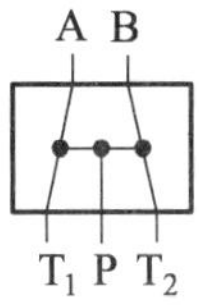	中位时，换向阀各油口互通，液压缸成浮动式。液压泵卸荷，其他执行元件不能并联使用。由于液压缸的油液流回油箱，从静止到启动有冲击，换向较平稳	
Y	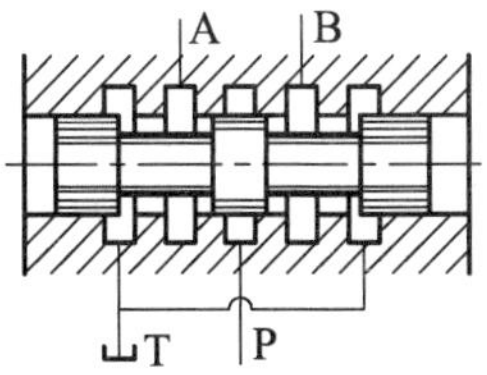	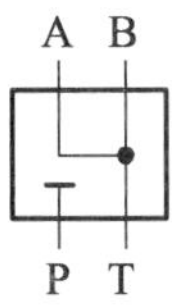	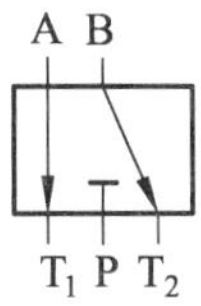	中位时，液压缸浮动，液压泵不卸荷，可并联其他执行元件，其运动不受影响。由于液压缸中油液流回油箱，启动有冲击，换向冲击介于 O 型和 H 型之间	

续表

类型	结构原理图	中位机能		机 能	其他机能符号示例
		四 通	五 通		
P	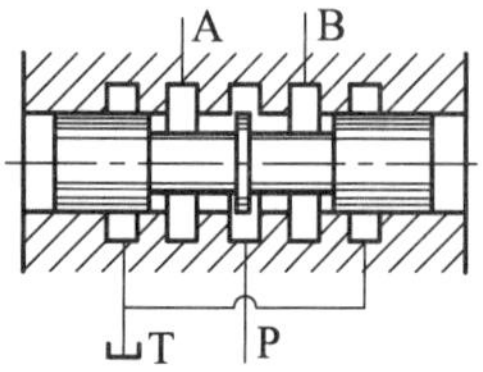	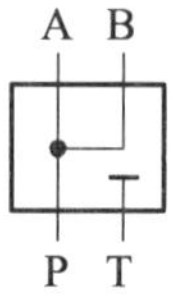	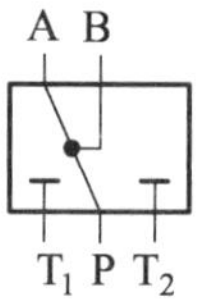	中位时，回油口 T 关闭，P 口和两液压缸口连通，形成差动回路。液压泵不卸荷，可并联其他执行元件。启动较平稳，由于液压缸两腔均通压力油，换向冲击最小	
M	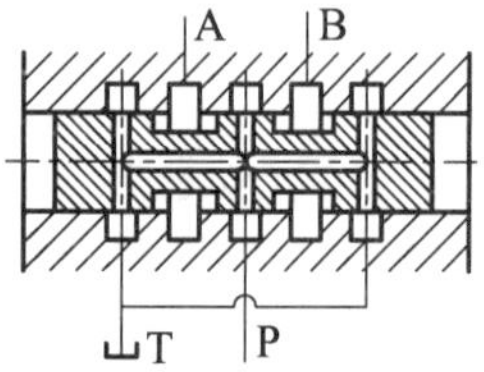	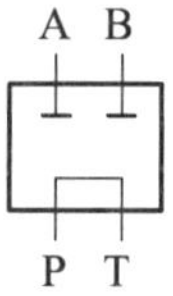	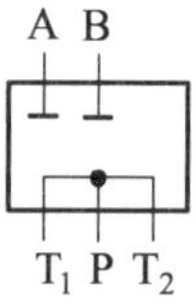	中位时，液压缸紧锁，换向阀进出油口 P、T 相互连通，液压泵卸荷，不能并联其他执行元件。由于液压缸中充满油液，从静止到启动较平稳，但换向冲击大	

（3）几种常见的换向阀。

① 手动换向阀。

手动换向阀是用手动杠杆操纵阀芯换位的方向控制阀。手动换向阀有钢球定位式和弹簧复位式两种。弹簧复位式手动换向阀适用于动作频繁、工作持续时间短的场合。手动换向阀结构简单、动作可靠，但需人力操纵，故只适用于间歇动作且要求人力控制的场合。

图 4-9（a）所示为三位四通自动复位手动换向阀的结构原理。该阀借助于手柄、操纵阀芯对阀体的相对位置，以改变阀的内部通路，从而改变液流方向。从图 4-9（a）中可看出，这种阀在阀体上有 4 条沉割槽，P 口通液压泵，A、B 口通液压缸或液压马达，T 口通油箱。因此外部接口有 4 个，故叫四通阀。图示位置，P、T、A 和 B 口互不相通。当手柄 1 拉动阀芯 2 左移，P 口与 A 口接通，B 口与 T 口接通；当手柄 1 推动阀芯 2 右移，使 P 口与 B 口接通，A 口与 T 口接通；当加在手柄 1 上的力去掉，阀芯 2 在弹簧 3 的作用下，恢复其原来位置（中间位置）。图 4-9（b）为钢球定位式，当用手柄拨动阀芯移动时，阀芯右边的两个定位钢球在弹簧作用下，可定位在左、中、右任何一个位置上。图 4-9（c）为自动复位手动阀的图形符号。图 4-9（d）为钢球定位式手动阀的图形符号。

② 机动换向阀。

机动换向阀也称行程阀，它是用安装在工作台上的挡铁或凸轮使阀芯移动，从而控制液流方向。机动换向阀通常为二位阀，它有二通、三通、四通等几种。图 4-10（a）为二位三通机动换向阀结构原理。图示位置阀芯 4 在弹簧 5 作用下处于上端位置使 P 与 A 相通，油口 B 被堵死。当挡铁压迫滚轮 2 使阀芯 4 压到下端位置时，油口 P 和 B 相通，这时油口 A 被堵死。图 4-10（b）为其图形符号。机动换向阀结构简单动作可靠，换向位置精度高，改变挡块或凸轮外形，阀芯有不同的换位速度，以减小换向冲击。

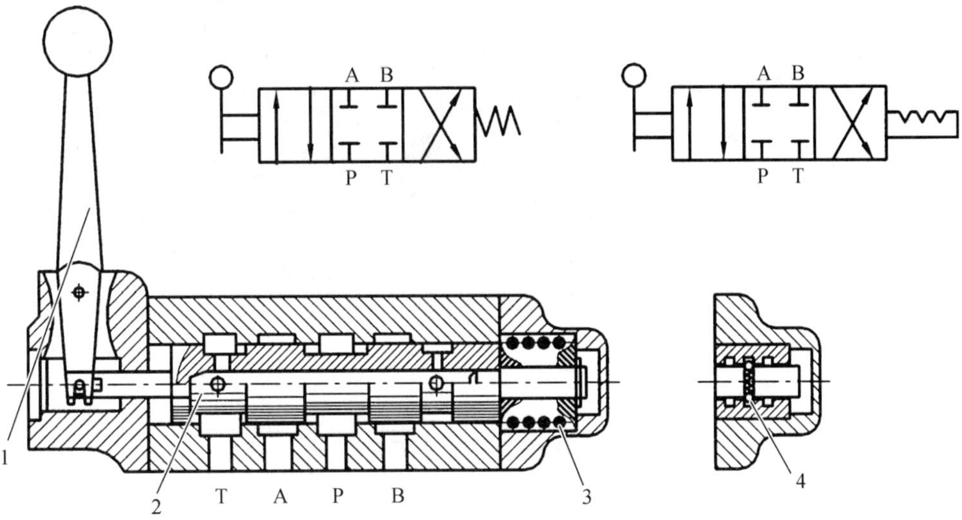

1—手柄；2—阀芯；3—弹簧；4—钢球。

图 4-9　手动换向阀

③ 电磁换向阀。

如图 4-11（a）所示为三位四通电磁换向阀的结构图。阀的两端各有一个电磁铁和一个对中弹簧。阀芯在常态时处于中位。当右端电磁铁通电时，衔铁通过推杆 2 将阀芯 3 推至左端，阀右位工作，油口 P 通 B、A 通 T；当左端电磁铁通电时，阀芯移至右端，阀左位工作，油口 P 通 A、B 通 T。图 4-11（b）所示为其图形符号。

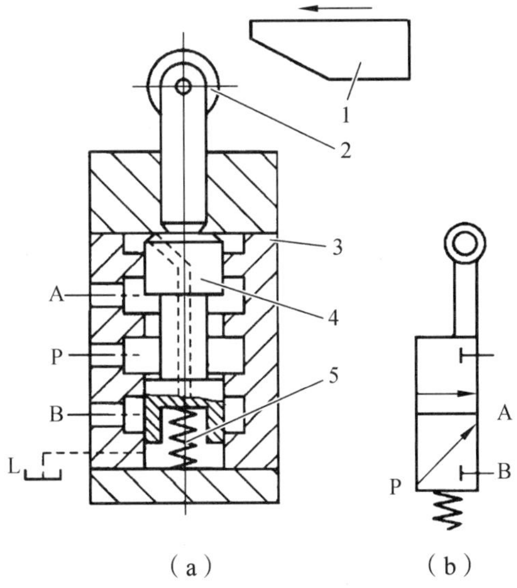

1—行程挡块；2—滚轮；3—阀体；4—阀芯；5—弹簧；
A，B—出油口；L—泄油口；P—进油口。

图 4-10　机动换向阀

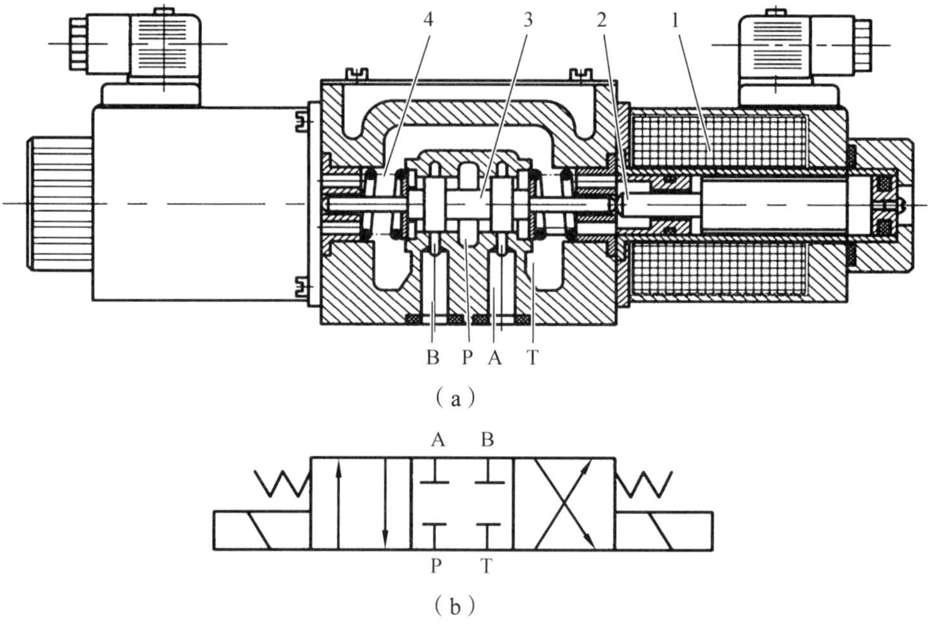

1—电磁铁；2—推杆；3—阀芯；4—弹簧。

图 4-11 三位四通电磁换向阀

电磁换向阀操纵方便，布局灵活，有利于提高设备的自动化程度，因而应用十分广泛。按使用电源不同，电磁换向阀可分为交流和直流两种。交流电压常用 220 V 或 380 V，直流电压常用 24 V。

前述电磁阀的阀芯皆为滑动式圆柱阀芯，故这种电磁阀又称为电磁滑阀。近年来出现了一种电磁球阀，它以电磁力为动力，推动钢球来实现油路的通断和切换。与电磁滑阀相比较，电磁球阀具有密封性好、反应速度快、使用压力高和适应能力强等优点，是一种颇具特色的换向阀。电磁球阀的主要缺点是不像电磁滑阀那样具备多种位通组合形式和中位机能，故目前在使用范围方面还受到限制。

④ 液动换向阀。

电磁换向阀由电信号操纵，不论操纵位置远近，控制起来都很方便。但当通过滑阀流量较大，阀芯行程较长，换向速度要求可调时，采用电磁换向阀就不适宜了，应采用液动换向阀。图 4-12（a）为三位四通液动换向阀结构图。在中位时，P、A、B、T 互不相通，为 O 形机能的液动换向阀。当控制油路的压力油从控制油口 K_1 进入滑阀的左腔时，阀芯被推向右端，右端油腔的油液经控制油口 K_2 流向油箱。这时油口 P 与 A、B 与 T 分别相通。当控制油路的压力油从阀的控制油口 K_2 进入滑阀右腔时，阀芯左移，左端油腔的油液经控制油口 K_1 流回油箱。使 P 与 B、A 与 T 相通，实现了油路换向。当两个控制油口 K_1、K_2 都不通压力油时，阀芯在两端弹簧的作用下恢复到中间位置。图 4-12（b）为其图形符号。

液动换向阀结构简单，动作可靠、平稳，换向速度易于控制，由于液压驱动力大，可用于大流量的液压系统中。液动换向阀的阀芯换位需要利用另一个小换向阀来改变控制油的流向，故经常与其他控制方式的换向阀结合使用。可用手动阀、机动阀或电磁阀对液动换向阀控制油实行换向。

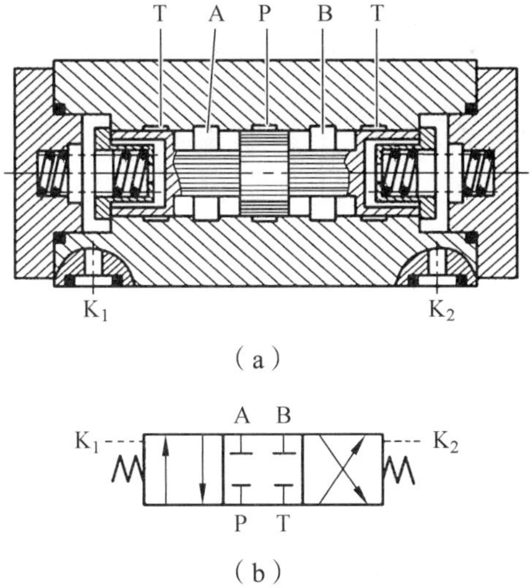

图 4-12　三位四通液动换向阀

（二）方向控制基本回路

1. 换向回路

几乎所有的液压系统中都包含换向回路。除了在容积调速的闭式回路中采用双向变量液压泵外，在其他回路中则都是采用各种换向阀来实现液路换向的。换向阀的选用要根据回路的要求和使用场合来确定。

手动换向阀换向精度和平稳性不高，常用于换向不频繁且无须自动化的场合，如机床夹具、工程机械等。对速度和惯性较大的液压系统，采用机动阀较为合理，只需改变运动部件上挡块的仰角，即可减小换向冲击，并有较高的换向位置精度。电磁阀使用方便，易于实现自动化，但换向时间短，换向冲击大，适用于小流量、平稳性要求不高的场合。流量较大，对换向精度和平稳性有一定要求的液压系统，可采用电液换向阀，或采用以手动阀或机动阀作先导阀，液动阀为主阀的复合阀。

2. 液压锁紧回路

液压锁紧回路的功能是使执行元件停止在任意位置上，且能防止停止运动后因外力作用而发生移动。

通常采用三位换向阀 O 形或 M 形的中位机能构成锁紧回路，如图 4-13 所示。为采用两个并联的液控单向阀Ⅰ，Ⅱ（又称液压锁）所组成的锁紧回路，执行元件可以在行程中的任何位置停止并锁紧。由于液控单向阀（锥阀结构）的密封性好，泄漏小，可较长时间锁紧，其锁紧效果只受液压缸泄漏和油液可压缩性的影响，因此其锁紧效果较好。这种回路常用于工程机械、起重机械和飞机起落架的液压系统中。

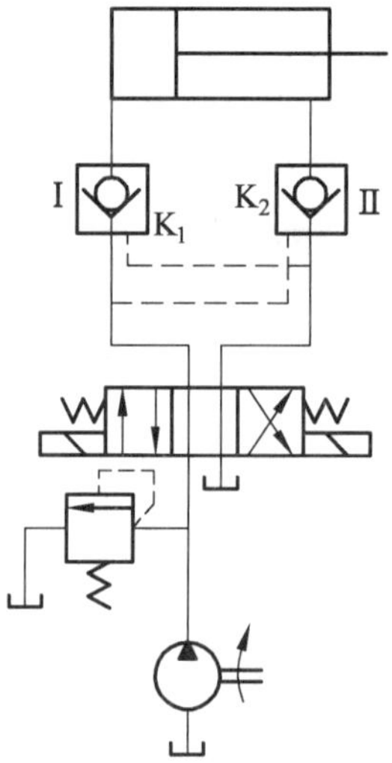

Ⅰ，Ⅱ—液控单向阀。

图 4-13　液压锁紧回路

三、压力控制回路基础知识

（一）压力控制阀结构分析

压力控制阀（见图 4-14）是控制液压系统压力或利用压力变化来实现某种动作的阀的统称。这类压力控制阀的共同特点是利用阀芯上液体压力与弹力相平衡的原理来进行工作的。压力控制阀按用途不同可分为溢流阀、顺序阀、减压阀和压力继电器等。

压力控制阀简介请浏览下方 AR 资源。

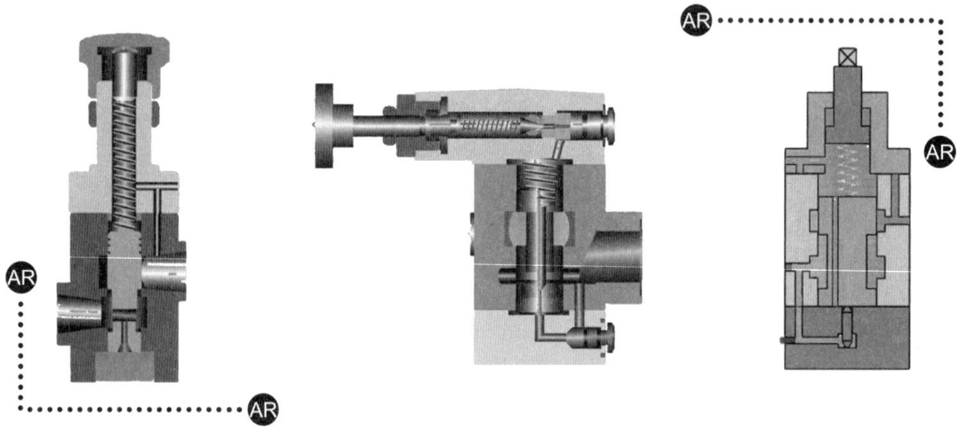

图 4-14　压力控制阀

1. 溢流阀

溢流阀（见图 4-15）按其结构原理可分为直动式和先导式。直动式溢流阀用于低压系统，先导式溢流阀用于中、高压系统。

溢流阀简介请浏览下方 AR 资源。

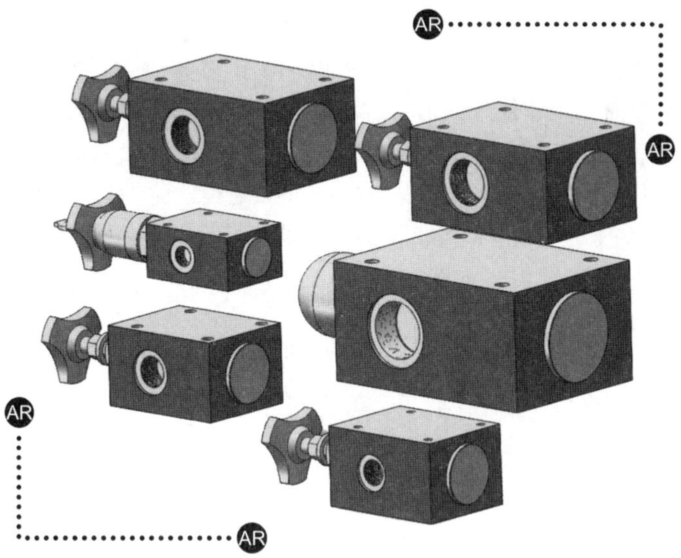

图 4-15　溢流阀

（1）直动式溢流阀。

图 4-16（a）所示为直动式溢流阀的结构原理。来自进油口 P 的压力油经阀芯 3 上的径向孔和阻尼孔 a 通入阀芯的底部，阀芯的下端便受到压力为 p 的油液作用，作用面积为 A，则压力油作用于该面上的力为 pA。调压弹簧 2 作用在阀芯上的预紧力为 F。当进油压力较小（$pA<F$）时，阀芯处于下端（图示）位置，将进油口 P 和回油口 T 隔开，即不溢流。随着进油压力升高，当 $pA=F$ 时，阀芯即将开启。当 $pA>F$ 时，阀芯上移，调压弹簧进一步被压缩，油口 P 和 T 相通，溢流阀开始溢流。当溢流阀稳定工作时，若不考虑阀芯的自重以及摩擦力和液动力的影响，则 $p=F/A$，由于 F 变化不大，故可以认为溢流阀进口处的压力 p 基本保持恒定，这时溢流阀起定压溢流作用。

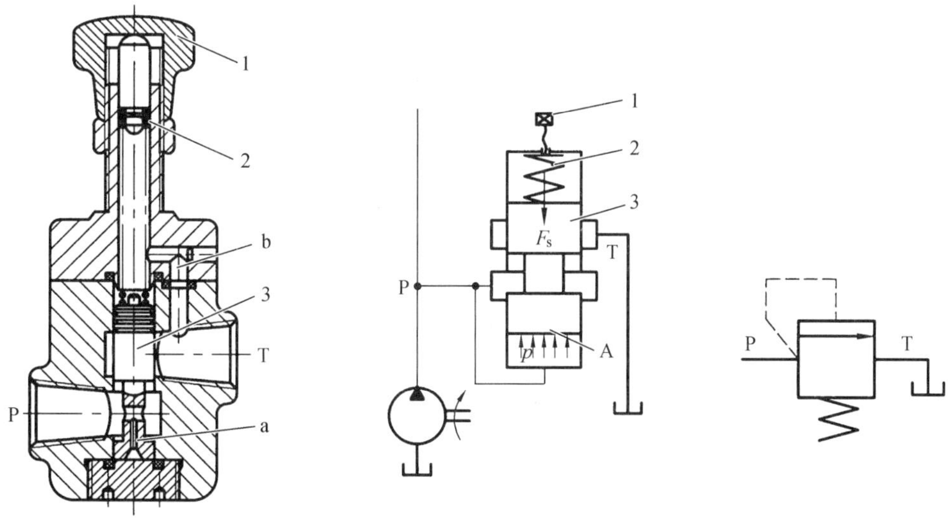

（a）　（b）　（c）

1—螺母；2—弹簧；3—阀芯；a—阻尼孔；b—泄油口。

图 4-16　直动式溢流阀

调节螺母 1 可以改变弹簧的预压缩量，从而调定溢流阀的溢流压力。阻尼孔 a 的作用是增加液阻以减小滑阀移动过快而引起的振动。泄油口 b 可将泄漏到弹簧腔的油液引到回油口 T。这种溢流阀因压力油直接作用于阀芯，故称为直动式溢流阀。直动式溢流阀一般只能用于低压小流量的场合，当控制较高压力和较大流量时，需要刚度较大的调压弹簧，不但手动调节困难，而且溢流阀口开度（调压弹簧附加压缩量）略有变化便会引起较大的压力变化。直动式溢流阀的最大调整压力为 2.5 MPa。图 4-16（b）所示为直动式溢流阀的图形符号，也是溢流阀的一般符号，常用简化符号如图 4-16（c）所示。

（2）先导式溢流阀。

图 4-17（a）所示为先导式溢流阀的结构原理，该阀由先导阀和主阀两部分组成。压力油从进油口（图中未示出）进入进油腔 P 后，经主阀芯 5 的轴向孔 a 进入主阀芯下端，同时油液又经阻尼小孔 b 进入主阀芯上端，再经孔 c 和 d 作用于先导阀的锥阀芯 3 上，此时远程控制口 K 不接通。当系统压力较低时，先导阀关闭，主阀芯两端压力相等，主阀芯在平衡弹簧的作用下处于最下端（图示位置），主阀溢流口封闭。若系统压力升高，主阀上腔压力也随之升高直至大于先导阀调压弹簧 2 的调定压力时，先导阀被打开主阀上腔的压力油经锥阀阀口、小孔 e、油腔 T 流回油箱。由于阻尼小孔 b 的作用，在主阀芯两端形成的一定压力差的作用下，克服平衡弹簧的弹力而上移，主阀溢流阀口开启，P 和 T 接通实现溢流。调节螺母 1 即可调节调压弹簧 2 的预压缩量，从而调整系统压力。

在先导式溢流阀中，先导阀用于控制和调节溢流压力，主阀通过控制溢流口的启闭来稳定压力。由于需要通过先导阀的流量较小，锥阀的阀孔尺寸也较小，调压弹簧的刚度也就不大，因此调压比较方便。主阀芯因两端均受油液压力作用，平衡弹簧只需很小的刚度。当溢流量变化而引起主阀平衡弹簧的压缩量变化时，溢流阀所控制的压力变化也就较小，故先导式溢流阀的稳压性能优于直动式溢流阀。但先导式溢流阀必须在先导阀和主阀都动作后才能起控制压力作用，因此不如直动式溢流阀反应快。远程控制口 K 在一般情况下是不用的，若 K 口接远程调压阀，就可以对主阀进行远程控制；若 K 口接二位一通阀通油箱，则可使泵卸荷。图 4-17（b）、（c）所示分别为先导式溢流阀的图形符号和简化符号。

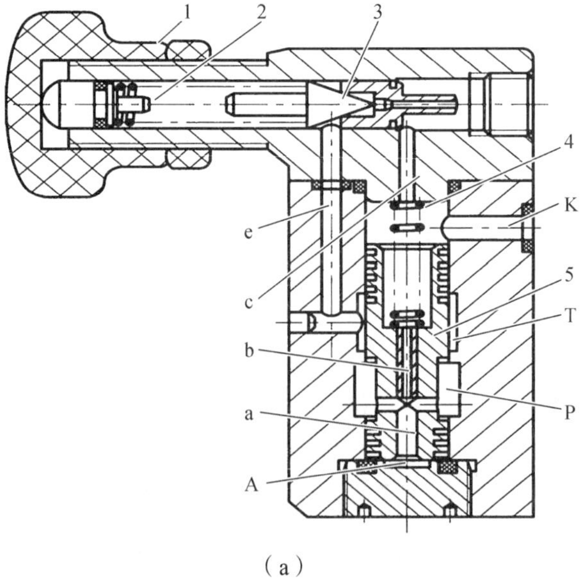

（a）

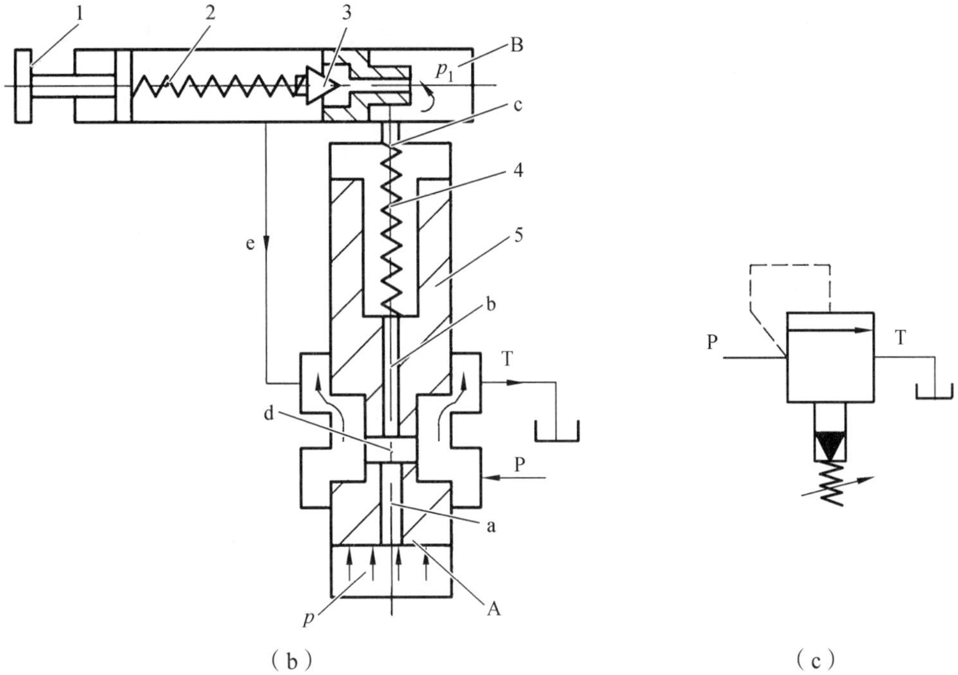

1—螺母；2—弹簧；3—先导阀阀芯；4—主阀弹簧；5—主阀阀芯。

图 4-17　先导式溢流阀

2. 顺序阀

顺序阀是利用压力信号来制阀口通断的压力阀，多用于控制多个执行元件的顺序动作，典型顺序阀的结构如图 4-18 所示。顺序阀的基本功能是控制多个执行元件的顺序动作，根据其功能的不同，分别称为顺序阀、背压阀、卸荷阀和平衡阀。顺序阀的性能与溢流阀基本相同，但由于功能的不同，对顺序阀还有特殊的要求：

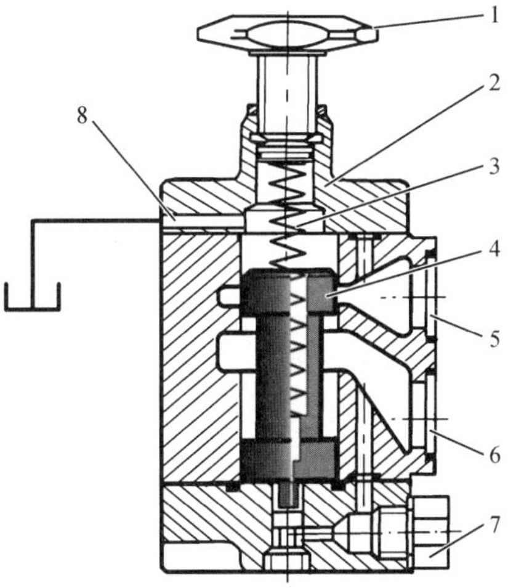

1—调压螺母；2—阀体；3—调压弹簧；4—阀芯；5—排油口；6—进油口；7—检修螺母；8—泄油口。

图 4-18　典型顺序阀的结构

（1）为了使执行元件准确实现顺序动作，要求顺序阀的调压精度高、偏差小。

（2）为了顺序动作的准确性，要求阀关闭时内泄漏量小。

（3）对于单向顺序阀，要求反向压力损失及正向压力损失值均应较小。

顺序阀的主要作用如下：

（1）控制多个元件的顺序动作。

（2）用于保压回路。

（3）防止因自重引起油缸活塞自由下落而作平衡阀用。

（4）用外控顺序阀作卸荷阀，使泵卸荷。

（5）用内控顺序阀作背压阀。

顺序阀按控制油来源不同分内控和外控，按弹簧腔泄漏油引出方式不同分内泄和外泄（见图 4.19）。顺序阀的启闭特性如果太差，则流量较大时一次压力过高，回路效率降低。启闭特性带有滞环，开启压力低于闭合压力，负载流量变化时应予以注意。开启压力过低的阀，在压力低于设定压力时发生前漏，引起执行器误动作。通过阀的流量远小于额定流量时，产生振动或其他不稳定现象。

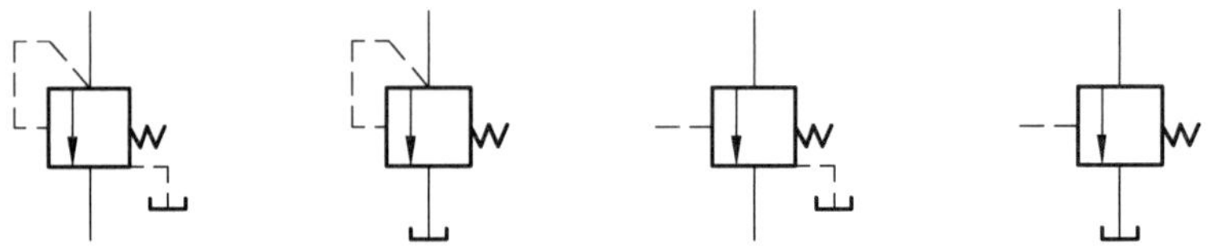

（a）内控外泄　（b）内控内泄　（c）外控外泄　（d）外控内泄

图 4-19　顺序阀的类型

3. 减压阀

减压阀是利用液流流过缝隙产生压降的原理，使阀的出口压力低于进口压力的压力控制阀。减压阀按结构分为直动式和先导式两种，按功能分为定值减压阀、定差减压阀和定比减压阀。常用的是先导型定值减压阀。

图 4-20 所示为 J 型先导式减压阀的结构图和图形符号，它由先导阀和主阀组成，先导阀用于调压，主阀用于主油路的减压。高压油经主阀进口 P_1 流入，经缝隙减压后流至出油口 P_2，同时出油口 P_2 的压力油经主阀阀芯上的小孔 b 作用在主阀阀芯 5 的底部，并经阻尼小孔 c 至主阀阀芯上腔，作用在先导阀阀芯 3 上。当出油口 P_2 的油压力低于先导阀弹簧 2 的调定压力时，先导阀关闭，主阀阀芯上阻尼小孔 c 中的油液不流动，主阀阀芯 5 上、下两腔压力相等，这时主阀阀芯在主阀弹簧 4 作用下处于最下端位置，阀口处于最大开口状态，不起减压作用。当出油口 P_2 的油压力超过先导阀弹簧 2 的调定压力时，先导阀打开，一小部分油液经阻尼小孔 c、先导阀和泄油口 L 流回油箱。由于阻尼小孔 c 的作用，在主阀阀芯上形成一个压差，使主阀阀芯在两端压差的作用下，克服主阀阀芯弹簧阻力而向上移动，阀口关小，压降增大，起到减压作用，此时出油口的压力即为减压阀的调定压力。若由于负载继续加大，使出油口压力大于调定压力的瞬间，主阀阀芯立即上移，使阀口开度迅速减小，油液流动的阻力进一步增大，出油口压力便自动下降，回到原来的调定值。由此可见，减压阀是利用出油口压力的反馈作用，自动调整减压缝隙的大小，从而保持出口压力值基本不变。调整调压弹簧的预压缩量即可调节减压阀的出口压力。

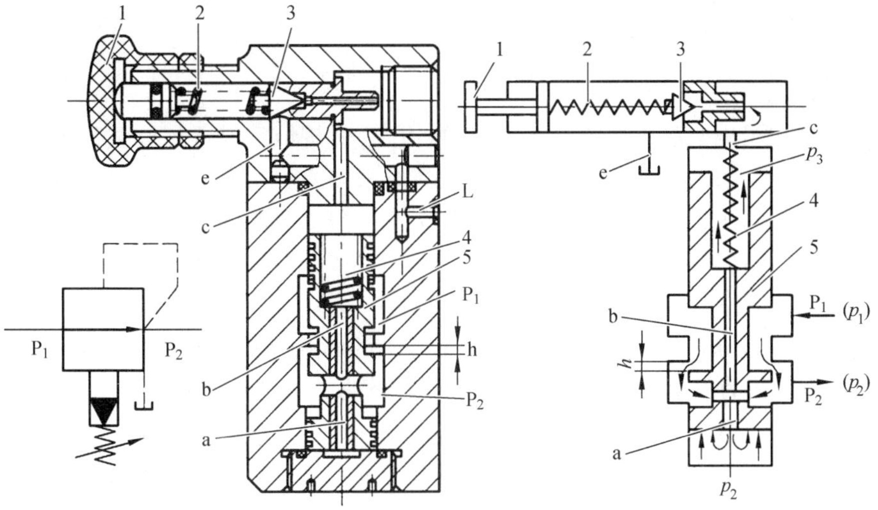

1—调节螺母；2—调压弹簧；3—锥阀；4—主阀弹簧；5—主阀芯。

图 4-20　J 型先导式减压阀

4. 压力继电器

压力继电器是一种将液压系统的压力信号转换为电信号输出的元件。它在油液压力达到压力继电器的调定压力时发出电信号，控制电气元件动作，实现液压系统的程序控制和起安全保护作用。压力继电器按其结构特点可分为柱塞式、弹簧管式、膜片式和波纹式 4 种形式，但结构原理基本相同。图 4-21（a）所示为柱塞式压力继电器的结构，它主要由柱塞 1、顶杆 2、调节螺钉 3、微动开关 4 和弹簧 5 等零件组成。压力继电器的控制油口 K 与液压系统相通，压力油作用在柱身的下端，当系统油压 p 产生的液压力大于或等于弹簧力时，柱塞上移推动顶杆压下微动开关触头，接通或断开电气线路。当液压力小于弹簧力时，微动开关触头复位。由于柱塞上移引起弹簧压缩量增加，因此压下微动开关触头时的油液压力（开启压力）大于微动开关复位时的油液压力（闭合压力），两者间存在一个差值，该差值称为通断调节区间（或返回区间）。拧动调节螺钉可以调整其发出电信号时的油液工作压力。图 4-21（b）所示是压力继电器的图形符号。

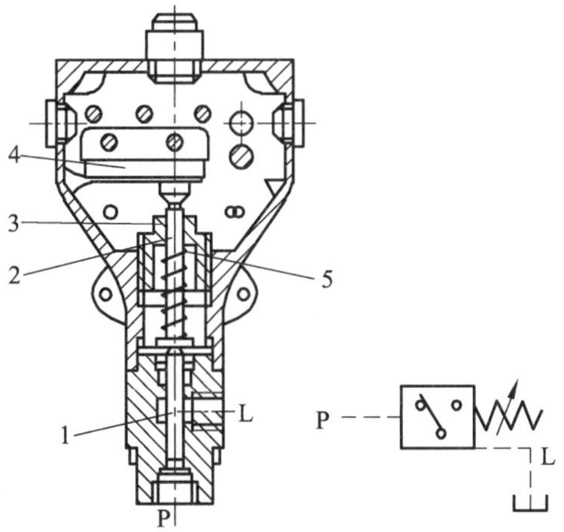

（a）　　　（b）

1—柱塞；2—顶杆；3—调节螺钉；4—微动开关；5—弹簧。

图 4-21　柱塞式压力继电器

（二）压力控制基本回路

1. 调压回路

调压回路的功用是使液压系统整体或部分的压力保持恒定或不超过某个数值。在定量泵供油的系统中，液压泵的供油压力可以通过溢流阀来调节。在变量泵供油的系统中，用安全阀来限定系统的最高压力，防止系统过载。若系统中需要两种以上的压力，则可采用多级调压回路。

（1）单级调压回路。

单级调压回路如图 4-22（a）所示，它是最基本的调压回路。压力由溢流阀的调压弹簧调定。溢流阀的调定压力应该大于液压缸的最大工作压力，其中包含液压管路上各种压力损失。

（2）远程调压回路。

如图 4-22（b）所示，将起远程调压作用的溢流阀 4 接在溢流阀 3 的遥控口上，调节溢流阀 4 即可调节系统的工作压力。

（3）多级调压回路。

如图 4-22（c）所示，当液压系统需要多级压力控制时，可采用此回路。图中溢流阀 5 的遥控口通过三位四通电磁换向阀 8 分别与起远程调压作用的溢流阀 6、7 相接。换向阀中位时，系统压力由溢流阀 5 调定。换向阀左位得电时，系统压力由溢流阀 6 调定，右位得电时由溢流阀 7 调定。因而系统可设置 3 种压力值。溢流阀 6、7 的调定压力必须低于溢流阀 5 的调定压力。

（4）比例调压回路。

如图 4-22（d）所示，根据电液比例溢流阀的调定压力与输入电流成比例，连续改变比例溢流阀的输入电流可实现系统压力的无级调节。

2. 减压回路

减压回路的功用是使系统中的某一部分油路具有低于主油路的稳定压力，最常见的减压回路采用定值减压阀与主油路相连，如图 4-23（a）所示。回路中的单向阀用于防止油液倒流，起短时保压的作用。减压回路中也可以采用类似两级或多级调压的方式获得两级或多级减压，图 4-23（b）所示为利用先导式减压阀 2 的遥控口接溢流阀 3，可由减压阀、溢流阀各调得一种低压。但要注意，溢流阀的调定压力值一定要低于减压阀的调定压力值。

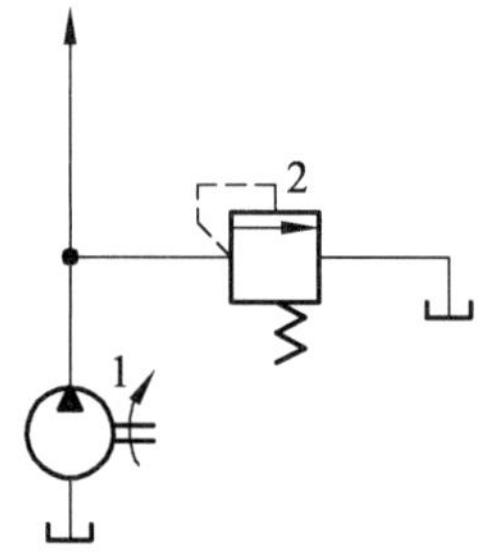

（a）单级调压回路

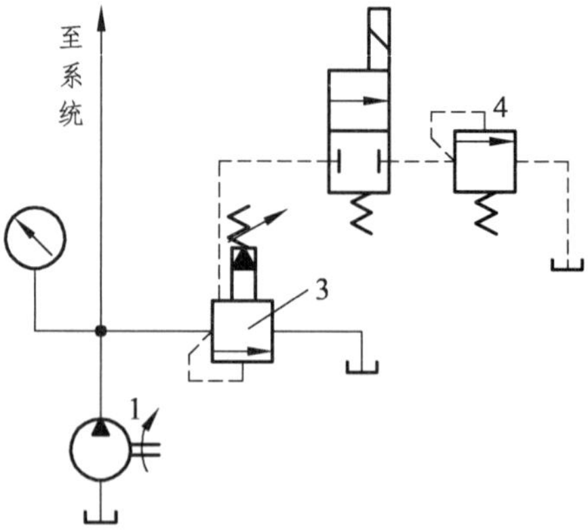

（b）二级调压回路

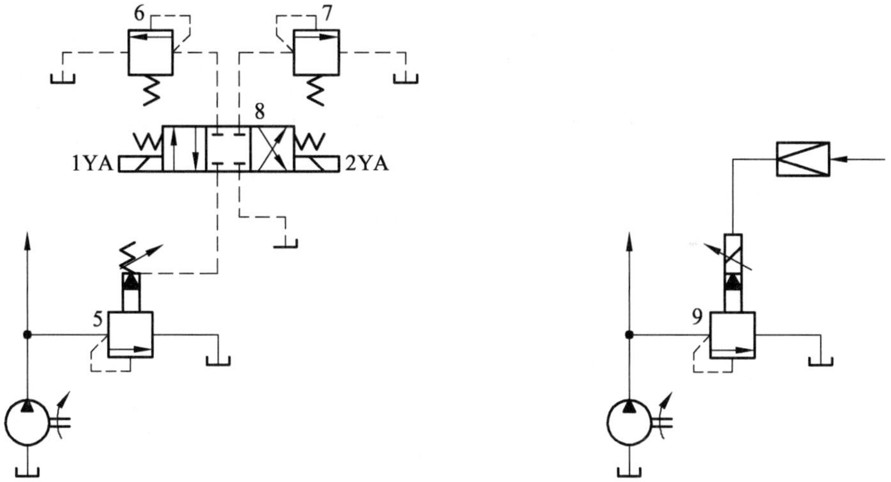

（c）三级调压回路　　　　　　　　（d）无级调压回路

1—液压泵；2，3，4，5，6，7—溢流阀；8—电磁换向阀；9—电液比例溢流阀。

图 4-22　调压回路

为了使减压回路工作可靠，减压阀的最低调整压力应不小于 0.5 MPa，最高调整压力至少应比系统压力低 0.5 MPa。当减压回路中的执行元件需要调速时，调速元件应放在减压阀的后面，以避免减压阀泄漏对执行元件的速度产生影响。

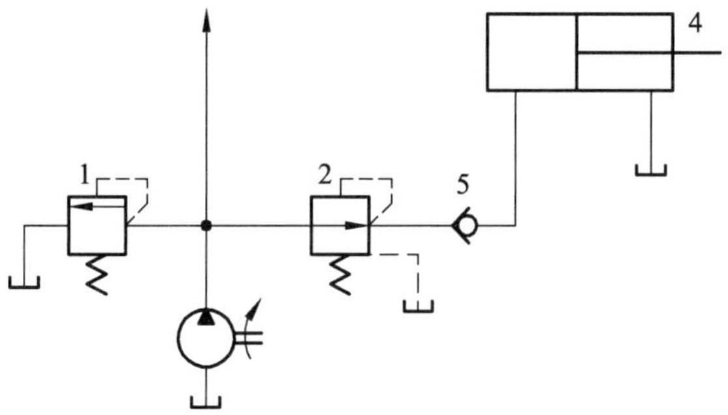

（a）单级减压回路

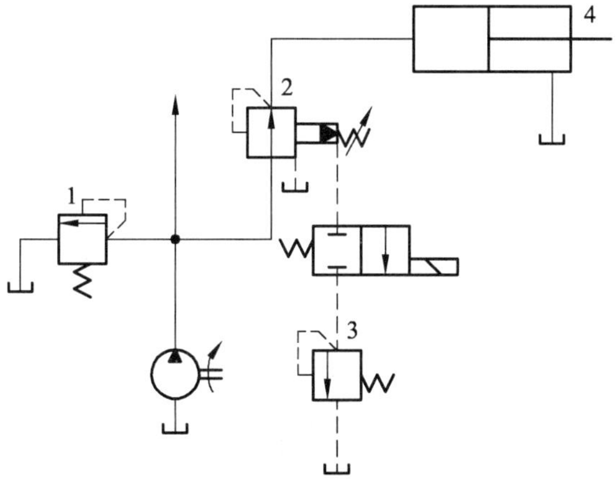

（b）二级减压回路

1, 3—溢流阀；2—减压阀；4—液压缸；5—单向阀。

图 4-23　减压回路

3. 增压回路

增压回路可以提高系统中某支路的工作压力，以满足局部工作机构的需要。利用增压回路，液压系统可以采用压力较低的液压泵来获得较高压力的压力油。采用增压回路可节省能源，而且工作可靠、噪声小。增压回路中实现油液压力增大的主要元件是增压缸。

（1）单作用增压缸的增压回路

如图 4-24（a）所示为单作用增压缸的增压回路。该回路只能间断增压，故称单作用增压回路。其适应于液压缸需要较大单向作用力，但行程小、作业时间短。在图示位置工作时，系统的供油压力 P_1 进入增压缸的大活塞左腔，此时在小活塞右腔即可得到所需的较高压力 P_2。当二位四通手动换向阀右位接入系统时，增压缸返回，辅助油箱中的油液经单向阀补入小活塞右腔。

（2）双作用增压缸的增压回路

如图 4-24（b）所示为采用双作用增压缸的增压回路，能连续输出高压油，适用于增压行程要求较长的场合。在图示位置时，液压泵输出的压力油经电磁换向阀 11 和单向阀 7 进入增压缸左端大、小活塞的左腔，大活塞右腔的回油通油箱，右端小活塞右腔增压后的高压油经单向阀 10 输出，此时单向阀 8、9 被关闭。当增压缸活塞移到右端时，电磁换向阀通电换向，增压缸活塞向左移动，大活塞左腔的回油通油箱，左端小活塞左腔输出的高压油经单向阀 9 输出。这样，增压缸的活塞不断往复运动，两端便交替输出高压油，从而实现连续增压。

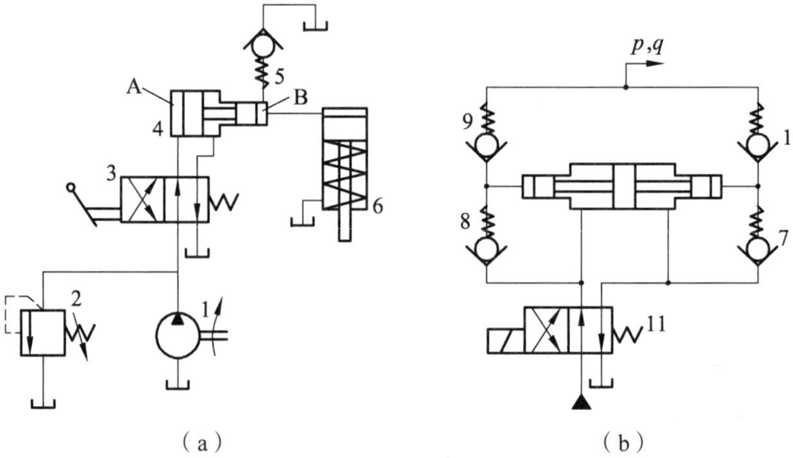

1—液压泵；2—溢流阀；3—手动换向阀；4—增压缸；5，7，8，9，10—单向阀；6—工作缸；11—电磁换向阀。

图 4-24　增压回路

4. 卸荷回路

当液压设备短时间不工作时，为避免电动机的频繁启动造成不必要的损坏，在液压传动系统中设有卸荷回路，以延长液压泵和电动机的使用寿命。卸荷回路可使液压泵在很低的压力或很小的流量下工作。由于卸荷回路液压泵的输出功率很小，因而可提高液压传动系统的效率，减少系统发热。常见的卸荷回路主要包括利用换向阀中位机能的卸荷回路和利用先导式溢流阀的卸荷回路。

在低压小流量系统中，常利用 H、K 或 M 形换向阀中位机能卸荷。图 4-25 所示为利用换向阀 M 形中位机能的卸荷回路。当执行元件停止工作时，三位四通换向阀处于中位，使液压泵与油箱连通，从而实现卸荷。这种卸荷回路的卸荷效果较好，一般用于液压泵额定流量小于 63 L/min 的液压传动系统。选用换向阀的规格应与液压泵的额定流量相适应。

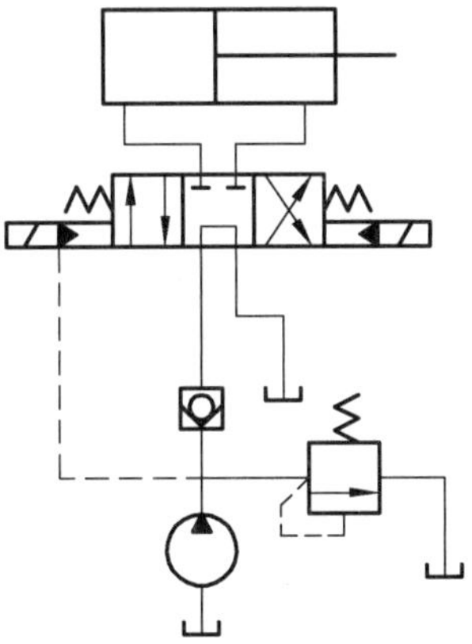

图 4-25　利用换向阀中位机能的卸荷回路

5. 保压回路

液压缸在工作循环的某阶段，若需要保持一定的工作压力，就应采用保压回路。在保压阶段，液压缸没有运动，最简单的办法是用一个密封性能好的单向阀来保压。但是这种办法保压时间短，压力稳定性不高。由于此时液压泵常处于卸荷状态（为了节能）或给其他液压缸供应一定压力的工作油液，为补偿保压缸的泄漏并保持其工作压力，可在回路中设置蓄能器。下面列举几个典型的蓄能器保压回路。

（1）泵卸荷的保压回路。

如图 4-26 所示的回路，当换向阀在左位工作时，液压缸前进压紧工件，进油路压力升高，当油压达到压力继电器调整值时，压力继电器发信号使二通阀通电，泵即卸荷，单向阀自动关闭，液压缸则由蓄能器保压。液压缸压力不足时，压力继电器复位使泵重新工作。保压时间取决于蓄能器的容量，调节压力继电器的通断调节区间即可调节液压缸压力的最大值和最小值。

（2）多缸系统一缸保压的回路。

多缸系统中负载的变化不应影响保压缸内压力的稳定。如图 4-27 所示的回路，进给缸快进时，泵压下降，但单向阀 3 关闭，把夹紧油路和进给油路隔开。蓄能器 4 用来为夹紧缸保压并补偿泄漏。压力继电器 5 的作用是当夹紧缸压力达到预定值时发出信号，使进给缸动作。

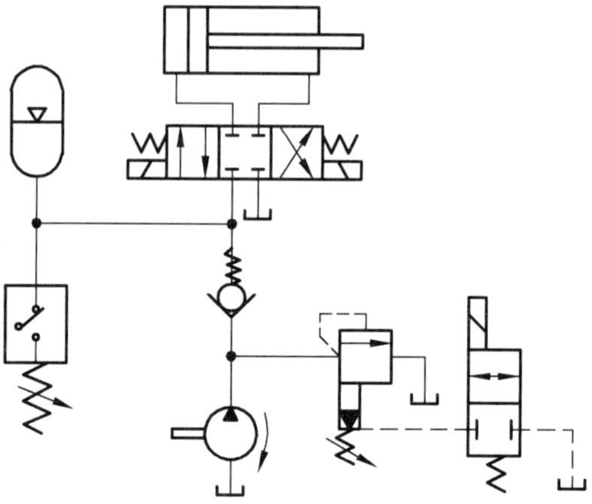

图 4-26 泵卸荷的保压回路

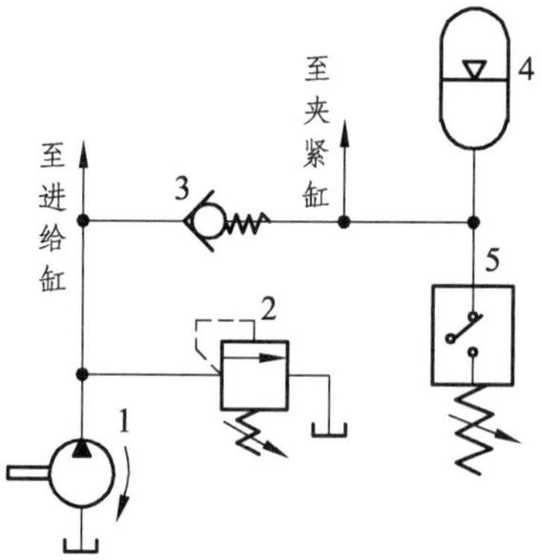

1—液压泵；2—溢流阀；3—单向阀；4—蓄能器；5—压力继电器。

图 4-27 多缸系统一缸保压的回路

6. 平衡回路

平衡回路的功用是防止垂直或倾斜放置的液压缸及其工作部件因自重而自行下落，或在下行运动中由于自重而造成失控超速的不稳定运动。图 4-28（a）所示为采用单向顺序阀的平衡回路，当 1YA 得电后活塞下行时，回油路上就存在着一定的背压，只要将这个背压调到能支承住活塞及其工作部件的自重，活塞就可以平稳地下落。当换向阀处于中位时，活塞停止运动，不再继续下移。这种回路当活塞向下快速运动时功率损失大，锁住时活塞及其工作部件会因单向顺序阀和换向阀的泄漏而缓慢下落，因此它只适用于工作部件质量不大、活塞锁住时定位要求不高的场合。图 4-28（b）所示为采用液控顺序阀的平衡回路。当活塞下行时，控制压力油打开液控顺序阀，背压消失，因而回路效率较高。当停止工作时，液控顺序阀关闭，防止活塞和工作部件因自重而下降。这种平衡回路的优点是只有上腔进油时活塞才下行，比较安全可靠；其缺点是活塞下行时平稳性较差。这种回路适用于运动部件质量不是很大、停留时间较短的液压系统。

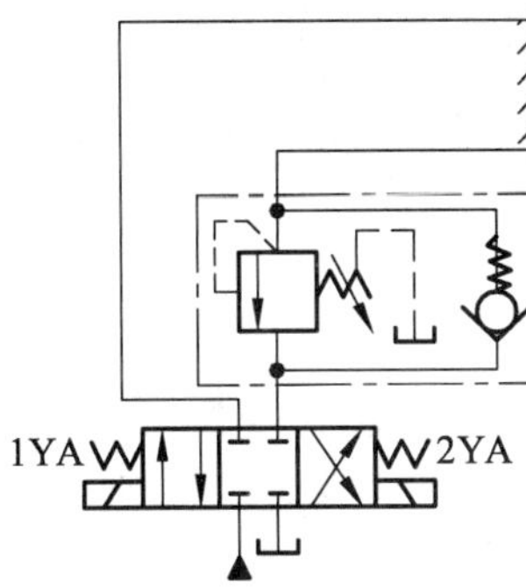

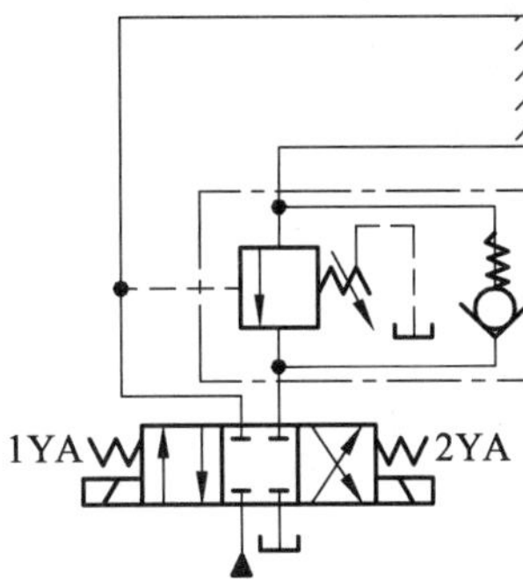

图 4-28　平衡回路

四、流量控制回路基础知识

（一）流量控制阀结构分析

液压系统中执行元件的有效作用面积一定时，其运动速度取决于输入执行元件的流量。改变阀口通流面积来调节通过阀口的流量，进而控制执行元件运动速度的控制阀称为流量控制。流量控制阀主要有节流阀和调速阀等。

1. 节流阀

（1）阀的流量特性。

节流阀的节流口通常有 3 种基本形式：薄壁小孔、短孔和细长小孔。无论采用何种形式，通过阀口的流量 q 及其前后压差的关系均可用式 $q = KA\Delta p^m$ 来表示。3 种节流口的流量特性曲线如图 4-29 所示。由图可知，对流量的影响因素包括压差和孔口形状。为保证流量稳定，节流口的形式以薄壁小孔较为理想。

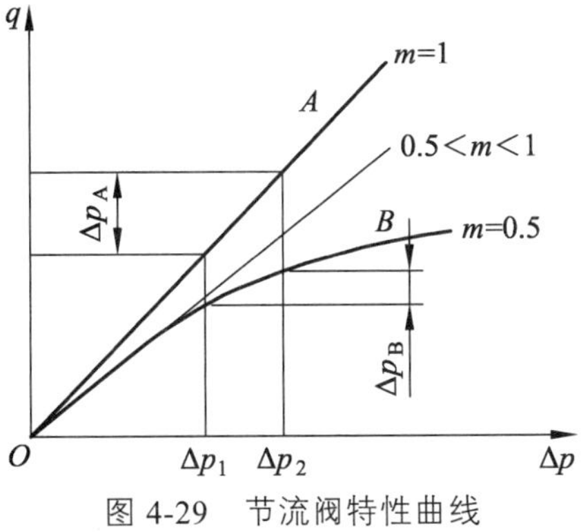

图 4-29　节流阀特性曲线

（2）常用节流阀口形式。

图 4-30 所示为常用的节流口形式。图 4-30（a）、（b）、（c）所示节流口，结构简单、制造方便，但容易堵塞，适用于要求不高的场合。图 4-30（d）、（e）所示节流口接近于薄壁小孔，流道短、不易堵塞，性能较优，多用于精度高、低速调速稳定性较高的机床和设备中。

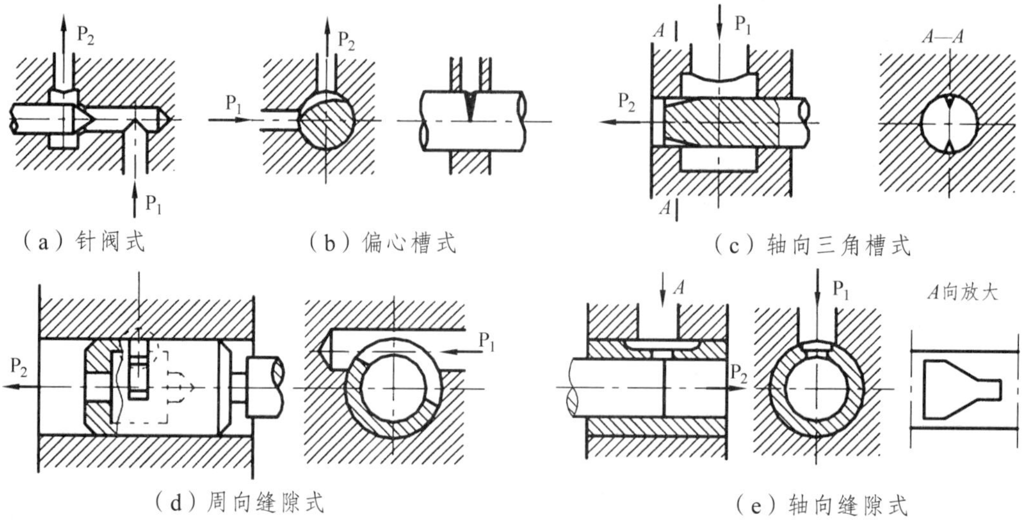

图 4-30 常用的节流口结构

（3）对流量控制阀的基本要求。

① 有较大的流量调节范围并具有稳定的最小流量。

② 阀前后的压差和油温发生变化时，通过阀的流量变化要小。

③ 阀调节方便，阀口关闭时的泄漏量要小。

（4）节流阀的结构原理。

图 4-31 所示的节流阀，压力油从进油口流入，经过由阀芯和阀体组成的节流口，再从出油口流出。调节手柄，即可通过推杆使阀芯做轴向移动，改变节流口的通流面积来调节流量。阀芯在弹簧作用下始终贴紧在推杆上。

通常，节流阀与定量泵、溢流阀组合进行调速，此时节流阀入口压力由溢流阀调定，基本上保持恒定，节流阀出口压力则取决于外负载 F。当外负载 F 变化时，节流阀出口压力随之变化，节流阀进出口压差 $\Delta p=p_1-p_2$ 也将发生变化，通过节流阀的流量也随之变化，从而影响执行元件速度的稳定性。因此，节流阀只适用于负载和温度变化不大或对速度稳定性要求较低的液压系统。

节流阀简介请浏览下方 AR 资源。

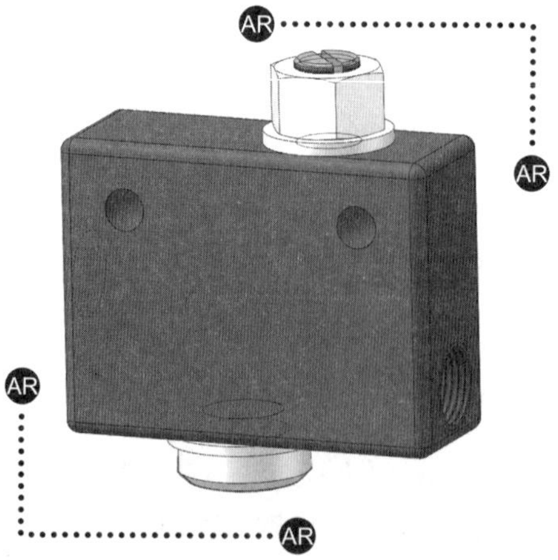

图 4-31 节流阀

2. 调速阀

图 4-32（a）、（b）、（c）所示分别为调速阀的工作原理图、图形符号和简化符号。图中定差减压阀与节流阀串联。若减压阀进口压力为 p_1，出口压力为 p_2，节流阀出口压力为 p_3，由液压缸的负载决定。当减压阀阀芯在其弹簧力 F_s、油液压力 p_2 和 p_3 的作用下处于某一平衡位置时，则有 $p_2A_1+p_2A_2=p_3A+F_s$ 即 $p_2-p_3=F_s/A$。由于弹簧刚度较低，且工作过程中减压阀阀芯位移很小，可以认为 F_s 基本不变，故节流阀两端的压差 Δp 也基本保持不变。因此，当节流阀通流面积 A_t 不变时，流量 q 也基本不变。就是说，无论负载如何变化，只要节流阀通流面积不变，液压缸的速度也会保持基本恒定。例如，当负载增加，使 p_3 增大的瞬间，减压阀右腔推力增大，其阀芯左移，阀口开大，阀口液阻减小，p_2 也增大，p_2 与 p_3 的差值 Δp 基本不变；反之亦然。因此，调速阀适用于负载变化较大，速度稳定性要求较高的小功率场合。各类组合机床、车、铣床等设备的液压系统常用调速阀调速。

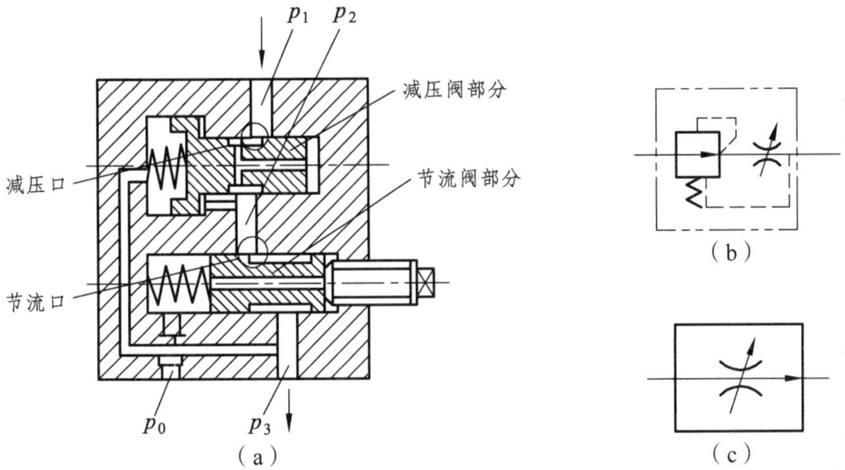

图 4-32　调速阀的工作原理

（二）流量控制基本回路

液压传动系统中的速度控制回路包括调节液压执行元件的调速回路，使液压执行元件获得快速运动的快速运动回路，使液压执行元件在快速运动和工作进给速度之间进行转换的速度换接回路。

1. 调速回路

要改变执行部件的运动速度，可以通过两种方法实现，一是改变进入执行元件的液压油的流量，二是改变液压缸的有效作用面积。液压缸的工作面积一般只能按照标准尺寸选择，任意改变是不现实的。所以在液压传动系统中，主要采用变量泵供油或采用定量泵和流量控制阀来进行执行元件的速度控制。采用变量泵调速称为容积调速，采用定量泵和流量控制阀调速称为节流调速，采用变量泵和流量控制阀调速称为容积节流调速。

（1）节流调速回路。

节流调速回路的工作原理是通过改变回路中流量控制元件（节流阀和调速阀）通流截面积的大小来控制流入执行元件或自执行元件流出的流量，以调节其运动速度。如图 4-33 所示，在液压传动系统中，根据流量控制阀在回路中的位置不同，可分为进油节流调速、回油节流调速和旁路节流调速 3 种调速回路。

图 4-33（a）所示的进油节流调速回路，在进油节流调速回路中液压泵输出油液的一部分经节流阀进入液压缸工作腔，推动活塞运动，其余的油液由溢流阀流回油箱。节流阀直接调节进入液压缸的油液流量，达到控制液压缸运动速度的目的。

图 4-33（b）所示的回油节流调速回路则是借助节流阀控制液压缸排油腔的油液排出流量。由于液压缸进油流量受到回油路上的排出流量的限制，因此用节流阀调节了排油流量也就间接地调节了液压缸的进油流量，多余的油液仍经溢流阀流回油箱。进油节流和回油节流的区别：速度刚性和最大承载能力、功率损失和效率、承受负值负载能力和运动稳定性、启动稳定性、是否方便实现压力控制、最低稳定速度等。

图 4-33（c）所示的旁路节流调速回路，节流阀并联在液压泵供油路和液压缸回油路上，液压泵输出的流量一部分经节流阀流回油箱，一部分进入液压缸推动活塞杆动作。在定量泵供油的液压系统中，节流阀开口越大，通过节流阀的流量越大，则进入液压缸的流量就越小，其运动速度就越慢；反之，通过节流阀的流量越小，进入液压缸的流量就越大，其运动速度就越快。因此旁路节流通过调节液压泵流回油箱的流量实现了调速作用。由于溢流已由节流阀承担，故溢流阀实际上是安全阀，常态时关闭，过载时打开，其调定压力为最大工作压力的 1.1 ~ 1.2 倍。

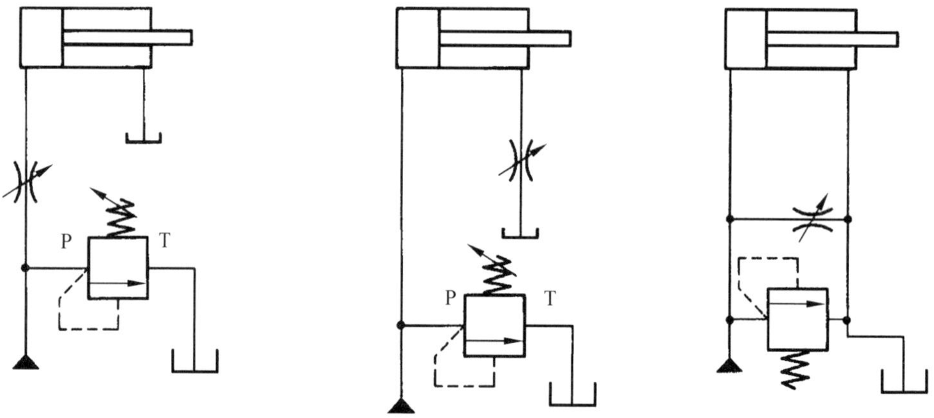

（a）　　（b）　　（c）

图 4-33　节流调速回路

（2）容积调速回路。

容积调速回路是通过改变泵或马达的排量来实现调速的。容积调速回路的主要优点是没有节流损失和溢流损失，因而效率高，油液温升小，适用于高速、大功率调速系统。其缺点是变量泵和变量马达的结构较复杂，成本较高。

根据油路的循环方式，容积调速回路可以分为开式回路和闭式回路。在开式回路中，液压泵从油箱吸油，执行元件的回油直接接回油箱。这种回路结构简单，油液在油箱中能得到充分冷却，但油箱体积较大，空气和杂物易进入回路。在闭式回路中，执行元件的回油直接与泵的吸油腔相连，结构紧凑，只需很小的补油箱，空气和杂质不易进入回路，但油液的冷却条件差，需附设辅助泵补油、换油，设冷却装置冷却等。

如图 4-34 所示为由变量泵和定量液压执行元件组成的容积调速回路。

图 4-34（a）的执行元件为液压缸，为开式回路。改变变量泵的排量即可调节活塞的运动速度 v。由于变量泵有泄漏，活塞运动速度会随负载 F 的加大而减小。F 增大至某值时，在低速下会出现活塞停止运动的现象，这时变量泵的理论流量等于其泄漏量。这种回路在低速下的承载能力较差。

图 4-34（b）的执行元件为液压马达，且为闭式回路。图中的安全阀 2 起安全保护作用，用以防止系统过载。为了补充泵和马达的泄漏，增加了补油泵 4，同时置换部分已发热的油液，降低系统的温升。溢流阀 5 用来调节补油泵的压力。若不计流量损失，马达的转速 $n=q/V$。因液压马达排量为定值，故调节变量泵的流量 q 即可对马达的转速 n 进行调节，速比可达 40。当负载转矩恒定时，马达的输出转矩和回路工作压力都恒定不变，马达的输出功率与转速成正比，故此调速方式又称为恒转矩调速。

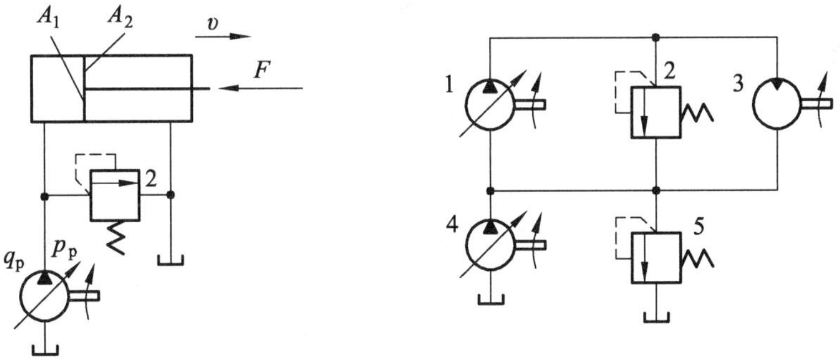

（a）变量泵-液压缸　　（b）变量泵-定量马达

1—变量泵；2，5—溢流阀；3—定量马达；4—补油泵。

图 4-34　变量泵定量执行元件容积调速回路

如图 4-35（a）所示为由定量泵和变量马达组成的容积调速回路。定量泵 1 输出流量不变，改变变量马达 3 的排量 V 就可以改变液压马达的转速。在这种调速回路中，由于液压泵的转速和排量均为定值，当负载功率恒定时，马达输出功率 P 和回路工作压力 p 都恒定不变，而马达的输出转矩 T 与 V 成正比，输出转速 n 与 V 成反比。所以这种回路称为恒功率调速回路，其调速特性曲线如图 4-35（b）所示。

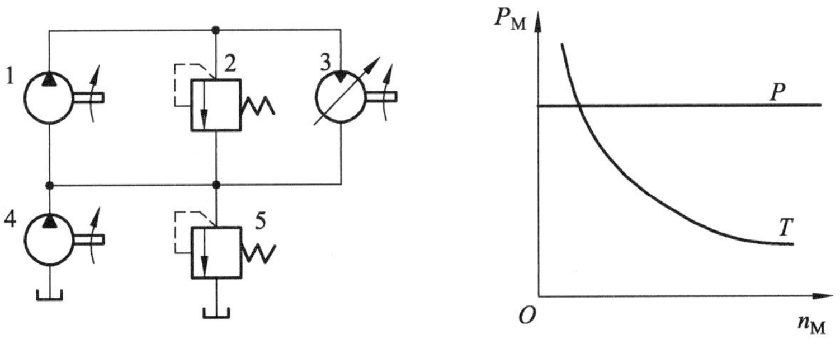

（a）回路图　　（b）调速特性曲线

1—定量泵；2，5—溢流阀；3—变量马达；4—补油泵。

图 4-35　定量泵和变量马达组成的容积调速回路

图 4-36（a）所示为由变量泵和变量马达组成的容积调速回路。单向阀 6 和 8 用于使补油泵 4 能双向补油，单向阀 7 和 9 使安全阀 3 在两个方向都能起过载保护作用。这种调速回路是前两种调速回路的组合。由于泵和马达的排量均可改变，故增大了调速范围，并扩大了液压马达输出转矩和功率的选择余地，其调速特性曲线如图 4-36（b）所示。

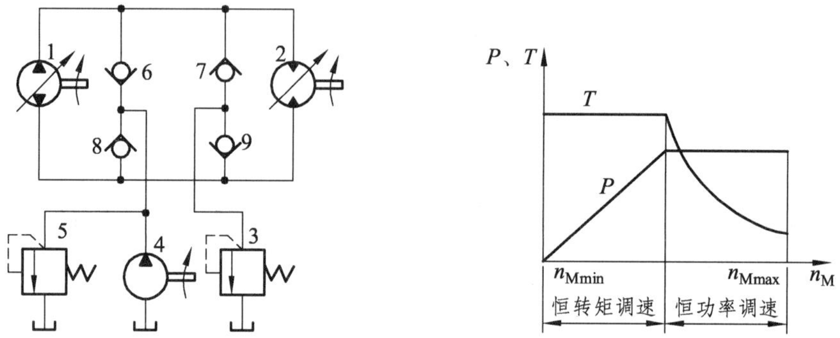

（a）回路图　　（b）调速特性曲线

1—变量泵；2—变量马达；3，5—溢流阀；4—补油泵；6，7，8，9—单向阀。

图 4-36　变量泵和变量马达组成的容积调速回路

（3）容积节流调速回路。

容积调速回路虽然具有效率高、发热小的优点，但随着负载增加，容积效率将下降，低速稳定性差，为减少发热并满足速度稳定性要求，常采用容积节流调速回路。容积节流调速回路采用压力补偿型变量泵供油，用流量控制阀调节进入或流出液压缸的流量来调节其运动速度，并使变量泵的输油量自动地与液压缸所需流量相适应。这种调速回路没有溢流损失，效率较高，速度稳定性也比容积调速回路好，所以常用在中小功率、速度范围大的场合。图 4-37 所示为由限压式变量泵和调速阀组成的容积节流调速回路。该回路由限压式变量泵 1 供油，压力油经调速阀 2 进入液压缸 3 的工作腔，回油经背压阀 4 返回油箱。液压缸运动速度由调速阀中的节流阀来控制。设泵的流量为 q，则稳态工作时 $q=q_1$。可是在关小调速阀的瞬间 q_1 减小，而此时液压泵的输油量还未来得及改变，于是 $q > q_1$，因回路中阀 6 为安全阀，没有溢流，故这时泵的出口压力升高，因而限压式变量泵输出流量自动减小，直至 $q=q_1$；反之亦然。由此可见，调速阀不仅能保证进入液压缸的流量稳定，而且还可以使泵的流量自动地与液压缸所需的流量相适应。

2. 快速运动回路

快速运动回路的功用在于使执行元件获得必要的高速，以提高系统的工作效率或充分利用功率。快速运动回路因实现增速方法的不同而有多种结构方案，常用的快速运动回路有液压缸差动连接回路、双泵供油增速回路和利用蓄能器增速回路等。

（1）液压缸差动连接回路。

图 4-38 所示的差动回路是利用液压缸的差动连接来实现的。当二位三通电磁阀位于右位时，液压泵输出的油液和液压缸有杆腔返回的油液合流，进入液压缸的无杆腔，实现活塞的快速运动。

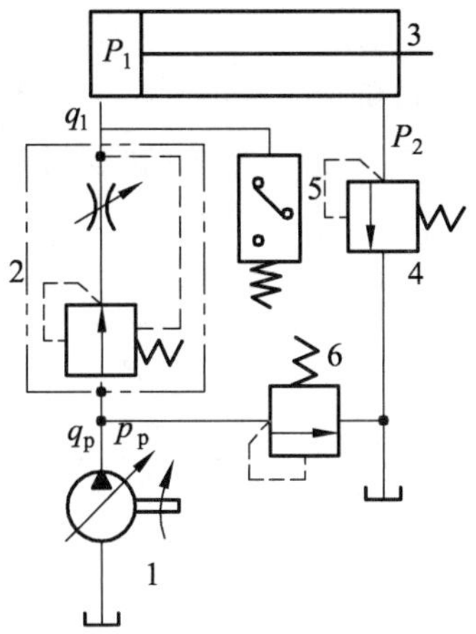

1—变量泵；2—调速阀；3—液压缸；4—背压阀；5—压力信号器；6—安全阀。

图 4-37　限压式变量泵和调速阀的容积节流调速回路

在差动回路中，泵的流量和液压缸有杆腔排出的流量合在一起流过的阀和管道应按合成流量来选择规格，否则会导致压力损失过大，泵空载时供油压力过高。

差动回路简介请浏览下方 AR 资源。

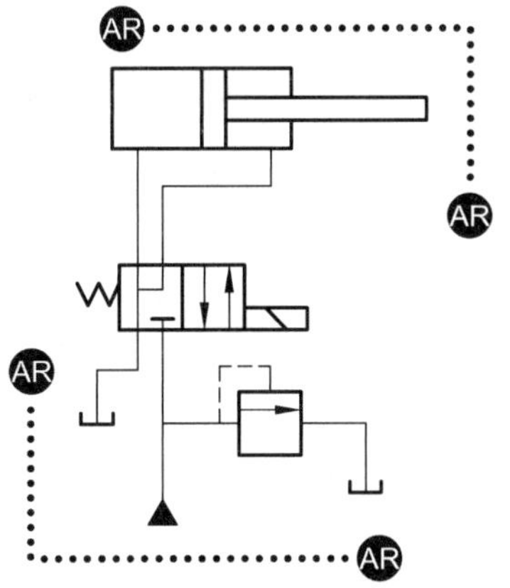

图 4-38　液压缸差动连接回路

（2）采用蓄能器的快速运动回路。

图 4-39 所示为采用蓄能器的快速运动回路，采用蓄能器的目的是可以使用流量较小的液压泵。当系统中短期需要大流量时，液压泵 1 和蓄能器 4 共同向液压缸 6 供油。当系统停止工作时，换向阀处在中位，液压泵便经单向阀 3 向蓄能器供油，蓄能器压力升高后，控制卸荷阀 2，使液压泵卸荷。

（3）双泵供油快速运动回路。

在图 4-40 所示的双泵供油快速运动回路中，高压小流量泵 1 和低压大流量泵 2 组成的双联泵作动力源。外控顺序阀 3（卸荷阀）和溢流阀 7 分别调定双泵供油和高压小流量泵 1 供油时系统的最高工作压力。当主换向阀 4 在左位或右位工作时，换向阀 6 电磁铁通电，这时系统压力低于卸荷阀 3 的调定压力，两个泵同时向液压缸供油，油缸快速向左（或向右）运动。

当快进完成后，阀 6 断电，缸的回油经过节流阀 5，因流动阻力增大而引起系统压力升高。当卸荷阀 3 外控油路压力达到或超过卸荷阀的调定压力时，低压大流量泵通过阀 3 卸荷，单向阀 8 反向截止，只有高压小流量泵 1 向系统供油，液压缸慢速运动。卸荷阀的调定压力至少应比溢流阀的调定压力低 10%～20%。

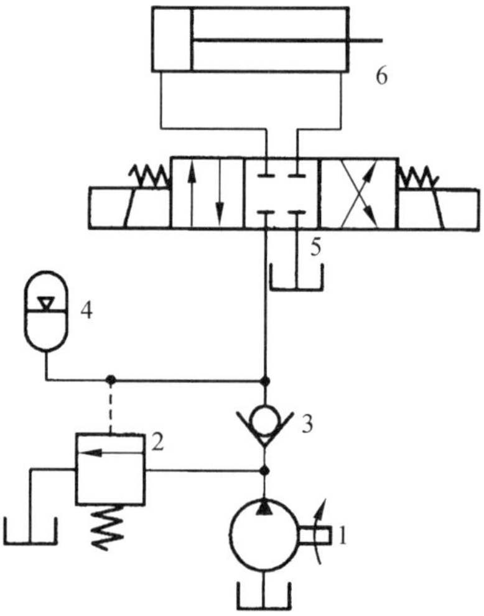

1—液压泵；2—卸荷阀；3—单向阀；4—蓄能器；5—电磁阀；6—液压缸。

图 4-39 采用蓄能器的快速运动回路

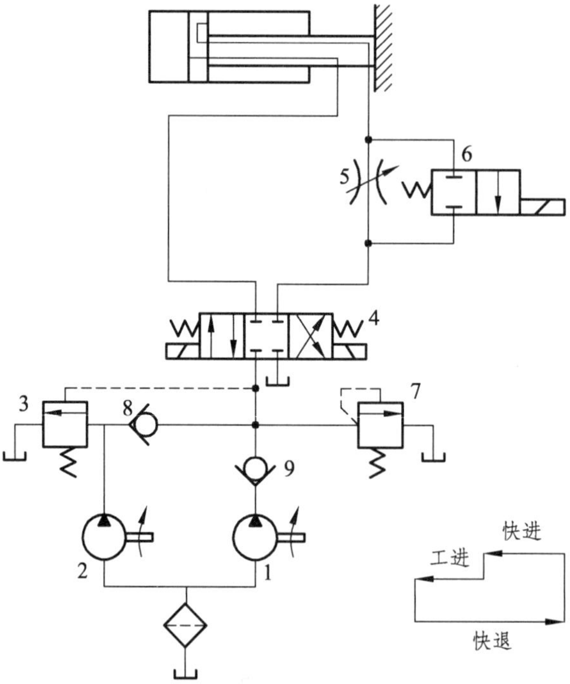

1—高压小流量泵；2—低压大流量泵；3—顺序阀；4—主换向阀；5—节流阀；
6—副换向阀；7—溢流阀；8，9—单向阀。

图 4-40 双泵供油快速运动回路

3. 速度换接回路

若设备的工作部件在自动循环工作过程中需要进行速度换接，例如机床的二次进给工作循环为快进第一次工进、第二次工进、快退，就存在由快速转换为慢速，由第一种慢速转换为第二种慢速的速度换接等要求。实现这些功能的回路应该具有较高的速度换接平稳性。

能够实现快速与慢速换接的方法很多，前面提到的各种增速回路都可以使液压缸的运动由快速换接为慢速。下面再介绍一种采用行程阀的快慢速换接回路。

在图 4-41 所示的回路状态下，液压缸快进，当活塞所连接的挡块压下行程阀 6 时，行程阀关闭，液压缸右腔的油液必须通过节流阀 5 才能流回油箱，液压缸就由快进转换为慢速工进。当换向阀 2 的左位接入回路时，压力油经单向阀 4 进入液压缸右腔，活塞快速向左返回。这种回路的快慢速换接比较平稳，换接点的位置比较准确，缺点是行程阀的安装位置不能任意布置，管路连接较为复杂。若将行程阀改为电磁阀，安装连接就比较方便了，但速度换接的平稳性和可靠性以及换接精度都不如前者。

速度换接回路简介请浏览下方 AR 资源。

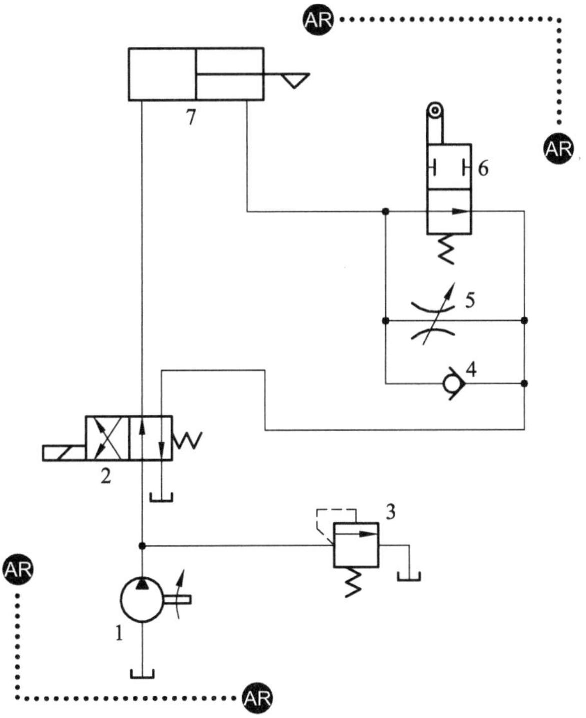

1—液压泵；2—换向阀；3—溢流阀；4—单向阀；5—节流阀；6—行程阀；7—液压缸。

图 4-41　快速与慢速换接回路

五、实训操作

（一）液压控制阀的拆装

1. 实训目的

在液压系统中，液压控制阀是用来控制系统中液流的压力、流量和方向的元件。通过对常用方向控制阀、压力控制阀和流量控制阀的拆装，达到以下目的：

（1）了解各类阀的不同用途、控制方式、结构形式、连接方式及性能特点。

（2）掌握各类阀的工作原理及调节方法。

（3）初步掌握常用液压控制元件的常见故障及其排除方法。

2. 实训器材

（1）实物：常用液压控制阀。

（2）工具：内六角扳手1套、耐油橡胶板1块、油盆1个及常用工具1套。

3. 实训内容与注意事项

（1）方向控制阀的拆装。

以手动换向阀（其结构见图4-9）的拆装为例。

① 拆卸顺序。

拆卸前转动手柄，体会左右换向手感，并用记号笔在阀体左、右端做上标记。抽掉手柄连接板上的开口销，取下手柄。拧下右端盖上的螺钉，卸下右端盖，取出弹簧、套筒和钢球。松脱左端盖与阀体的连接，然后从阀体内取出阀芯。

在拆卸过程中注意观察主要零件结构和相互配合关系，并结合结构图和阀表面铭牌上的职能符号分析换向原理。

② 主要零件的结构及作用。

阀体：其内孔有4个环形沟槽，分别对应于P、T、A、B 4个通油口，纵向小孔的作用是将内部泄漏的油液导至泄油口，使其流回油箱。

手柄：操纵手柄，阀芯将移动，故称其为手动换向阀。

钢球：它落在阀芯右端的沟槽中，就能保证阀芯的确定位置，这种定位方式称为钢球定位。

弹簧：它的作用是防止钢球跳出定位沟槽。

③ 装配要领。

装配前清洗各零件，在阀芯、定位件等零件的配合面上涂润滑液，然后按拆卸时的反顺序装配。拧紧左、右端盖的螺钉时，应分两次并按对角线顺序进行。

④ 思考题。

拆装的手动换向阀是几位几通换向阀？具有何种滑阀机能？画出它的职能符号。

分析手柄在左位时，阀芯的动作过程及油路连通情况。

了解该阀的常见故障及其排除方法。

（2）压力控制阀的拆装。

以先导式溢流阀的拆装为例。

① 拆卸顺序。

拆卸前清洗阀的外表面，观察阀的外形，转动调节手柄，体会手感。拧下螺钉，拆开主阀和先导阀的连接，取出主阀弹簧和主阀芯。拧下先导阀上的手柄和远控口螺塞。旋下阀盖，从先导阀体内取出弹簧座、调压弹簧和先导阀芯。用光滑的挑针把密封圈撬出，并检查其弹性和尺寸精度，如有磨损和老化应及时更换。在拆卸过程中详细观察先导阀芯和主阀芯的结构，理解先导式溢流阀的工作原理。

② 主要零件的结构及作用。

主阀体：其上开有进油口 P、出油口 T 和安装主阀芯用的中心圆孔。

先导阀体：其上开有远控口和安装先导阀芯用的中心圆孔。

主阀芯：它是阶梯轴，其中 3 个圆柱面与阀体有配合要求，并开有阻尼孔和泄油孔。

调压弹簧：它主要起调压作用，它的弹簧刚度比主阀弹簧刚度大。

主阀弹簧：它的作用是克服主阀芯的摩擦力，所以刚度很小。

③ 装配要领。

装配前清洗各零件，在配合零件表面上涂润滑油，然后按拆卸时的反向顺序装配。应注意：检查各零件的油孔、油路是否畅通、无尘屑。将调压弹簧安放在先导阀芯的圆柱面上，然后一起推入先导阀体。主阀芯装入主阀体后，应运动自如。先导阀体与主阀体的止口、平面完全贴合后，才能用螺钉连接。螺钉要分两次拧紧，并按对角线顺序进行。

④ 思考题。

主阀芯的阻尼孔有何作用？可否加大或堵塞？如果这样有何后果？

主阀芯的泄油孔如果被堵塞，有何后果？

比较调压弹簧与主阀弹簧的刚度，并分析如此设计的原因。

初步掌握先导式溢流阀常见故障的原因和排除方法。

（3）流量控制阀的拆装。

以普通节流阀的拆装为例。

① 拆卸顺序。

旋下手柄上的止动螺钉，取下手柄，用孔用卡簧钳卸下卡簧。取下面板，旋出推杆和推杆座。旋下弹簧座，取出弹簧和节流阀芯。用光滑的挑针把密封圈从槽内撬出，并检查其弹性和尺寸精度。

② 主要零件的结构及作用。

节流阀芯：它是圆柱形，其上开有三角沟槽节流口和中心小孔，转动手柄，节流阀便做轴向运动，即可调节通过调速阀的流量。

③ 装配要领。

装配前清洗各零件，在节流阀芯、推杆及配合零件的表面上涂润滑液，然后按拆卸的反向顺序装配。装配节流阀芯要注意它在阀体内的方向，切忌装反。

④ 思考题。

根据阀的结构简述液流从进油到出油的全过程。

分析节流阀芯上中心小孔的作用。

分析调速阀失灵的原因及故障排除方法。

（二）构建液压换向回路

1. 实训内容与步骤

（1）技能训练内容如图 4-42 ~ 图 4-44 所示。

（2）技能训练步骤。

① 按照技能训练内容，正确选取所需的液压元件，并检查其性能的完好性。

② 将检验好的液压元件安装在实训台插件板上的适当位置，通过快速接头和软管接头按照回路要求，把各个元件连接起来（包括压力表）。

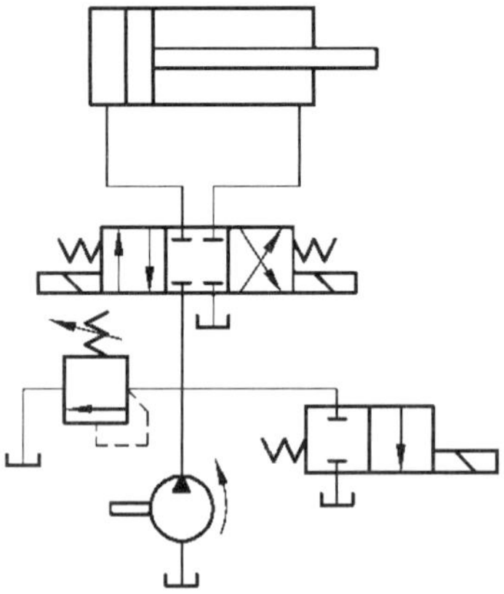

图 4-42 电磁控制换向回路 1

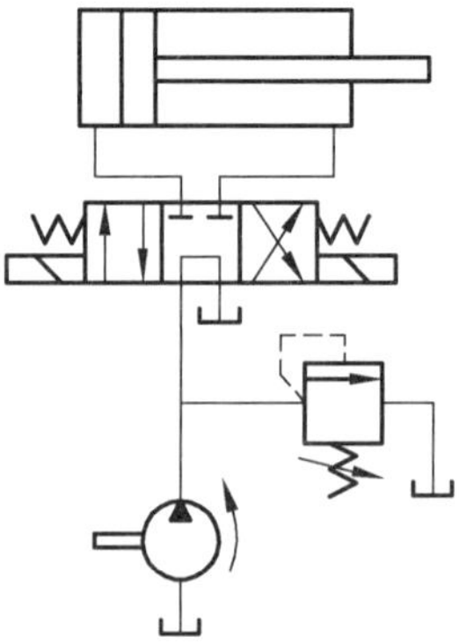

图 4-43 电磁控制换向回路 2

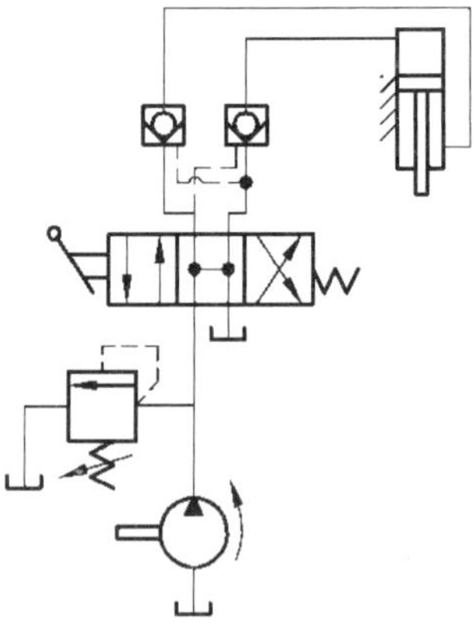

图 4-44 锁紧回路

③ 将电磁阀与控制线连接起来。

④ 按照回路图，确认安装连接正确后，旋松泵出口处自行安装的溢流阀。经过检查确认正确无误后，再起动液压泵，按要求调压。

⑤ 详细分析回路中电磁阀处于不同位置工作时液压缸的动作顺序。

⑥ 实验完毕后，应先旋松溢流阀，继而液压泵停止工作。经确认回路中压力为零后，取下连接油管和元件，归类放入规定位置。

2. 实训总结

（1）方向控制阀的工作原理。

（2）不同的换向阀各自的应用特点。

（三）构建液压压力回路

1. 实训内容与步骤

（1）技能训练内容。

按图 4-45 连接各液压部件。

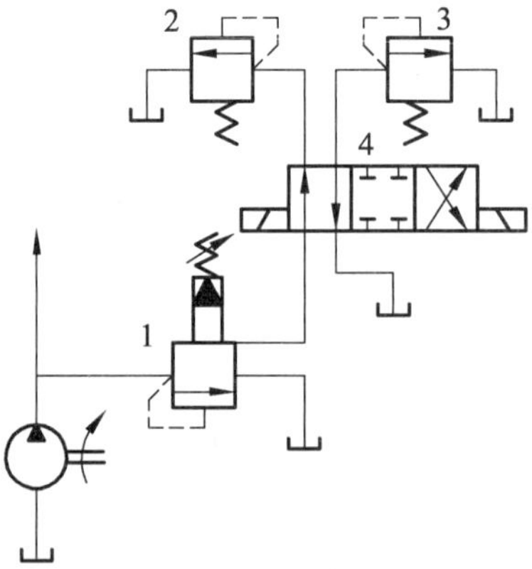

图 4-45 压力调节回路

（2）技能训练步骤。

① 按照技能训练内容中系统原理回路的要求，正确选取所需的液压元件，并且检查其性能的完好性。

② 将检验好的液压元件安装在实训台插件极上的适当位置，通过快速接头和软管接头按照回路要求，把各个元件连接起来。

③ 进行电气线路连接，并把选择开关拨至所要求的位置。

④ 按照回路图，确认安装连接正确后，旋松泵出口处自行安装的溢流阀。经过检查确认正确无误后，再起动液压泵，按要求调压。

⑤ 旋动实验台上的加载卸荷旋钮，调节溢流阀。

⑥ 放松溢流阀 1、2、3，起动液压泵，调节溢流阀 1 的压力为 4 MPa。

⑦ 使电磁阀 IYA 处于通电状态，调节溢流阀 3 的压力为 3 MPa，调整完毕使电磁阀 1YA 断电。

⑧ 使电磁阀 2YA 处于通电状态，调节溢流阀 2 的压力为 2 MPa，调整完毕使电磁阀 2YA 断电。

⑨ 调节完毕，回路就能达到 3 种不同的压力，重复上述循环。

2. 实训总结

（1）按技能训练内容中图 4-45 所示，旋动面板上加载卸荷旋钮，调节溢流阀，观察压力表有什么变化?

（2）多级调压回路中，如果三位四通换向阀的中位机能改为 M 型，则泵启动后回路压力为多大? 能否实现原来的 3 种压力值?

（四）构建液压流量回路

1. 实训内容与步骤

（1）技能训练内容如图 4-41 所示。

（2）技能训练步骤。

① 按照技能训练内容，选择所需的液压元件，并且检查其性能的完好性。

② 将检验好的液压元件安装在实训台插件板上的适当位置，通过快速接头和软管按照回路要求，把各个元件连接起来（包括压力表）。

③ 将行程阀控制线连接。

④ 按照技能训练回路图，确认安装连接正确后，旋松泵出口自行安装的溢流阀。经过检查确认正确无误后，再起动液压泵，按要求调压。

⑤ 调节溢流阀，使得液压泵出口压力为 4 MPa。

⑥ 控制行程阀的得电和断电，观察液压缸活塞杆的运动速度。

2. 实训总结

（1）电磁换向阀 2 的电磁铁断电，此回路属于什么调速回路?

（2）若把单向节流阀接到进油路上，与技能训练内容中的回路有什么区别?

（3）若把单向节流阀换成调速阀，液压缸的运行速度有什么变化?

（五）确认你会干——项目操作评价

表 4-3　操作考核评分表

<table>
<tr><td colspan="2">学号</td><td colspan="2"></td><td>姓名</td><td colspan="2"></td><td>小组</td><td colspan="2"></td></tr>
<tr><td colspan="2">任务编号</td><td colspan="2">4-1</td><td>任务名称</td><td colspan="5">液压控制阀的拆装</td></tr>
<tr><td colspan="2">模块</td><td>序号</td><td colspan="3">考核点（90分）</td><td colspan="2">分值标准</td><td>得分</td><td>备注</td></tr>
<tr><td rowspan="7">1</td><td rowspan="7">液压控制阀的识别</td><td>1</td><td colspan="3">型号一：液压压力流量阀识别</td><td colspan="2">5</td><td></td><td></td></tr>
<tr><td>2</td><td colspan="3">型号二：液压方向阀识别</td><td colspan="2">5</td><td></td><td></td></tr>
<tr><td>3</td><td colspan="3">描述三种液压阀的原理及特点</td><td colspan="2">10</td><td></td><td></td></tr>
<tr><td>4</td><td colspan="3">参数一：液压阀额定压力</td><td colspan="2">5</td><td></td><td></td></tr>
<tr><td>5</td><td colspan="3">参数二：液压阀额定流量</td><td colspan="2">5</td><td></td><td></td></tr>
<tr><td>6</td><td colspan="3">参数三：液压阀位通</td><td colspan="2">5</td><td></td><td></td></tr>
<tr><td>7</td><td colspan="3">参数四：液压阀流量范围</td><td colspan="2">5</td><td></td><td></td></tr>
<tr><td rowspan="4">2</td><td rowspan="4">溢流阀拆装</td><td>8</td><td colspan="3">步骤1：分离溢流阀主阀</td><td colspan="2">5</td><td></td><td></td></tr>
<tr><td>9</td><td colspan="3">步骤2：拆主阀芯</td><td colspan="2">5</td><td></td><td></td></tr>
<tr><td>10</td><td colspan="3">步骤3：拆先导阀芯</td><td colspan="2">5</td><td></td><td></td></tr>
<tr><td>11</td><td colspan="3">步骤4：观察之后组装溢流阀</td><td colspan="2">10</td><td></td><td></td></tr>
<tr><td rowspan="4">3</td><td rowspan="4">换向阀拆装</td><td>12</td><td colspan="3">步骤5：拆换向阀手柄</td><td colspan="2">5</td><td></td><td></td></tr>
<tr><td>13</td><td colspan="3">步骤6：拆换向阀端盖</td><td colspan="2">5</td><td></td><td></td></tr>
<tr><td>14</td><td colspan="3">步骤7：拆卸阀芯</td><td colspan="2">5</td><td></td><td></td></tr>
<tr><td>15</td><td colspan="3">步骤8：观察之后组装换向阀</td><td colspan="2">10</td><td></td><td></td></tr>
<tr><td>4</td><td>互评</td><td colspan="6">小组互评（10分）</td><td></td><td></td></tr>
<tr><td>5</td><td>总分</td><td colspan="6">合计总分</td><td></td><td></td></tr>
<tr><td colspan="2">学生签字</td><td colspan="2"></td><td colspan="2">考评签字</td><td colspan="2"></td><td colspan="2" rowspan="2"></td></tr>
<tr><td colspan="2">互评签字</td><td colspan="2"></td><td colspan="2">考评时间</td><td colspan="2"></td></tr>
</table>

六、工程应用案例与分析——避障割草机液压系统

如图 4-46 所示，避障割草机是一种适用于果园、带护栏公路等含有障碍物区域的割草作业机器，通过拖拉机或其他移动设备（以下统称为移动设备）的挂接为避障割草机提供动力，通过液压方式控制割草头偏转或平移来实现避让障碍物的功能。

采用移动设备的液压输出作为动力，动作元件包括液压马达和偏转油缸。由于各种移动设备的液压输出流量不一致，所以要求能够恒定进入系统的流量，以保证所有动作元件始终保持在设计要求的速度下工作；液压输出的进油和回油方向会由于人为的误操作而出现反向的情况，因此系统需要对这一情况起到保护作用，防止由于机手误操作而导致系统元件损坏；液压马达通过皮带来驱动四个割草刀盘工作，要求在工作时刻保持转速稳定；偏转油缸用来控制割草头偏转，实现避让动作，要求响应及时，动作连贯无卡顿；同时对应不同的作业时

速，也要求割草头偏转的速度可以和作业时速相匹配，降低操作手操纵难度。

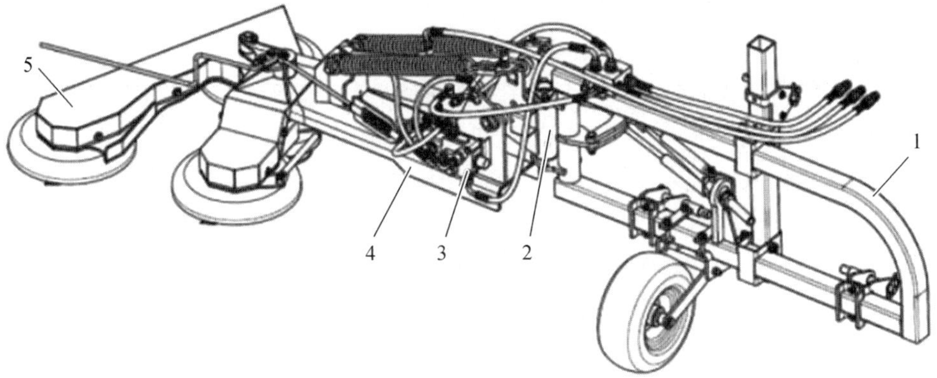

1—悬挂架；2—旋转节；3—液压系统；4—割草头座；5—割草头。

图 4-46　避障割草机基本结构

根据控制要求，液压系统原理如图 4-47 所示。系统采用移动设备上的一组液压输出作为动力输入，在输入端采用调速阀来保证进入系统内部的流量控制在设计流量范围内，同时系统入口的单向阀可以防止机手误操作而导致液压油从系统回油口进入，对系统和液压元件造成损坏。液压马达和偏转回路采用串联连接，优先保证液压马达的供油，偏转回路的换向阀采用两位换向阀，在不操纵换向阀时，液压油通过换向阀进入偏转油缸大腔，使得割草头始终保持在正常工作状态，当障碍物触发换向阀换向时，液压油通过换向阀进入偏转油缸的小腔，油缸缩短，从而带动连接在油缸一端的割草头进行回转避让。为了实现避让速度与行驶速度的匹配，在偏转回路中增加调速阀，通过调节进入偏转油缸的流量来得到合适的避让速度。当偏转油缸动作结束后，液压油会通过换向阀内部的溢流阀流出经散热器回到移动设备中。

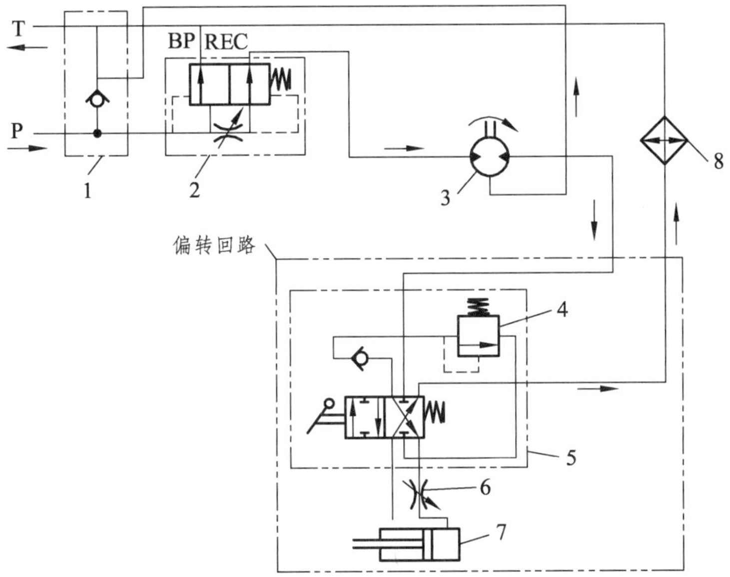

1—单向阀；2—调速阀；3—液压马达；4—溢流阀座；5—换向阀；6—调速阀；7—偏转油缸；8—散热器。

图 4-47　液压原理图

习题与思考

一、判断题

1. 单向阀更换大刚度弹簧后，可以用作背压阀。（　　）
2. 同规格不同中位机能的电磁换向阀，可靠换向的最大压力和最大流量不同。（　　）
3. 因电磁铁吸力有限，大流量换向阀应选用液动换向阀或者电液动换向阀。（　　）
4. 因液控单向阀关闭时密封性能好，故常用在保压回路和锁紧回路中。（　　）
5. 串联了减压阀的支路，始终能获得低于系统压力调定值的稳定的工作压力。（　　）
6. 顺序阀是利用油路中压力的变化控制阀口的启闭，实现执行元件顺序动作的液压元件。（　　）
7. 液流通过滑阀和椎阀时，作用在阀芯上的稳态液动力都力图使阀口关闭。（　　）

二、选择题

1. 一水平放置的双伸出杆液压缸，采用三位四通电磁换向阀，若要求阀芯处于中位时，液压泵卸荷，且液压缸浮动，应选择（　　）中位机能；若要求阀芯处于中位时，液压泵卸荷，且波压缸镇死不动，应选择（　　）中位机能。

A. O 型　　B. H 型　　C. M 型

2. 在 O 型中位机能的三位四通电液换向阀中，其先导电磁换向阀应选择(　　)中位机能。

A. H 型　　B. M 型　　C. Y 型

3. 为了保证锁紧可靠、迅速、准确，采用双液控单向阀的锁紧回路中，应选择中位机能为（　　）的换向阀。

A. O 型　　B. H 型　　C. M

4. 减压阀能基本保证（　　）稳定不变。

A. 进口压力　　B. 出口压力　　C. 进口流量

5. 顺序阀在系统中作卸荷阀用时，应选用（　　），作背压阀用时，应选用（　　）。

A. 内控内泄式　　B. 内控外泄式　　C. 外控内泄式　　D. 外控外泄式

6. 在图 4-48 所示远程调压回路中，远程调压阀 2 的调节压力必须（　　）先导式溢流阀 1 自身先导阀的调节压力。

A. 大于　　B. 小于　　C. 等于

7. 在图 4-49 所示的进油节流调速回路中，溢流阀 2 起（　　）作用。

A. 定压溢流　　B. 安全保护　　C. 提供背压力

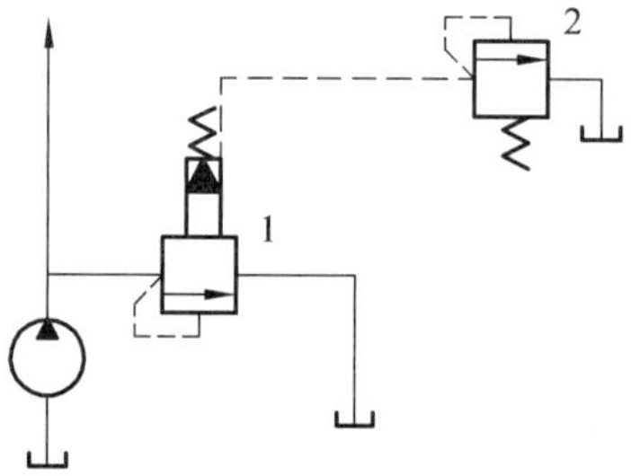

图 4-48

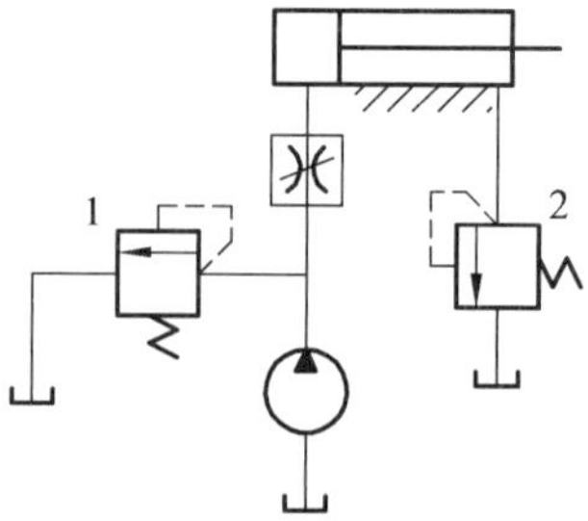

图 4-49

8. 我国一些关键核心技术实现突破，战略性新兴产业发展壮大，许多领域等取得重大成果，进入（　　）国家行列。

A. 制造型　　B. 创造型　　C. 创新型　　D. 科技型

三、填空题

1. 液压控制阀按其功用分________、________和________控制阀三大类。

2. 换向阀的操纵方式一般有________、________、________、________、________等5种形式。

3. 三位换向阀的中位机能是指________________。

4. 先导式溢流阀远控口的功能是实现________和________。

5. 溢流阀的________与________之差称为调压偏差，调压偏差越________，溢流阀稳压性能越好。

四、图形识别题

1. 识别图4-50中的图形符号，并写出其所代表的液压元件的名称。

（a）________　（b）________　（c）________　（d）________

图 4-50

2. 画出下列液压元件的职能符号，用字母表示出油口。

（1）Y型中位机能的三位四通电磁换向阀。

（2）液控单向阀。

（3）二位三通机动换向阀。

（4）内控外泄式顺序阀。

五、分析题

1. 请分析图4-51所示油路，若溢流阀调定压力4 MPa，减压阀调定压力2 MPa，油缸无杆腔面积为50 cm^2。当活塞上的负载 $F = 10\ 000$ N，试判断油缸活塞运动时和运动到终点停止时，A、B、C三处的压力各是多少？

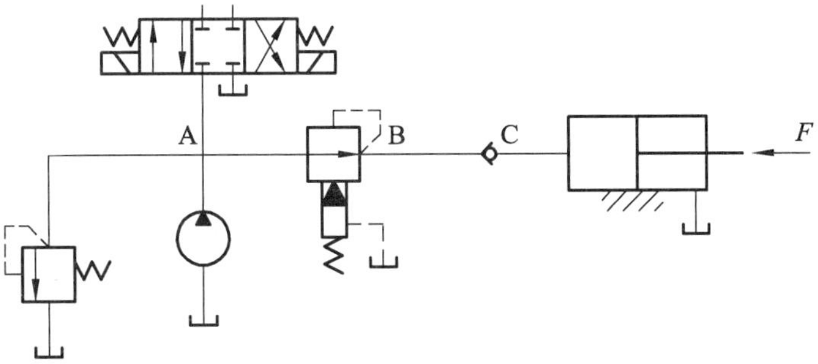

图 4-51

2. 如图 4-52 所示调压回路（各个溢流阀的调定压力标注在阀的一侧），当系统的负载为无穷大时，试分析两电磁换向阀 1Y 和 2Y 在不同工况下，回路中 A、B 两点的压力各为多少，并填入表 4-4 中。

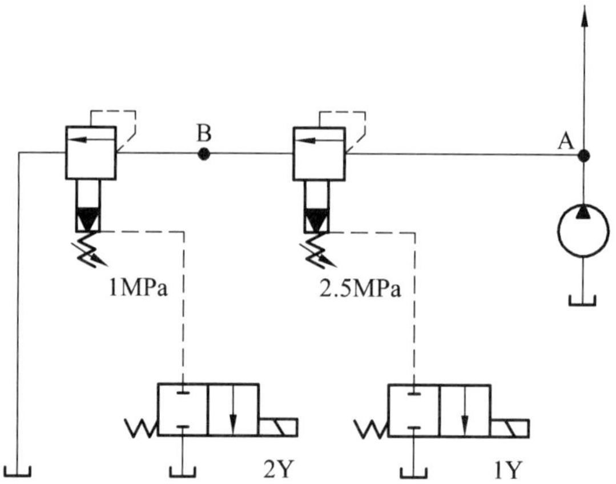

图 4-52

表 4-4

序号	电磁换向阀通电状态		各点压力值/MPa	
	1Y	2Y	p_A	p_B
1	+	−		
2	−	+		
3	+	+		
4	−	−		

3. 图 4-53 所示回路中，已知溢流阀的调整压力为 4 MPa，油缸缸筒截面积为 50 cm^2，活塞杆截面积为 30 cm^2，定量泵的供油流量为 10 L/min，不计回路系统的压力损失和泄漏损失，请分析电磁铁不同工作状态下油缸活塞的运动方向、运动速度和推力大小，并填入表 4-5。

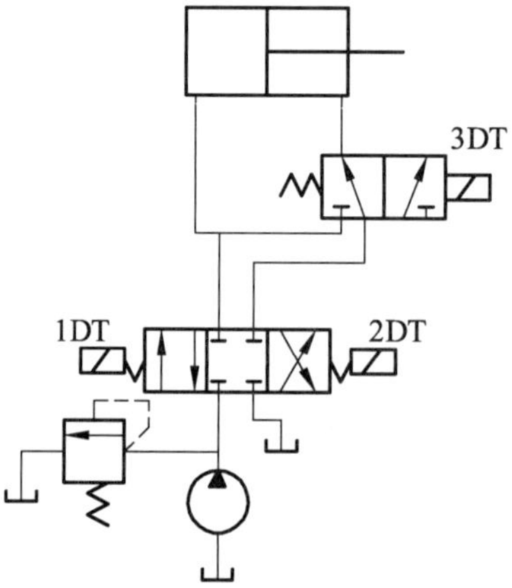

图 4-53

表 4-5

电磁阀电磁铁状态			活塞运动方向	运动速度 /（m/s）	输出推力/N
1DT	2DT	3DT			
+	−	+			
+	−	−			
−	+	−			

六、计算题

在图 4-54 所示的平衡回路中，已知液压缸无杆腔有效面积 A_1=80 cm^2，有杆腔有效面积 A_2 = 40 cm^2，活塞及负载总重 G = 15 kN，要求的提升速度 υ = 6 m/min。系统停止工作时，应保证活塞不因自重下滑。试求：

（1）顺序阀的最小调定压力。

（2）满足上升速度要求，液压缸所需要的流量。

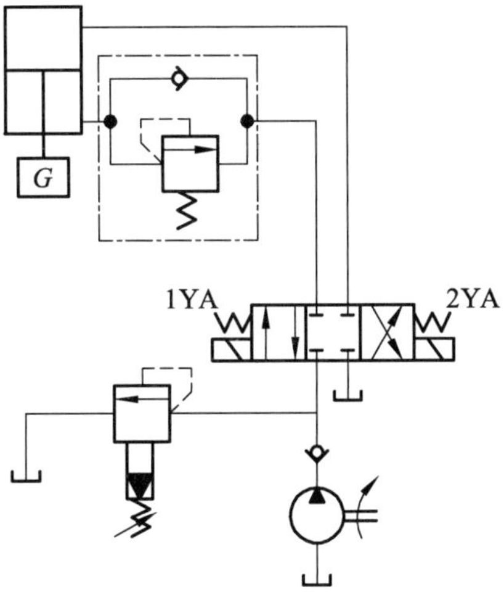

图 4-54

项目五
其他控制阀和液压基本回路

【知识目标】

✧ 掌握液压基本回路的类型、结构组成、特点及应用。

✧ 理解液压基本回路的工作原理、性能分析和计算。

✧ 了解比例阀、插装阀的结构、工作原理、职能符号及应用。

【技能目标】

✧ 能够设计、连接、调试液压基本回路。

【素养目标】

✧ 培养良好的专业精神、职业精神、团队精神和工匠精神。

✧ 培养独立思考的学习习惯，兼顾协同设计能力。

✧ 培养制订工作进度表以及控制进度的执行能力。

✧ 培养方案设计与评估决策能力。

一、项目引入

比例阀、插装阀和叠加阀分别是20世纪中后期才相继出现并得到发展的液压阀，与普通液压阀相比，它们具有许多显著的优点，为液压技术的发展、普及和推广开辟了新的道路。

二、比例阀

电液比例阀简称比例阀，它是一种把输入的电信号按比例转换成力或位移，从而对压力、流量等参数进行连续控制的一种液压阀。普通液压阀只能对液流的压力、流量进行定值控制，对液流的方向进行开关控制，当工作机构的动作要求对液压系统的压力、流量参数进行连续控制或控制精度要求较高时，则不能满足要求，这时就需要用电液比例控制阀（简称比例阀）进行控制。比例阀由直流比例电磁铁与液压阀两部分组成。液压阀部分与普通的液压阀差别不大，而直流比例电磁铁和一般电磁阀所用的电磁铁不同。电液比例阀可以根据输入的电信号大小连续地按比例对液压系统的参数实现远距离调节和计算机控制。比例阀按其控制的参数可分为比例压力阀、比例流量阀、比例方向阀三大类。

（一）比例阀的结构和工作原理

直动式比例溢流阀（见图 5-1）是一种采用阀座设计的远程控制阀，可用于限制系统压力。它借助带对中螺纹和可拆卸线圈的比例电磁铁进行操作。线圈的内部与油口 T 或 Y 连接，并装满液压油。根据电气控制值的不同，可使用这些阀门对要限制的系统压力进行无级设置。阀门主要由壳体 1、比例电磁铁 2、阀座 3 和阀架 4 组成。

要设置系统压力，需在控制电子元件处指定控制值。电子元件根据控制值驱动带有电流的电磁线圈。由比例电磁铁将电流转换为机械力，机械力再通过电枢柱塞 5 作用到阀架 4，将阀架 4 推入阀座 3 并阻塞油口 P 与 T 或 Y 之间的连接。如果阀架 4 上的液压力等于线圈磁力，该阀门通过提升阀架 4 使其离开阀座 3 来控制调定压力，从而使液压油能够从油口 P 流到 T 或 Y。如果控制值为零，则控制电子元件仅将最小控制电流应用于比例电磁铁 2，并且最小调定压力也会得到设置。

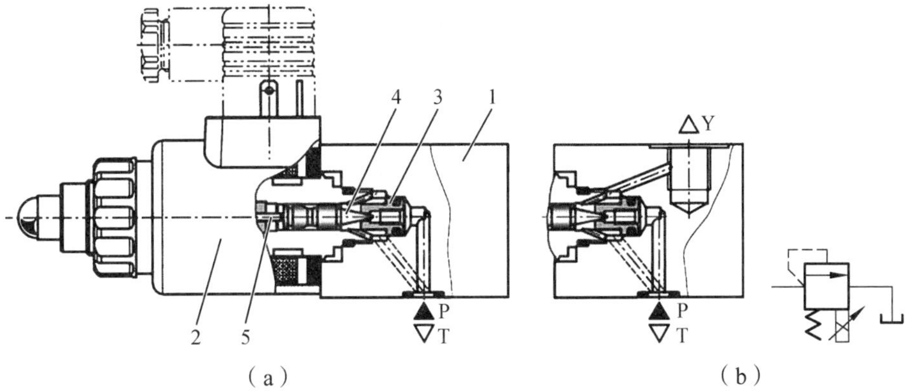

1—壳体；2—电磁铁；3—阀座；4—阀架；5—电枢柱塞。

图 5-1　直动式比例溢流阀

（二）比例阀的应用

图 5-2（a）所示为比例溢流阀调压的多级调压回路。图中 1 为比例溢流阀。改变输入电流，即可控制系统的工作压力。它比图 5-2（b）利用普通溢流阀的多级调压回路用液压元件少，回路简单，且可对系统压力进行连续控制。

图 5-3 所示为采用比例调速阀的同步调速回路。改变比例调速阀输入电流即可使液压缸获得所需要的运动速度。比例调速阀可在多级调速回路中代替多个调速阀，也可用于远距离速度控制。图 5-3 中左侧所示为采用普通调速阀的调速回路。

总之，采用比例阀能使液压系统简化，所用液压元件数大为减少，既能提高液压系统的性能参数及控制适应性，又能明显提高其控制的自动化程度。

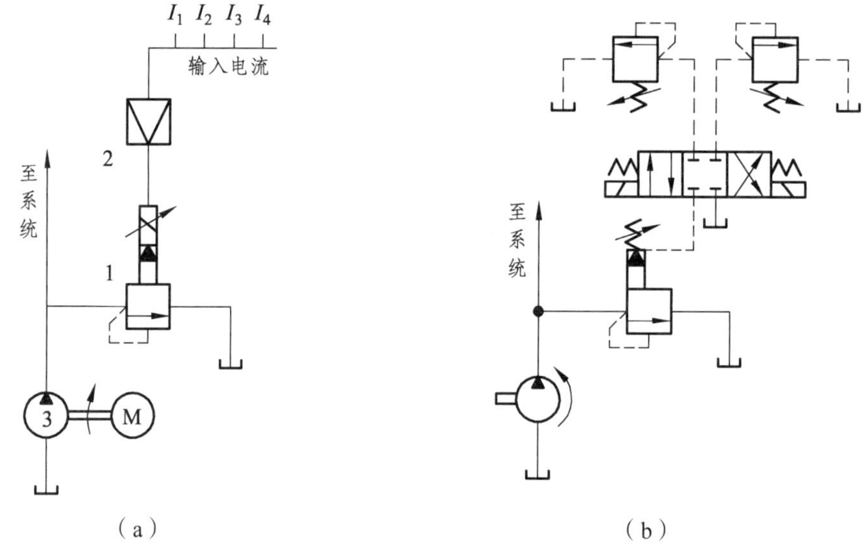

1—比例溢流阀；2—电子放大器；3—液压泵。

图 5-2　应用比例压力阀调压回路

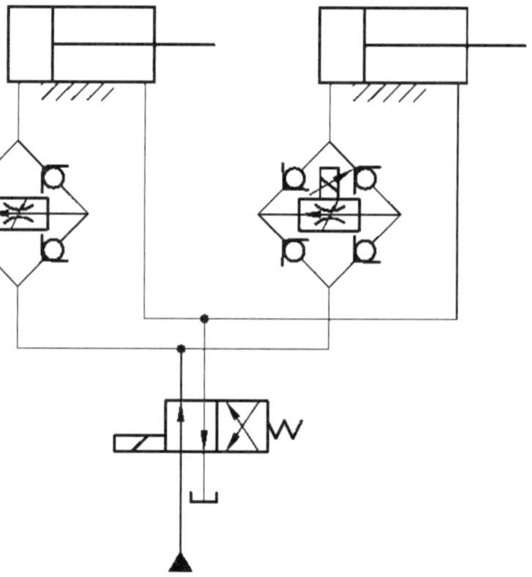

图 5-3　比例调速阀的同步调速回路

三、插装阀

（一）插装阀的结构和工作原理

插装阀又称逻辑阀或二通插装阀。这种阀具有结构简单，标准化、通用化程度高，动作迅速、通流能力大、密封性好、抗污染能力强、液阻小、变形方便，可以高度集成，便于实现无管连接和集成化控制等优点。这种阀的出现满足了液压技术向高压、大流量、集成化方向发展的要求，在锻压机械、冶金机械、船舶、矿山等工程领域得到了广泛的应用。

如图 5-4 所示，插装阀主要由锥阀芯 1、阀套 2 和弹簧 3 等元件组成。控制口 C 控制主油路油口 A 和 B 的启闭，通过主阀阀芯的启闭，可对主油路的通断起控制作用，使用不同的先导阀可构成压力控制、方向控制或流量控制，也可组成复合控制。

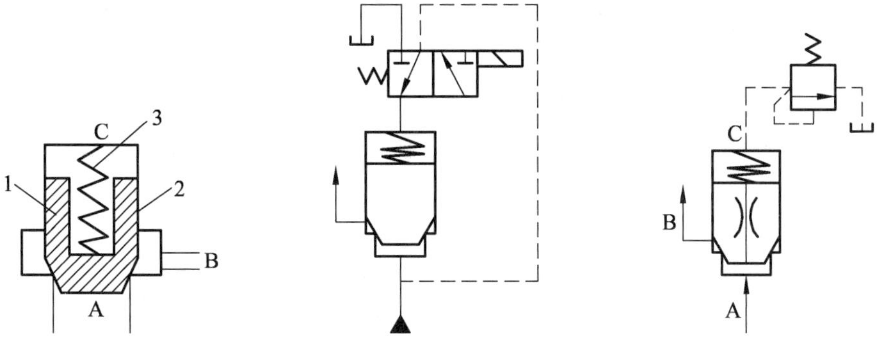

（a）二通插装阀结构简图　　（b）锥阀式方向阀　　（c）锥阀式压力阀

A，B—主油口；C—控制油口；1—锥阀芯；2—阀套；3—弹簧。

图 5-4　二通插装阀及应用

从结构简图可知，它有两个管道连接口 A、B 和一个控制口 C，锥阀上腔连接先导控制阀，与控制油路相通。从工作原理上看，它相当于液控单向阀，当控制油口 C 与油箱相接时，锥阀打开，A、B 两油口相通，故利用先导控制阀使 C 口卸压或加压，就可实现锥阀的启闭。

由此可见，一个锥阀相应地配上电磁阀和先导压力阀或采取调速措施，就可以在系统中起到换向阀、压力阀或节流阀的作用。

（二）二通插装阀应用

1. 用于换向回路

图 5-5（a）所示回路，是由两个锥阀和一个二位四通电磁换向阀（作为先导阀）组成的换向回路，等效于如图 5-5（b）所示的二位三通电磁阀，先导阀处于常态时，锥阀 2 上腔进控制油，P 不通，锥阀 1 回油，A 与 T 相通，相当于二位三通阀的右位；当先导阀通电时，锥阀 2 上腔回油，锥阀 2 打开，使 P 与 A 相通，锥阀 1 上腔进控制油，锥阀 1 关闭，使 A 与 T 不通，相当于二位三通换向阀的左位。

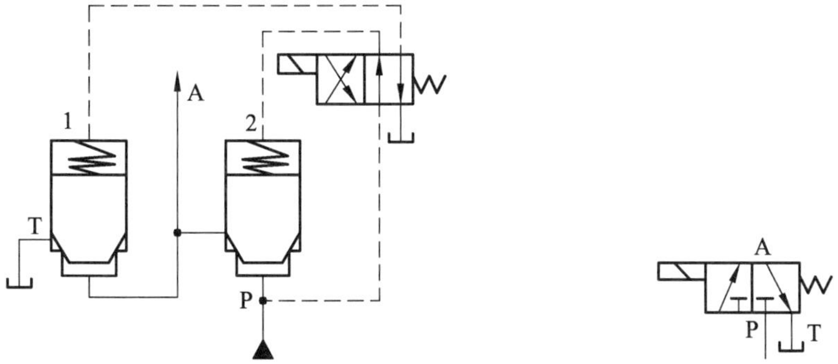

（a）换向回路　　（b）二位三通电磁阀图形符号

1，2—锥阀。

图 5-5　锥阀式换向回路

从工作原理上看，二通插装阀与液控单向阀相同。若主油口 A 与控制油口 C 用油管连接起来还可作单向阀使用。二通插装阀与不同的电磁换向阀组合可作二位二通阀、二位三通阀、二位四通阀使用。

2. 用于调压回路

图 5-6（a）的二位四通电磁换向阀 3 处于常态时，锥阀 1 关闭，P 与 T 不通，先导调压阀 2 起调压作用。电磁铁通电后，锥阀升起，P 与 T 相通，实现卸荷，其作用等效于图 5-6（b）所示回路。对插装阀的控制腔 C 进行压力控制，便可构成压力控制阀。插装阀的 B 口接油箱时，插装阀起溢流阀的作用，若 B 口接另一油口（工作油口），则插装阀起顺序阀作用。对插装阀上的控制腔 C 与不同的先导阀连接，或改变主阀阀芯的形状则插装阀还可作电磁溢流阀、减压阀使用。

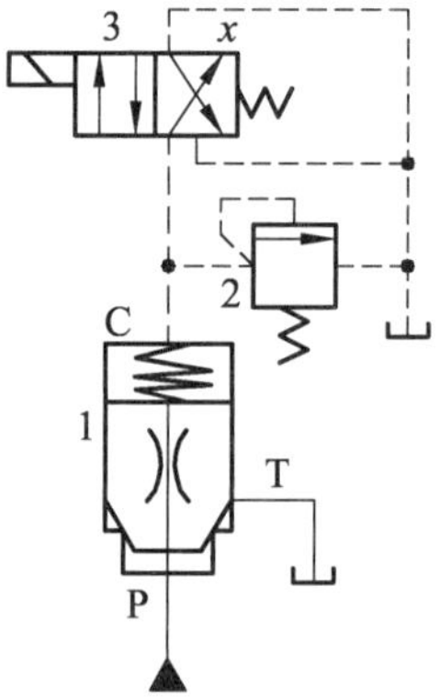

（a）

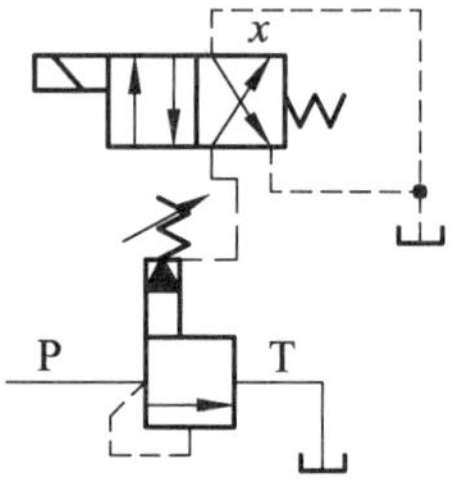

（b）

1—锥阀；2—先导调压阀；3—换向阀。

图 5-6 锥阀式调压回路

3. 用于调速回路

图 5-7（a）中由于锥阀 2 和 3 有调节螺钉，因此开口量大小可调节。当先导阀 5 处于中位时，锥阀全部关闭，油路不通。当先导阀处于右位时，锥阀 1 和 3 关闭，锥阀 2 和 4 打开，油路 P 与 A 相通，进油速度由锥阀 2 上的调节螺钉调节；B 和 T 口相通，回油相当于经图 5-7（b）的

单向阀 7 流回油箱。当先导阀处于左位时，锥阀 2 和 4 关闭，锥阀 1 和 3 打开，油路 P 与 B 相通，进油速度由锥阀 3 上的调节螺钉调节；A 与 T 相通，回油相当于经图 5-7（b）的单向阀 6 流回油箱。

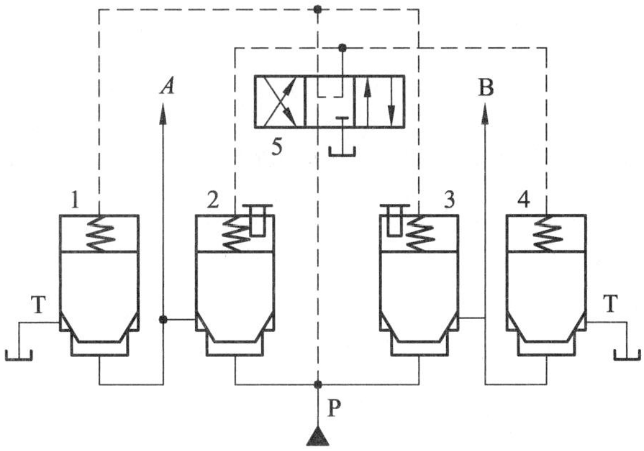

（a）锥阀式进口节流调速回路

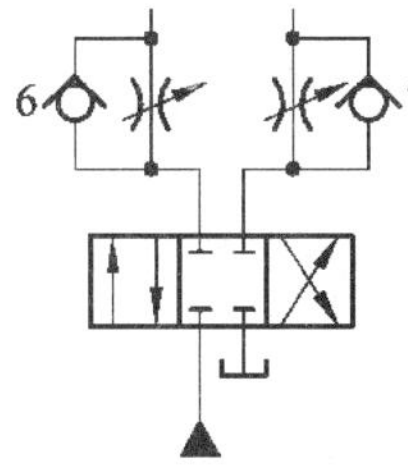

（b）等效进口节流调速回路

1，2，3，4—锥阀；5—先导阀；6，7—单向阀。

图 5-7 锥阀式调速回路

二通插装流量阀上的节流阀手调装置，若用比例电磁铁取代，就可组成二通插装电液比例节流阀。若在二通插装节流阀前串联一个定差减压阀，就可组成二通插装调速阀。

（三）二通插装阀及其集成系统的特点

（1）插装主阀结构简单，通流能力大，最大流量可达 10^4 L/min。

（2）泄漏小，先导阀功率小，节能效果明显。

（3）不同的阀有相同的主阀，一阀多能，便于实现标准化。

（4）便于无管连接、集成化。

四、其他液压基本回路

液压回路是能实现某种规定功能的液压元件的组合，是液压系统的组成部分。前面已经分析了方向回路、锁紧回路、调压回路、减压回路、用顺序阀和压力继电器控制的顺序动作回路、调速回路等，在本节中再分析多缸工作液压回路。

（一）顺序动作回路

顺序动作回路的功用是使多缸液压系统中的各液压缸按规定的顺序依次动作。常用控制方式分行程控制和压力控制两大类。

1. 行程控制的顺序动作回路

用行程开关控制的顺序动作回路如图 5-8 所示，1YA、2YA 断电，阀 1、2 均为右位工作，两个缸的活塞均处于左端。当 1YA 通电时，阀 1 左位工作，缸 A 活塞右移，实现动作①。当运动到预定位置时，挡块 3 压下行程开关 S_1，使 2YA 通电，阀 2 左位工作，缸 B 活塞右移，实现动作②；当挡块 4 压下行程开关 S_2，使 1YA 断电，阀 1 为右位工作，缸 A 活塞左移，实现动作③；当挡块 3 压下开关 S_3，使 2YA 断电时，阀 2 右位工作，缸 B 活塞左移，实现动作④。当 B 缸活塞运动至挡块 4 压下行程开关 S_4 时，又使 1YA 通电，开始下一个工作循环。这种回路使用方便，调整挡块位置可调整液压缸的行程大小和动作顺序，应用十分广泛。（挡块 3、4 在图中未标注）

2. 采用行程阀控制的顺序动作回路

在图 5-9 所示状态下，两液压缸均退至右端。电磁阀 1 通电左位工作，缸 A 活塞先向左运动，当挡块压下行程阀 2 后，油液进入缸 B 右腔，活塞左移。当电磁阀 1 断电时，液压缸 A 活塞右移，当挡块脱离行程阀 2 时，液压缸 B 的活塞右移。该回路动作灵敏，工作可靠，但调整和改变动作顺序较困难。

采用行程开关控制的顺序动作回路简介请浏览下方 AR 资源。

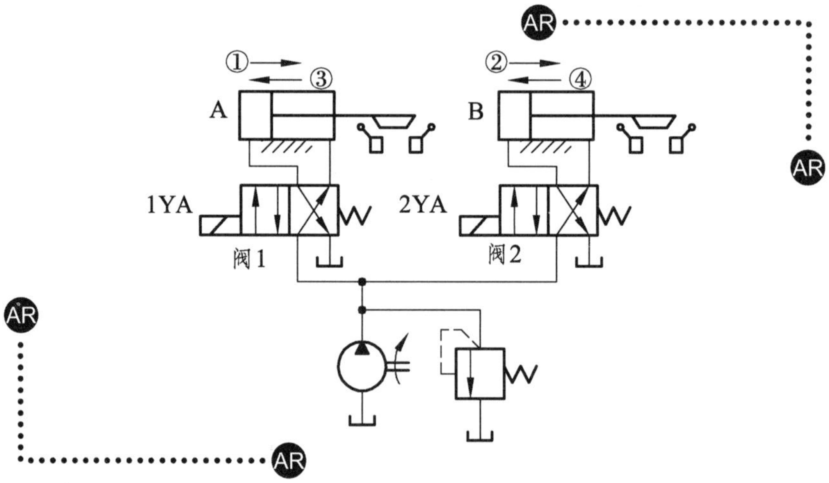

图 5-8 行程开关控制的顺序动作回路

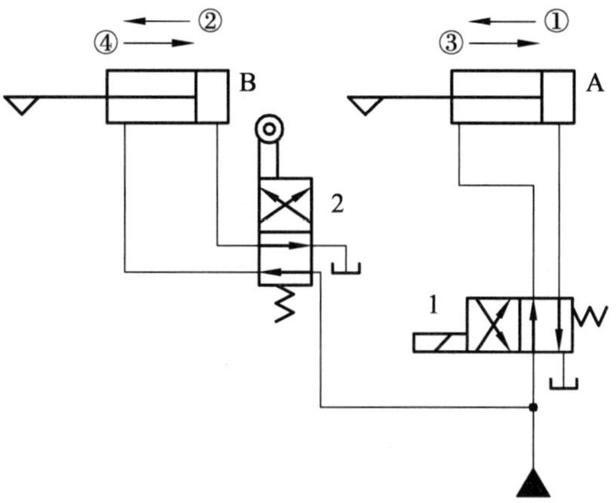

图 5-9　行程阀控制的顺序动作回路

3. 压力控制的顺序动作回路

压力控制是利用液压系统工作过程中的压力的变化使所控制执行元件按顺序动作。图 5-10 所示为顺序阀控制的顺序动作回路，液压油经减压阀、单向阀和电磁换向阀的右位后，油路分为两支。液压油先进入液压缸 A 的上腔向下推动活塞运动，定位完成后，系统压力升高，达到顺序阀的调定压力，打开顺序阀，压力油进入液压缸 B 的上腔，推动其活塞下行，完成夹紧动作。加工完毕后，电磁阀换向，两液压缸同时返回。

图 5-11 所示为用压力继电器控制的顺序动作回路，按启动按钮，1YA 通电，缸 A 活塞向右运动，当缸 A 行至终点后，压力升高，压力继电器 1KP 动作，使电磁铁 2YA 通电，缸 B 活塞向右运动。按返回按钮，1YA、2YA 断电，3YA 通电，缸 B 活塞向左退回。

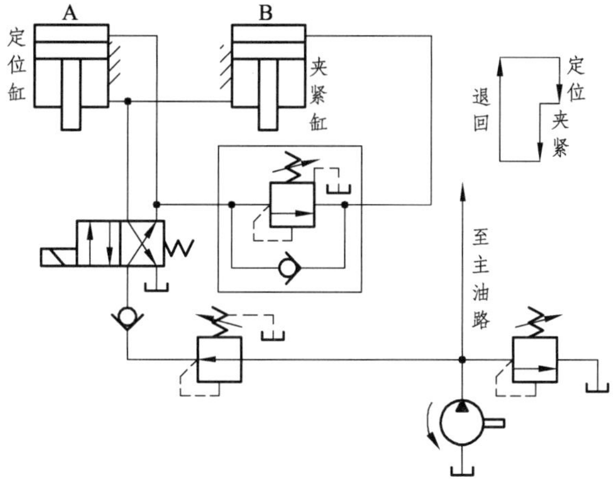

图 5-10　顺序阀控制的顺序动作回路

采用压力继电器控制的顺序动作回路简介请浏览下方 AR 资源。

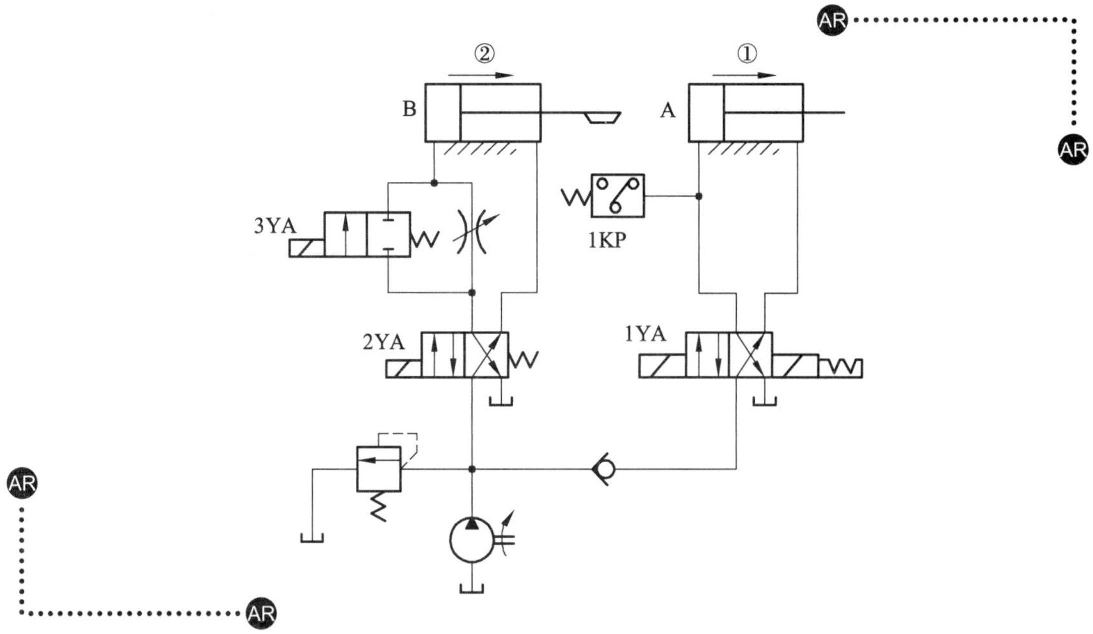

图 5-11　压力继电器控制的顺序动作回路

（二）同步回路

同步回路的功用是保证系统中两个或两个以上液压缸在运动中保持相同的位移或速度。

1. 串联液压缸同步回路

图 5-12 所示为带补偿装置的串联液压缸同步回路。补偿原理：4YA 通电，换向阀 1 右位工作时，压力油进入缸 6 的上腔，缸 6 的下腔油流入缸 5 的上腔，缸 5 下腔回油，这时两活塞同步下行。若缸 5 活塞先到达终点，触动行程开关 S_1 使 1YA 通电，换向阀 2 上位工作，这时压力油经 2 将液控单向阀 4 打开，在缸 6 上腔继续进油的同时，缸 6 下腔的油可经单向阀 4 流回油箱，使缸 6 活塞能继续下行到终点位置。若缸 6 活塞先到达终点，触动行程开关 S_2 使 2YA 通电，换向阀 3 右位工作，这时压力油可经阀 3、阀 4 进入缸 5 上腔，进行补油，使缸 5 活塞继续下行到终点位置。

2. 采用流量阀的同步回路

图 5-13 所示是两个并联液压缸，两个调速阀分别调节两个液玉缸的活塞的运动速度。由于调速阀具有负载变化时保持流量稳定这一特点，所以只要调整两个调速阀开口的大小，就能使两个液压缸保持同步。这种回路结构简单，但调整比较麻烦，同步精度不高。

（三）双泵供油互不干扰回路

在一泵多缸的液压系统中，由于一个液压缸转为快速运动的瞬间，吸入大量液压油而造成系统压力的下降，影响其他液压缸工作的平稳性。因此在速度平稳性要求较高的多缸系统中，常采用双泵分别供油快慢速互不干扰回路。

串联液压缸同步回路简介请浏览下方 AR 资源。

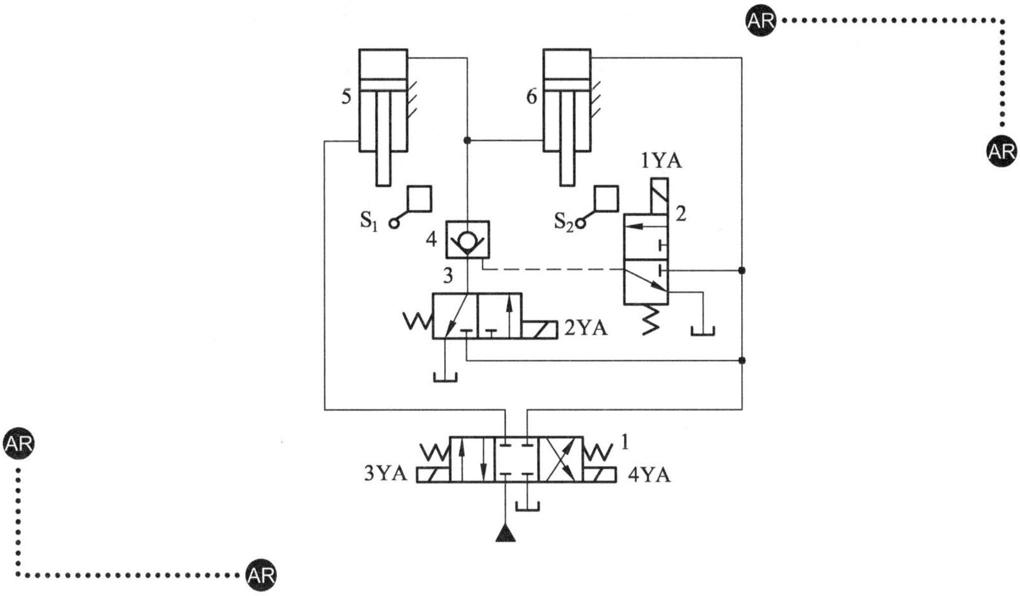

1, 2, 3—电磁换向阀；4—液控单向阀；5,6—液压缸。

图 5-12　带补偿装置的串联液压缸同步回路

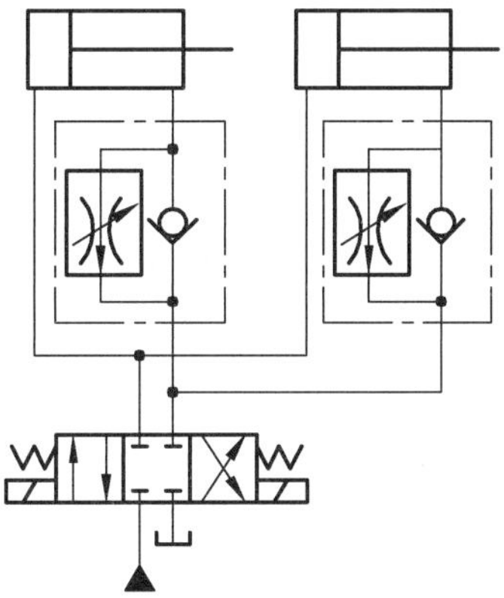

图 5-13　调速阀并联液压缸同步回路

图 5-14 为采用双泵分别供油的快慢速互不干扰回路。液压缸 A，B 均须完成“快进-工进-快退”自动工作循环，且要求工进速度平稳。该油路的特点是两缸的“快进”和“快退”均由低压大流量泵 2 供油，两缸的“工进”均由高压小流量泵 1 供油。

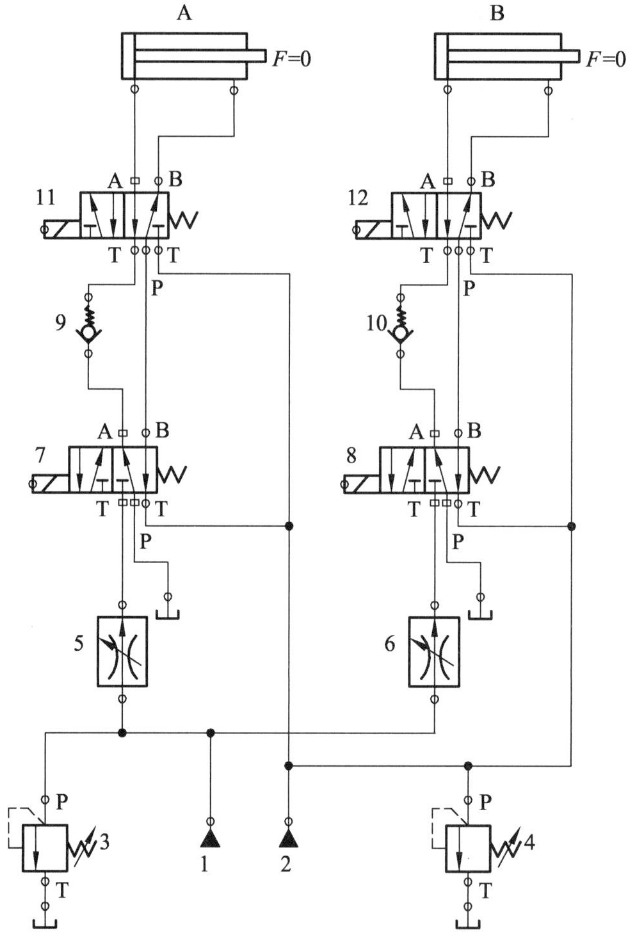

1，2—双联泵；3，4—溢流阀；5，6—调速阀；7，8，11，12—电磁换向阀；9，10—单向阀。

图 5-14 双泵供油互不干扰回路

图示位置电磁换向阀 7，8，11，12 均不通电，液压缸 A，B 活塞均处于左端位置。当阀 11、12 通电在左位工作时，泵 2 供油，压力油经阀 7 右位和阀 11 的左位与 A 缸两腔连通，使 A 缸活塞差动快进；同时泵 2 压力油经阀 8 右位和阀 12 的左位与 B 缸两腔连通，使 B 缸活塞差动快进。当阀 7、8 通电在左位工作，阀 11、12 断电换为右位时，液压泵 2 的油路被封闭不能进入液压缸 A，B。泵 1 供油，压力油经调速阀 5、换向阀 7 左位、单向阀 9、换向阀 11 右位进入 A 缸左腔，A 缸右腔经阀 11 右位、阀 7 左位回油，A 缸活塞实现工进。同时泵 1 压力油经调速阀 6、换向阀 8 左位、单向阀 10、换向阀 12 右位进入 B 缸左腔，B 缸右腔经阀 12 右位、阀 8 左位回油 B 缸活塞实现工进。这时若 A 缸工进完毕，使阀 7、阀 11 均通电换为左位，则 A 缸换为泵 2 供油快退。其油路为泵 2 的油经阀 11 左位进入 A 缸右腔，A 缸左腔经阀 11 左位、阀 7 左位回油。这时由于 A 缸不由泵 1 供油，因而不会影响 B 缸工进速度的平稳性。当 B 缸工进结束，阀 8、阀 12 均通电换为左位，也由泵 2 供油实现快退。由于快退时为空载，对速度的平稳性要求不高，故 B 缸转为快退时对 A 缸快退无太大影响。这样就可以实现快速和慢速供油渠道不同，避免了相互的干扰。

两缸工进时的工作压力由泵 1 出口处的溢流阀 3 调定，压力较高；两缸快速进给时的工作压力由泵 2 出口处的溢流阀 4 限定，压力较低。

（四）液压基本回路组建

1. 目的要求

（1）掌握典型液压基本回路的组建和工作原理。

（2）掌握液压基本回路的分析方法。

（3）训练液压基本回路的接线技术。

2. 增速回路组建

（1）增速是在不增加泵的流量的情况下，使执行元件的运动速度得到提高。

（2）针对不同的回路要具体分析其工作原理。

3. 速度换接回路

（1）速度换接回路要求执行元件从一种速度转换为另一种速度。

（2）针对不同的回路要具体分析其工作原理。

4. 液压马达回路

（1）回路组建。执行元件为液压马达，同样可以控制液压马达的工作压力、速度和转向。

（2）针对不同的回路要具体分析其工作原理。

5. 平衡回路

（1）垂直运动的液压缸才需要平衡。组建平衡回路的关键是要平衡执行元件的重力负载。

（2）针对不同的回路要具体分析其工作原理。

6. 多缸顺序动作回路

（1）多缸是指系统中的液压缸多于一个，顺序动作是指缸的动作按指定的规律运动。组建回路的关键是实现顺序动作的条件。

（2）针对不同的回路要具体分析其工作原理。

五、工程应用案例与分析——巷道水泥摊铺机液压系统

在巷道水泥摊铺机实际工作过程中，其行走液压系统能否正常工作直接影响摊铺机摊铺的质量。巷道水泥摊铺机的履带式行走底盘与传统的工程机械两履带式行走底盘基本一致，左右两侧各有一条履带，采用全液压驱动，每一条履带由各自的液压马达单独通过履带链轮完成驱动，相互之间互不干扰，但是可以协同工作。在正常作业工作过程中，两个履带协同完成摊铺机的前进、后退和转向动作，其动作方式和履带式挖掘机相似，故此履带式行走系统的设计上和双履带式工程机械有一定程度的相似。行走装置结构示意图如图 5-15 所示。

履带行走机构负责水泥摊铺机的前进、后退和转向。液压系统原理图如图 5-16 所示。

履带式行走液压系统包括行走马达、制动回路、行走限速回路和补油回路等。其在工作时要求左、右两个液压行走马达旋转运动，并且同时动作、互不干扰，故设计时采用单独换

向阀来分别控制单个液压马达，同时，换向阀带有阀后补偿作用，其 LS 压力反馈直接于负载敏感泵 LS 口。

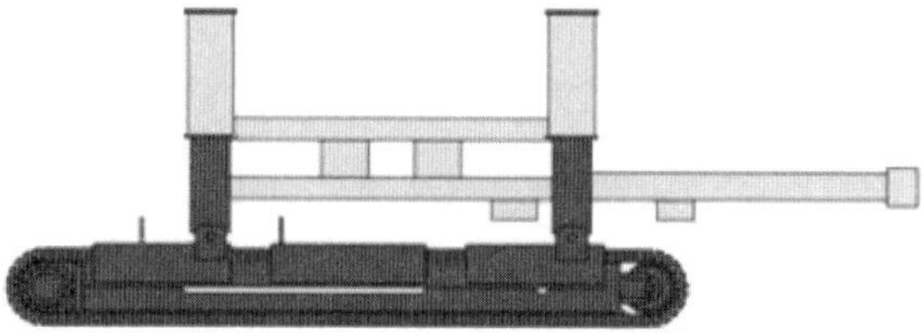

图 5-15　行走装置结构示意图

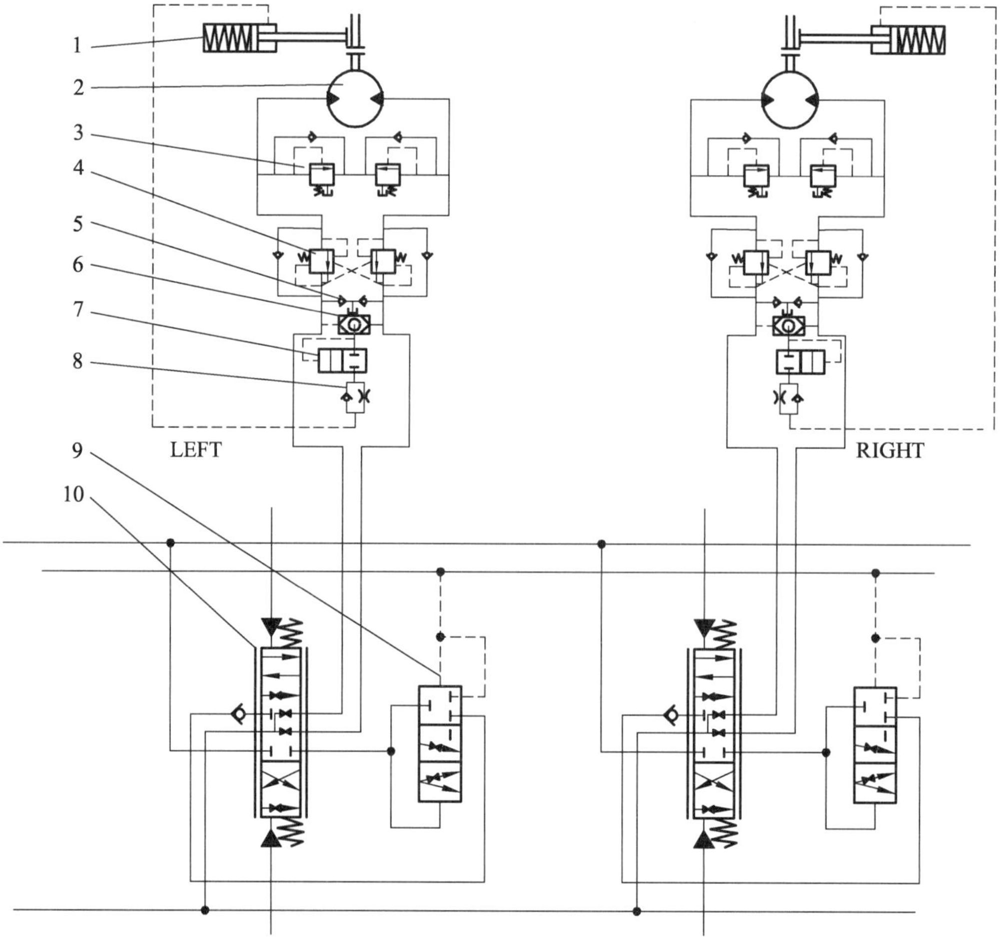

1—制动油缸；2—行走马达；3—安全阀；4—双向平衡阀；5—补油阀；6—梭阀；
7—制动换向阀；8—阻尼孔；9—压力补偿器；10—主换向阀。

图 5-16　履带行走液压系统原理图

制动回路包括制动油缸 1 和制动换向阀 7，当履带式行走工作时，主换向阀 10 上位或者下位接入油路，改变行走马达 2 的正转和反转，以控制摊铺机前进行走或者后退。油液经主换向阀 10 进入油路，经过梭阀 6 到达制动换向阀 7 左侧，克服弹簧力使制动换向阀 7 左位接入油路，使油液通过阻尼孔 8 进入到制动油缸 1，克服油缸弹簧力的作用，使制动油缸 1 释放行走马达 2，实现正常行走；当主换向阀 10 处于中位时，制动换向阀 7 未接入油路，制动油缸 1 锁死行走马达 2，行走马达不能运转。

行走限速回路和补油回路主要包括双向平衡阀 4、安全阀 3 和补油阀 5 等，当巷道水泥摊铺机在下坡过程中出现溜坡现象时，系统在双向平衡阀 4 的调节下，关小或者关闭行走马达的回油路，使其减速或者制动，保证安全性。安全阀 3 主要是为了防止行走马达 2 超过其工作负载，限制其在最高工作压力范围内正常运行，回路中的补油阀 5 主要是为了避免巷道水泥摊铺机失速或者突然换向、制动时，行走马达 2 进油口产生的吸空现象。

当巷道水泥摊铺机需要前进动作时，主换向阀 10 上位接入油路，油液经过主换向阀 10 的阻尼孔后流向压力补偿器 9，之后进入行走马达 2 的进油路，油液经主换向阀后，一路进入双向平衡阀 4 到达行走马达 2 进油口，此时行走马达 2 在液压制动油缸 1 的作用下处于抱死状态，不能旋转工作；另一路经过梭阀 6 进入到制动换向阀 7 左侧，克服制动换向阀弹簧力，使制动换向阀 7 左位接入油路，油液经过阻尼孔 8 进入液压制动油缸 1 右侧，克服液压制动油缸 1 的弹簧力，使油缸活塞左移，此时行走马达被释放，在进油口油液压力作用下旋转动作，巷道水泥摊铺机前进；当巷道水泥摊铺机后退时，主换向阀 10 的下位接入油路，油液通过回路中的梭阀 6、制动换向阀 7 和阻尼孔 8 进入到制动油缸 1，使其释放行走马达 2，行走马达 2 在油液作用下旋转动作，巷道水泥摊铺机后退；当巷道水泥摊铺机需要转向时，只需控制主控制阀 10 的阀芯开口度即可控制进入回路中的流量大小，进而控制两个液压行走马达的旋转速度，使其两条履带之间产生速度差，最终实现巷道水泥摊铺机的转向；当巷道水泥摊铺机停止工作时，主换向阀 10 处于中位，此时进油路不通，制动油缸 1 抱死行走马达 2，从而巷道水泥摊铺机停止行走。

习题与思考

一、判断题

1. 在定量泵+节流阀的进油节流调速回路中，溢流阀工作在浮动常开状态，起溢流稳压的作用。　（　）

2. 定量泵+节流阀组成的旁路节流调速回路效率比定量泵+节流阀组成进油路和回油节流调速回路都要高。　（　）

3. 采用调速阀的定量泵节流调速回路，无论负载如何变化始终能保证执行元件运动速度稳定。　（　）

4. 在变量泵-变量马达的闭式调速回路中，其中的辅助泵用于补充液压油泵和液压马达的泄漏。　（　）

5. 变量泵容积调速回路的速度刚性受负载变化影响的原因与定量泵+节流调速回路有根本的不同。　（　）

6. 在液压系统中想实现慢速到慢速的速度变换可以采用差动回路。　（　）

7. 采用压力控制的顺序动作回路中，顺序阀和压力继电器的调定压力应为执行元件前一动作的最高压力。　（　）

8. 同步运动分速度同步和位置同步，位置同步必定速度同步，而速度同步未必位置同步。　（　）

9. 容积节流调速回路的特点是效率较高，发热小，速度稳定性比容积调速好。（　　）

10. 在限压式变量泵和调速阀的调速回路中，限压式变量泵会自动地调节供油流量，使其与液压缸运动所需流量相适应。（　　）

二、选择题

1. 在定量泵+节流阀+溢流阀组成的回油节流调速回路中，若系统的泄漏损失及溢流阀调压偏差均忽略不计，当外负载 F 增加时，泵的输出功率（　　）。

A. 增加　　B. 减小　　C. 基本不变

2. 由定量泵+节流阀+溢流阀组成的三种节流调速回路中，可以承受负值负载的调速回路是（　　）。

A. 进油路节流调速　　B. 回油路节流调速　　C. 旁油路节流调速

3. 在定量泵+节流阀组成的旁路节流调速回路中，溢流阀起（　　）作用，其阀芯工作在（　　）状态。

A. 溢流稳压　　B. 过载保护　　C. 常闭　　D. 常开

4. 采用定量泵和变量马达组成的容积调速回路，如果将变量马达的排量减小，其他条件保持不变，马达的转速将（　　）。

A. 增加　　B. 减小　　C. 基本不变

5. 在限压式变量泵与调速阀组成的容积节流调速回路中，若外负载不变而调速阀开口调小时，泵的工作压力（　　）。

A. 增加　　B. 减小　　C. 基本不变

6. 如图 5-17 所示调速阀串联的两种工进速度换接回路中，若要获得两种不同的工进速度，则调速阀 B 的开口必须（　　）调速阀 A 的开口。

A. 大于　　B. 小于　　C. 等于

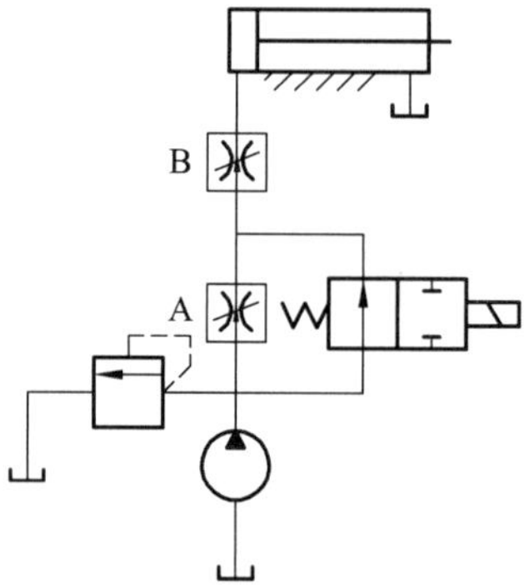

图 5-17

7. （　　）是全面建设社会主义现代化国家的首要任务。

A. 高质量发展　　B. 高速发展　　C. 全面发展　　D. 科学发展

三、填空题

1. 调速阀是由________和________串联而成，因而在外负载变化的情况下，能保持其中的节流阀前后的压差不变。

2. 液压传动系统的调速方法主要有________、________和________。

3. 定量泵+流量阀组成的节流调速，按其流量阀的位置不同，分________、________和________。

4. 由变量泵、变量马达组成的容积调速回路，按其组成分为________、________和________。

5. 进油和回油节流调速回路效率较低的主要原因是存在________和________。

6. 在变量泵、变量马达组成的容积调速回路中，________的容积调速为恒转矩调速；________的容积调带为恒功率调速。

7. 常用的快速运动回路有________、________和________。

8. 双泵供油快速回路中，快进时，工作压力低，系统由______供油，工进时由______供油。

9. 多个执行元件的顺序动作回路按控制方式不同，分为______控制和______控制两大类。

四、简答题

1. 节流阀应采用什么形式的节流孔？为什么？

2. 在节流调速系统中，如果调速阀的进、出油口接反了，将会出现怎样的情况?试根据调速阀的工作原理进行分析。

五、分析题

如图 5-18 所示，定量泵输出流量为恒定值 q_p，如在泵的出口接一节流阀，若将节流阀的开口调节得小一些，试分析回路中活塞运动的速度和流过截面 P、A、B 三点流量应满足什么样的关系？（活塞两腔的面积为 A_1 和 A_2）。

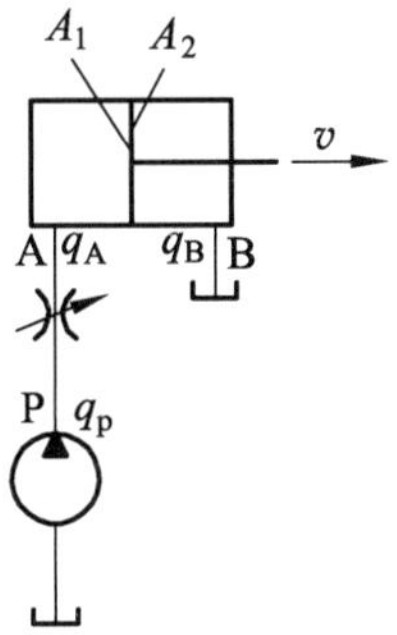

图 5-18

六、计算题

1. 如图 5-19 所示，已知 $A_1 = 20\ \text{cm}^2$，$A_2 = 10\ \text{cm}^2$，$F = 5\ \text{kN}$，$q_P = 16\ \text{L/min}$，$q_T = 0.5\ \text{L/min}$，$p_Y = 5\ \text{MPa}$，若不计管路损失，试求：

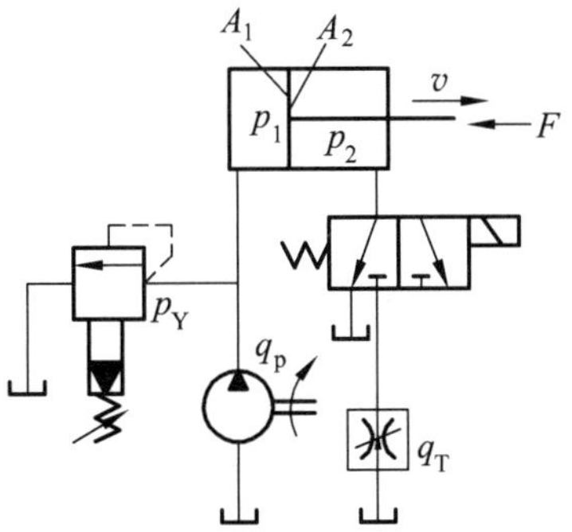

图 5-19

（1）电磁铁失电时的 p_1、p_2、υ。

（2）电磁阀得电时的 p_1、p_2、υ 和溢流阀的溢流量 Δq。

2.（选做题）图 5-20 所示回油节流调速回路，液压缸无杆腔面积 $A_1 = 60\ \text{cm}^2$，有杆腔面积 $A_2 = 30\ \text{cm}^2$，溢流阀调定压力 $p_P = 2.4\ \text{MPa}$，泵流量 $q_P = 10\ \text{L/min}$，负载 $F = 10\ 000\ \text{N}$，节流阀节流口视为薄壁小孔，通流面积 $A_T = 0.01\text{cm}^2$，流量系数 $C_q = 0.62$，油液密度 $\rho = 900\ \text{kg/m}^2$，忽略管道损失，求：

（1）活塞运动速度 υ。

（2）通过溢流阀的流量 q_Y。

（3）溢流损失 Δp_r 和节流损失 Δp_T。

（4）回路的效率 η。

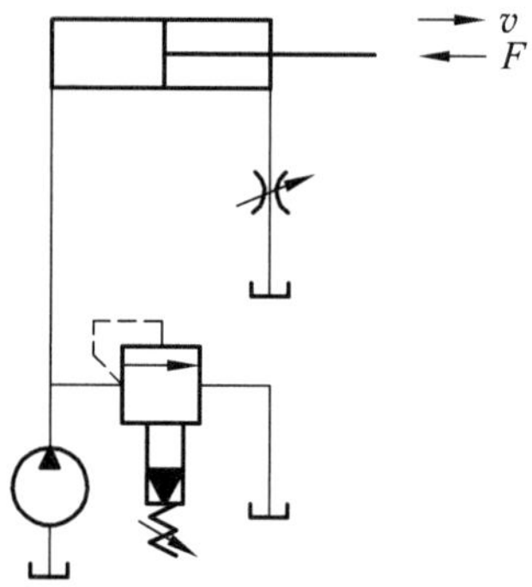

图 5-20

项目六

典型液压系统的分析与维护

【知识目标】

✧ 掌握阅读分析液压系统的方法和步骤、动作顺序表的填写方法。

✧ 理解典型液压系统的分析过程。

✧ 了解典型液压系统工作原理及特点；了解液压回路的安装、调试、故障诊断与维修和使用维护方法。

【技能目标】

✧ 能够阅读分析简单的液压系统原理图。

【素养目标】

✧ 培养专业技术交流的表达能力和良好的团队合作精神。

✧ 培养制定工作计划的方法能力和解决实际问题的工作能力。

✧ 培养发现问题和解决问题的能力，培养终身学习与专业发展能力。

一、项目引入

液压传动系统是某些机械设备的重要组成部分，如组合机床的液压动力滑台，数控车床的液压系统等。液压传动系统由多种基本回路组合而成，具有特定的功能，如控制动力滑台运动的速度、方向，滑台的快慢速转换等。用液压系统图来表示、阅读和分析液压传动系统原理图是使用、调整、维护液压设备的基础。

对于典型液压系统在分析过程中要进行以下步骤的分析总结：

（1）了解设备的功用及对液压系统动作和性能的要求，如工作循环、顺序动作等。

（2）初步分析液压系统图，按执行元件数将其分解为若干个子系统。

（3）对每个子系统进行分析，按执行元件的工作循环分析实现每步动作的进油和回油路线。

（4）根据设备对系统中的各子系统之间的顺序、同步等要求，分析各子系统之间的联系。

（5）归纳出设备液压系统的特点，加深对整个液压系统的理解。

二、工程应用案例——组合机床动力滑台液压系统分析

（一）系统应用

组合动力滑台是组合机床用以实现进给运动的通用部件，其运动由液压缸驱动。在滑台上可根据加工工艺要求安装各类动力箱和切削头，以完成车、铣、镗、钻、扩、铰、攻螺纹等加工工序，并能按多种进给方式实现自动工作循环。液压动力滑台应满足进给速度稳定、速度换接平稳、系统效率高和发热量小等要求。

（二）工作原理分析

图6-1所示为带有液压夹紧的动力滑台液压系统工作原理，表6-1为该动力滑台电磁铁动作顺序，这个系统采用限压式变量泵供油，变量泵与进油路的调速阀组成容积节流调速回路，并配有二位二通电磁阀卸荷，利用电液换向阀控制液压系统的主油路换向，用行程阀实现快进和工进的速度换接。

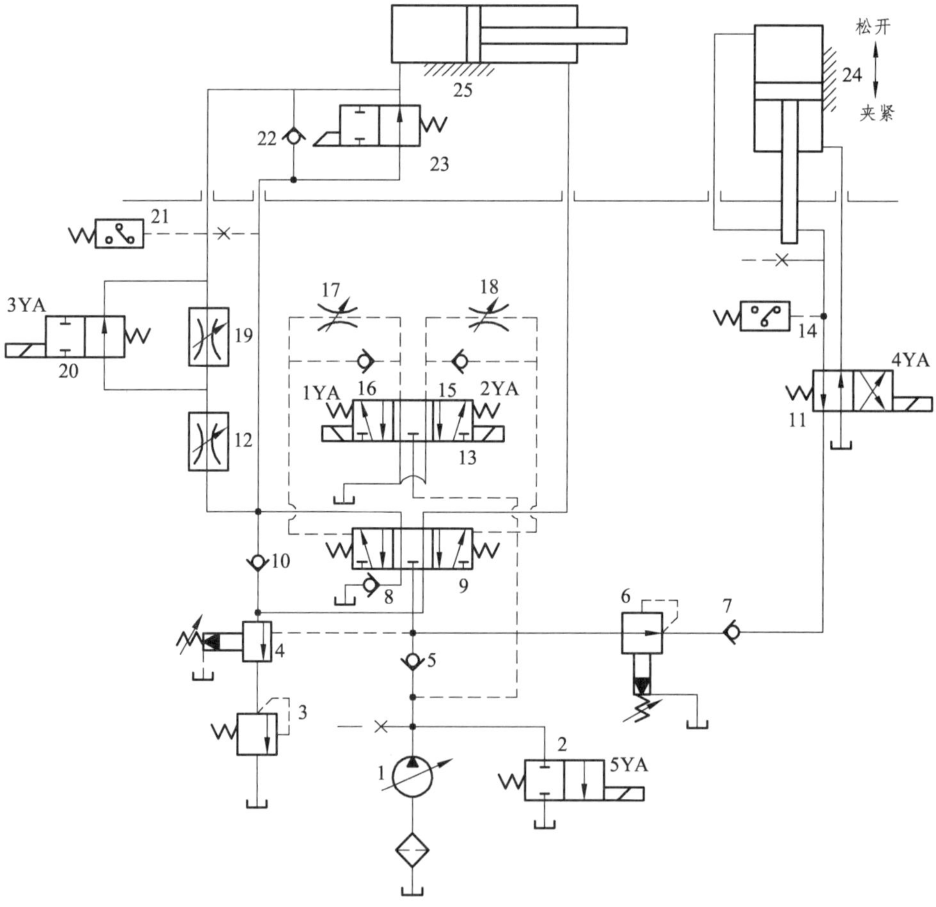

1—液压泵；2，9，11，13，20—换向阀；3—背压阀；4—顺序阀；5，7，8，10，15，16，22—单向阀；6—减压阀；12，19—调速阀；17，18—节流阀；14，21—压力继电器；23—行程阀；24—夹紧缸；25—进给缸。

图6-1 组合机床动力滑台液压系统工作原理

表 6-1　动力滑台电磁铁动作顺序

动　作	元　件						
	1YA	2YA	3YA	4YA	压力继电器 14	压力继电器 21	行程阀 23
夹　紧	−	−	−	+	−	−	通
快　进	+	−	−	−	+	−	通
一工进	+	−	−	−	−	−	断
二工进	+	−	+	−	−	−	断
止挡块停留	+	−	+	−	−	+	断→通
快　退	−	+	−	−	−	−	通

注："+"表示电磁铁得电，"−"表示电磁铁失电。

这种动力滑台系统（见图 6-2）可实现多种工作循环，它能完成典型的工作循环为定位夹紧→快进→第一次工进→第二次工进→止挡块停留→快退原位停止→松开工件。以这个自动工作循环为例，来说明液压系统的工作原理。

动力滑台液压系统简介请浏览下方 AR 资源。

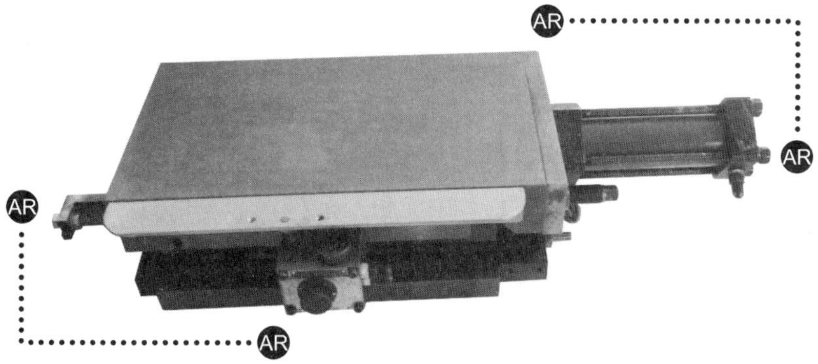

图 6-2　动力滑台

1. 夹紧工件

夹紧油路所需压力要求小于主油路，故在夹紧油路上装有减压阀 6，以减低夹紧缸的压力。按下启动按钮，泵启动并使电磁铁 4YA 通电，夹紧缸 24 松开以便安装并定位工件。在工件定好位后，发出信号使电磁铁 4YA 断电，夹紧缸活塞夹紧工件。其油路如下：

进油路：液压泵 1→单向阀 5→减压阀 6→单向阀 7→换向阀 11 左位→夹紧缸上腔。

回油路：夹紧缸下腔→换向阀 11 左位流回油箱。

于是夹紧缸活塞下移夹紧工件，单向阀 7 用以保压。

2. 快　进

当工件夹紧后，油压升高，压力继电器 14 发出信号使 1YA 通电，电磁换向阀 13 和液动换向阀 9 均处于左位。其主油路如下：

进油路：液压泵 1→单向阀 5→液动换向阀 9 左位→行程阀 23 右位→进给缸 25 左腔。

回油路：进给缸 25 右腔→液动换向阀 9 左位→单向阀 10→行程阀 23 右位→进给缸 25

左腔。

利用之前所学的基础回路得知，回油路径形成差动连接，进给缸 25 快速前进。因快速前进时负载小，压力低，故液控顺序阀 4 打不开（其调节压力应大于快进压力），变量泵以调节好的最大流量向系统供油。

3. 第一次工进

当滑台快进到达预定位置（即刀具趋近工件位置）时，挡铁压下行程阀 23，于是调速阀 12 接入油路，压力油必须经调速阀 12 才能进入进给缸左腔，负载增大，泵的压力升高，打开液控顺序阀 4，单向阀 10 被高压油封死，此时油路如下：

进油路：液压泵 1→单向阀 5→换向阀 9 左位→调速阀 12→换向阀 20 右位→进给缸 25 左腔。

回油路：进给缸 25 右腔→换向阀 9 左位→顺序阀 4→背压阀 3→油箱。

第一次工进的速度由调速阀 12 调节。由于此压力升高到大于限压式变量泵的限定压力，泵的流量便自动减小到与调速阀的节流量相适应。

4. 第二次工进

当第一次工进到位时，滑台上的另一挡铁压下行程开关，使电磁铁 3YA 通电，于是换向阀 20 左位接入油路，由液压泵来的压力油须经调速阀 12 和调速阀 19 才能进入进给缸 25 的左腔。其他各阀的状态和油路与第一次工进相同。

进油路：液压泵 1→单向阀 5→换向阀 9 左位→调速阀 12→调速阀 19→进给缸 25 左腔。

回油路：进给缸 25 右腔→换向阀 9 左位→顺序阀 4→背压阀 3→油箱。

第二次工进速度由调速阀 19 来调节，但调速阀 19 的调节流量必须小于调速阀 12 的调节流量，否则调速阀 19 将不起作用。

5. 止挡块停留

当被加工工件为盲孔且轴向尺寸要求严格，或须刮端面等情况时，则要应用止挡块停留。当滑台二工进到位碰上预先调好的止挡块，活塞不能再前进，停留在止挡块位置，停留时间用压力继电器 21 和时间继电器（装在电路上）来调节和控制。

6. 快 退

随着滑台在止挡块上停留后，泵的供油压力进一步升高，当压力升高至压力继电器 21 的预调动作压力时（这时压力继电器入口压力等于泵的出口压力，其压力增值主要决定于调速阀 19 的压差），压力继电器 21 发出信号，使 1YA 断电，2YA 通电，换向阀 13 和换向阀 9 均处于右位。这时主油路如下：

进油路：液压泵 1→单向阀 5→换向阀 9 右位→进给缸 25 右腔。

回油路：进给缸 25 左腔→单向阀 22→换向阀 9 右位→单向阀 8→油箱。

于是进给缸 25 便快速回退。由于快速时负载压力小（小于泵的限定压力），限压式变量泵便自动以最大调节流量向系统供油。同时进给缸为差动缸，所以快退速度基本等于快进速度。

7. 原位停止，夹紧缸松开

当进给缸左退到原位，挡铁碰行程开关发出信号，使 2YA，3YA 断电，同时使 4YA 通电，于是进给缸 25 停止动作，夹紧缸 24 松开工件。当工件松开后，夹紧缸活塞上挡铁碰行程开关，使 5YA 通电，液压泵卸荷，工作循环结束。当下一个工件安装定位之后，又使 4YA，5YA 断电，重复上述步骤。

（三）液压系统的特点分析

（1）本系统采用限压式变量泵和调速网组成容积节流调速系统，把调速阀装在进油路上，而在回油路上加背压阀。这样就获得了较好的低速稳定性较大的调速范围和较高的效率。而且当滑台在止挡块停留时用压力继电器发出信号实现快退比较方便。

（2）采用限压式变量泵并在快进时采用差动连接，不仅使快进速度和快退速度相同（差动缸），而且比不采用差动连接的流量可减小一半，使能量得到合理利用，系统效率进一步得到提高。

（3）采用电液换向阀使换向时间可调，改善和提高了换向性能。采用行程阀和液控顺序阀来实现快进与工进的转换，比采用电磁阀的电路简化，而且使速度转换动作可靠，转换精度也较高。此外，用两个调速阀串联来实现两次工进，使转换速度平稳而无冲击。

（4）夹紧油路中串接减压阀，不仅可使其压力低于主油路压力，而且可根据工件夹紧力的需要来调节并稳定其压力。因为有单向阀 7 的存在，当主系统快速运动时，即使主油路压力低于减压阀所调压力，夹紧系统也能维持其压力（保压）。夹紧油路中采用二位四通换向阀 11，它的常态位置是夹紧工件，这样即使在加工过程中临时停电，也不至于使工件松开，保证了操作安全可靠。

（5）本系统可较方便地实现多种动作循环，例如可实现多次工进和多级工进。工作进给的可调速度达 6.6 ~ 660 mm/min，而快进速度可达 7 000 mm/min，所以它具有较大的通用性。

（6）本系统采用两位两通阀卸荷，比用限压式变量泵在高压小流量下卸荷方式的功率消耗要小。

三、工程应用案例——汽车起重机液压系统分析

（一）系统应用

汽车起重机是一种行走起重设备，经常会受到冲击、振动，故要求其液压系统有较高的安全可靠性。液压起重机承载能力大，其执行元件要求完成的动作比较简单，位置精度较低，一般采用中、高压手动控制

系统。液压起重机的最大起重量为 80 kN，最大起重高度为 1.5 m，起重装置可连续回转。图 6-3 所示为汽车起重机液压系统原理，其液压泵由汽车发动机通过装在汽车底盘变速箱上的取力箱传动，液压泵工作压力为 21 MPa，排量为 40 mL/r，转速为 1 500 r/min。泵通过中心回转接头 9、开关 10 和过滤器 11，从油箱吸油。输出的压力油经手动阀组 1 和 2 输送到各个执行单元。溢流阀 3 是安全阀，用以防止系统过载。

Q2-8 型汽车起重机的动作顺序为放下后支腿→放下前支腿→调整吊臂伸缩幅度→调整吊臂起落角→起吊重物→回转重物降下→收起前支腿→收起后支腿。

（二）工作原理分析

工作过程和液压回路说明：

1. 支腿下放

（1）后支腿放下。

进油路：液压泵→手动换向阀组 1B→双向液压锁 4→后支腿液压缸上腔。

回油路：后支腿液压缸下腔→双向液压锁 4→手动换向阀组 1B→回转接头 9→油箱。

（2）前支腿放下。

进油路：液压泵→手动换向阀组 1A→双向液压锁 4→前支腿液压缸上腔。

回油路：前支腿液压缸下腔→双向液压锁 4→手动换向阀组 1A→回转接头 9→油箱。

2. 吊臂伸缩

（1）伸臂。

进油路：液压泵→手动换向阀组 2D→单向顺序阀 5→伸缩液压缸下腔。

回油路：伸缩液压缸上腔→手动换向阀组 2D→回转接头 9→油箱。

（2）缩臂。

进油路：液压泵→手动换向阀组 2D→伸缩液压缸上腔。

回油路：伸缩液压缸上腔→单向顺序阀 5→手动换向阀组 2D→回转接头 9→油箱。

3. 吊臂变幅

（1）增幅。

进油路：液压泵→手动换向阀组 2E→单向顺序阀 6→变幅液压缸下腔。

回油路：变幅液压缸上腔→手动换向阀组 2E→回转接头 9→油箱。

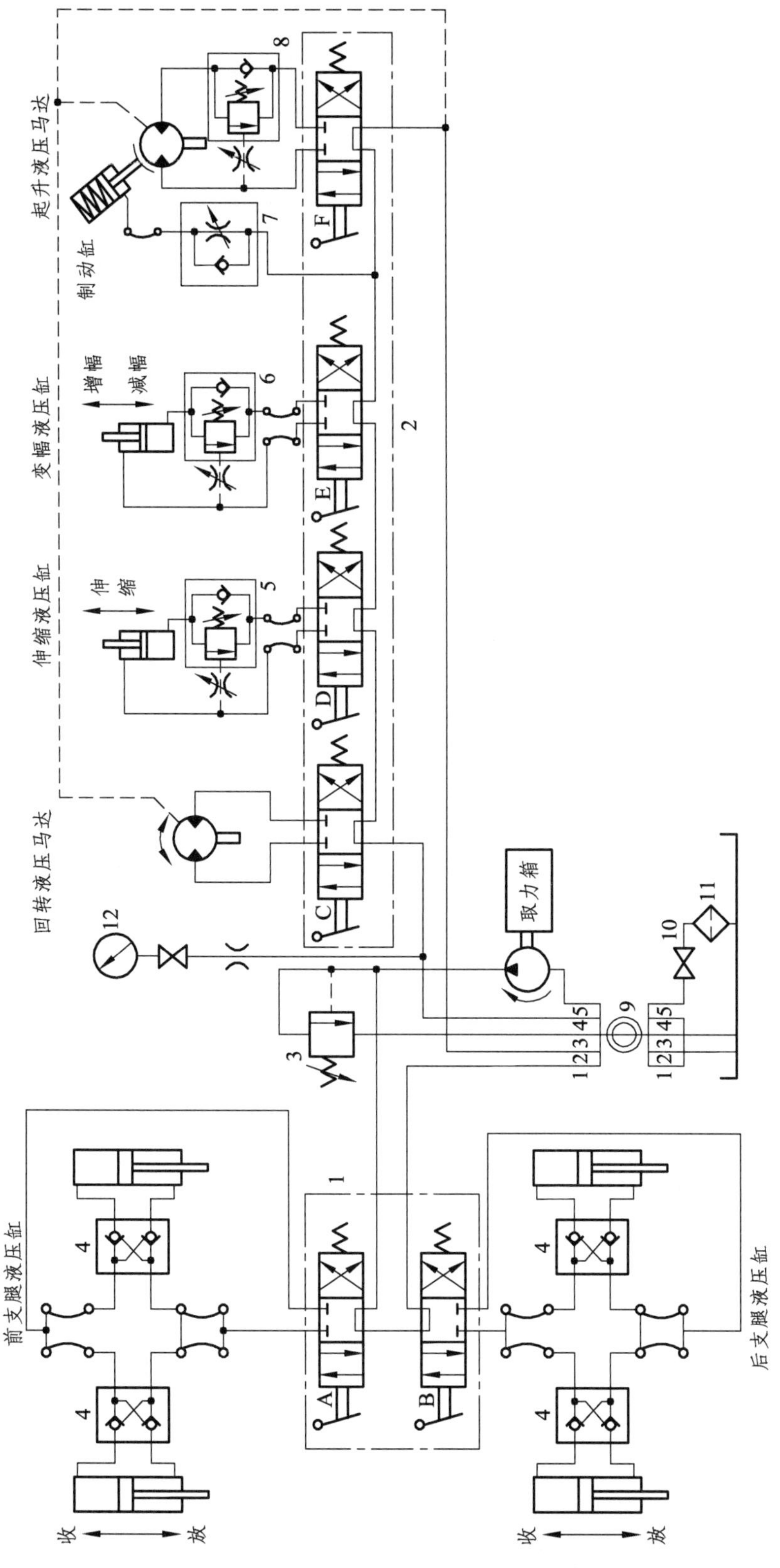

1,2—手动阀组；3—溢流阀；4—双向液压锁；5,6,8—单向顺序阀；7—单向节流阀；9—中心回转接头；10—开关；11—过滤器；12—压力表。

图 6-3　汽车起重机液压系统工作原理

（2）减幅。

进油路：液压泵→手动换向阀组 2E→变幅液压缸上腔。

回油路：变幅液压缸下腔→单向顺序阀 6→手动换向阀组 2E→回转接头 9→油箱。

4. 回转机构

回转机构回路比较简单，通过手动换向阀 2C 就可获得左转、停止、右转 3 种不同的工况。转盘回转速度较低，一般为 1 ~ 3 r/min，驱动转盘的液压马达转速也不高，故不必设置马达制动回路。

5. 起升机构

（1）重物起升。

进油路：液压泵→手动换向阀组 2F→单向顺序阀 8→起升液压马达正转。

回油路：起升液压马达→手动换向阀组 2→回转接头 9→油箱。

（2）重物下降。

进油路：液压泵→手动换向阀组 2F→起升液压马达反转。

回油路：起升液压马达→单向顺序阀 8→手动换向阀组 2F→回转接头 9→油箱。

在液压马达上设有制动缸，以便在马达停转时，用制动器锁住起升液压马达。单向节流阀 7 的作用是使制动器上闸快、松闸慢，达到液压马达迅速制动又避免滑降的作用。

6. 支腿收起

（1）收起前支腿。

进油路：液压泵→手动换向阀组 1A→双向液压锁 4→前支腿液压缸下腔。

回油路：前支腿液压缸上腔→双向液压锁 4→手动换向阀组 1A→回转接头 9→油箱。

（2）收起后支腿。

进油路：液压泵→手动换向阀组 1B→双向液压锁 4→后支腿液压缸下腔。

回油路：后支腿液压缸上腔→双向液压锁 4→手动换向阀组 1B→回转接头 9→油箱。

（三）液压系统的特点分析

（1）系统采用了平衡回路、锁紧回路和制动回路，保证起重机工作的平稳及安全、可靠。

（2）系统采用手动换向阀串联油路，各机构的动作既可独立进行，又可在空载或轻载作业时，实现任意组合并同时动作，以提高工作效率。

（3）系统采用 M 型中位机能换向阀组控制，能减少功率损耗，适于起重机的间歇性工作。

四、工程应用案例——数控车床液压系统分析

（一）系统应用

数控车床主要用于轴类和盘类回转体零件的加工，能自动完成外圆柱面、锥面、螺纹等工序的切削加工，并能进行切槽、钻、扩、铰孔等工艺，特别适宜于复杂形状零件加工。数控车床中液压系统驱动的部分，主要用于车床卡盘的夹紧与松开、卡盘夹紧力的高低压转换、回转刀架的松开与夹紧、刀架刀盘的正转反转、尾座套筒的伸出与退回等，液压系统中各电磁铁的动作由数控系统的 PLC 控制实现。

（二）工作原理分析

表 6-2 为电磁铁动作顺序，图 6-4 所示为数控机床液压系统原理。

表 6-2 电磁铁动作顺序

动作			电磁铁							
			1YA	2YA	3YA	4YA	5YA	6YA	7YA	8YA
卡盘正卡	高压	夹紧	+	−	−					
		松开	−	+	−					
	低压	夹紧	+	−	+					
		松开	−	+	+					
卡盘反卡	高压	夹紧	−	+	−					
		松开	+	−	−					
	低压	夹紧	−	+	+					
		松开	+	−	+					
刀架	刀架正转								−	+
	刀架反转								+	−
	刀盘松开					+				
	刀盘夹紧					−				
尾座	套筒伸出						−	+		
	套筒缩回						+	−		

注：“+”表示电磁铁得电，“−”表示电磁铁失电。

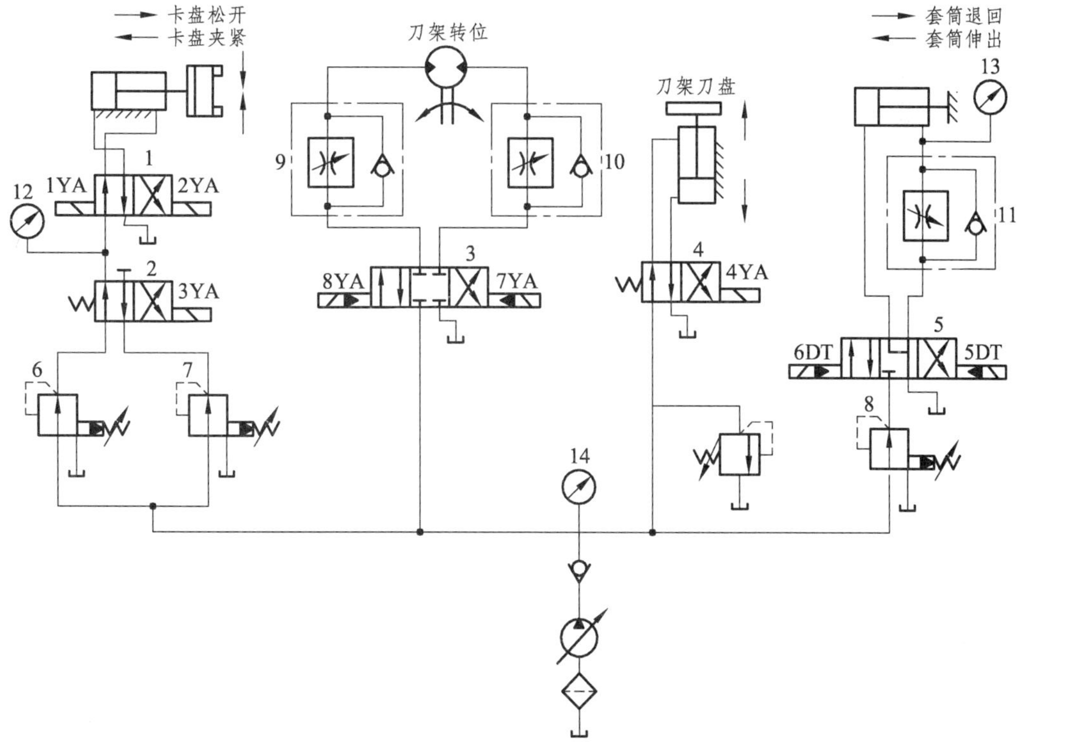

1，2，4—二位四通电磁阀；3，5—三位四通电磁阀；6，7，8—减压阀；9，10，11—单向调速阀；12，13，14—压力表。

图 6-4 数控车床液压系统原理

1. 卡盘的夹紧与松开

主轴卡盘的夹紧与松开，由二位四通电磁阀 1 控制。卡盘的高压与低压夹紧转换，由二位四通电磁阀 2 控制。

当卡盘处于正卡（也称外卡）且在高压夹紧状态下时，夹紧力的大小由减压阀 6 来调节。正卡时，活塞杆左移，1YA 通电、3YA 断电，油路如下：

进油路：泵→减压阀 6→阀 2→阀 1→夹紧缸右腔。

回油路：夹紧缸左腔→阀 1（左位）→油箱。

卡盘松开时，2YA 通电，活塞杆右移。油路如下：

进油路：泵→减压阀 6→阀 2→阀 1→夹紧缸左腔。

回油路：夹紧缸左腔→阀 1（右位）→油箱。

当卡盘处于外卡且在低压夹紧状态下，夹紧力的大小由减压阀 7 来调整。卡盘夹紧时，1YA、3YA 通电，活塞杆左移。油路如下：

进油路：泵→减压阀 7→阀 2→阀 1→夹紧缸右腔。

回油路：夹紧缸左腔→阀 1（左位）→油箱。

卡盘松开时，2YA、3YA 通电，油路如下：

进油路：泵→减压阀 7→阀 2→阀 1→夹紧缸左腔。

回油路：夹紧缸左腔→阀 1（右位）→油箱。

2. 回转刀架动作

回转刀架换刀时，首先是刀盘松开，之后刀盘就转到指定的刀位，最后刀盘夹紧。刀盘的夹紧与松开，由二位四通电磁阀 4 控制。刀盘可正反转，由三位四通电磁阀 3 控制，其转速分别由单向调速阀 9 和 10 调节控制。

刀架正转时，4YA 先通电，刀盘松开；当 8YA 通电时，油路为进油路：泵→阀 3→单向调速阀 9→液压马达。刀架反转时，7YA 通电，油路为泵→阀 3 右位→单向调速阀 10→液压马达→单向调速阀 10→阀 3 右位→油箱。当 4YA 断电时，刀盘夹紧。

3. 尾座套筒伸缩动作

尾座套筒的伸出与退回动作由三位四通电磁阀 5 控制。当 6YA 通电，套筒向外伸出，油路如下：

进油路：泵→阀 8→阀 5（左位）→液压缸左腔。

回油路：液压缸右腔→单向调速阀 11→阀 5（左位）→油箱。

当 5YA 通电时，套筒退回时，油路如下：

进油路：泵→阀 8→阀 5（右位）→单向调速阀 11→液压缸右腔。

回油路：液压缸左腔→阀 5（右位）→油箱。

（三）液压系统的特点分析

（1）系统采用变量叶片泵供油，减少了能量损失。

（2）系统采用不同减压阀调节卡盘高压夹紧或低压夹紧时的压力大小、尾座套筒伸出工作时的预紧力大小，可适用不同工件的需要。

（3）系统采用双向液压马达实现刀架的转位，可实现无级调节，并能控制刀架的正转、反转。

（4）系统采用断电时刀盘夹紧，消除了加工过程中突然停电所带来的事故隐患。

五、工程应用案例——挖掘机液压系统分析

挖掘机（见图 6-5）中也大量采用了液压系统，使它能完成伸臂、回转、挖斗等动作，其工作原理与汽车起重机类似。

挖掘机工作原理请浏览下方 AR 资源。

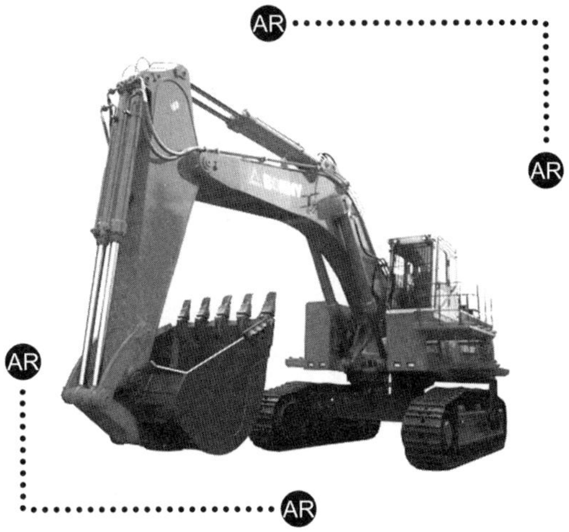

图 6-5　挖掘机液压系统

习题与思考

1. 简述典型液压系统的分析方法和步骤。
2. 如何从典型的液压系统中拆分出基本回路？
3. 搜集复杂液压系统资料，分析其原理并总结。
4. 国内生产总值从五十四万亿元增长到一百一十四万亿元，我国经济总量占世界经济的比重达百分之十八点五，提高七点二个百分点，稳居世界（　　）。

A. 第一位　　B. 第二位　　C. 第三位　　D. 第四位

项目七

气源装置及气动辅助元件

【知识目标】

✧ 掌握气压传动系统的工作原理、组成及特点。

✧ 理解气源装置的组成、各元件的工作原理、结构及作用。

✧ 了解气动辅助元件的工作原理、结构及作用。

【技能目标】

✧ 能够组建气源装置系统；能够排除气源装置常见故障。

【素养目标】

✧ 培养崇尚劳动、热爱劳动、辛勤劳动、诚实劳动的劳动精神。

✧ 培养执着专注、精益求精、一丝不苟、追求卓越的工匠精神。

✧ 培养质量意识、安全意识、环保意识、创新思维、信息素养。

一、项目引入

（一）气压传动系统的工作原理

气压传动系统（见图 7-1）的工作原理是利用空气压缩机将电动机或其他原动机输出的机械能转化为空气的压力能，然后在控制元件和辅助元件的作用下，通过执行元件再把压力能转化为机械能，从而完成所要求的直线或旋转运动并对外做功。

图 7-2 所示为气动剪切机的工作原理图，图示位置为气动剪切机的预备工作状态。空气压缩机 11 产生的压缩空气，经过冷却器 10、油水分离器 9 进行降温及初步净化后，送入储气罐 8 备用，再经过分水滤气器 7、减压阀 6、油雾器 5 和气动换向阀 3 到达气缸 2。此时换向阀的 A 腔压力将阀芯推到上位，使气缸的上腔充压，活塞处于下位，剪切机的剪口张开，处于预备工作状态。

当送料机构将工料 1 送入剪切机并到达规定位置，将行程阀 4 的触头压下时，换向阀的 A 腔与大气相通，换向阀的阀芯在弹簧力的作用下向下移，压缩空气充入气缸下腔，此时活塞带动剪刃快速向上运动将工料切下。工料被切下后，行程阀复位，换向阀 A 腔气压上升，阀芯上移使气路换向，气缸上腔进压缩空气，下腔排气，活塞带动剪刃向下运动，剪切机又恢复预备工作状态，等待第二次进料剪切。

气动系统的应用请浏览下方 AR 资源。

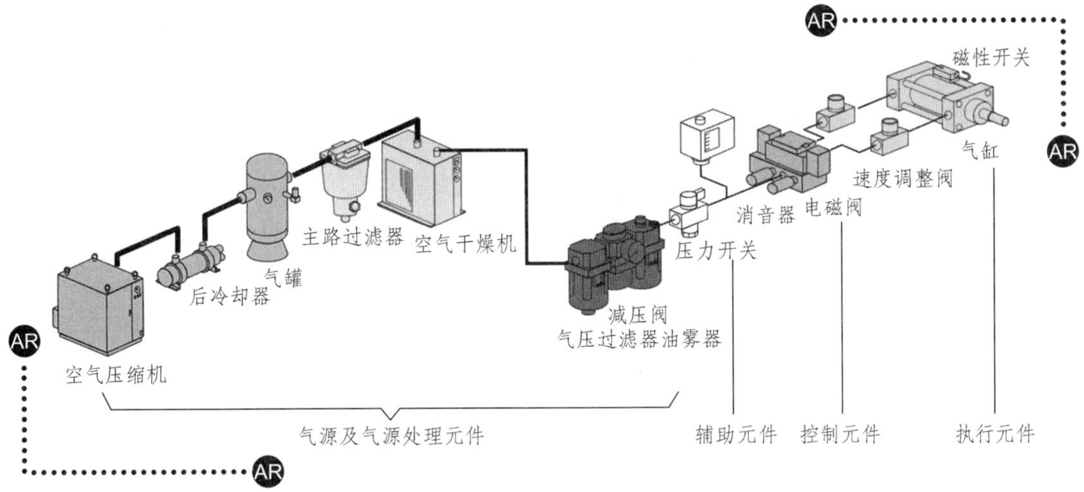

图 7-1　气动系统

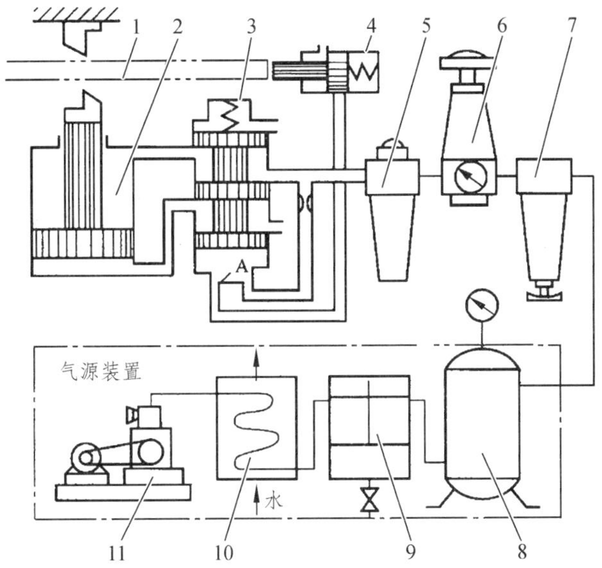

1—工料；2—气缸；3—气动换向阀；4—行程阀；5—油雾器；6—减压阀；7—分水滤气器；
8—储气罐；9—油水分离器；10—冷却器；11—空气压缩机。

图 7-2　气动剪切机的工作原理

（二）气压传动系统的组成

从气动剪切机的例子可以看出与液压传动系统类似，气压传动系统可以分成以下几部分。

1. 气源装置

气源装置由空气压缩机及其附件（冷却器、油水分离器和储气罐等）组成，它将原动机（如电动机）供给的机械能转换成气体的压力能，作为传动与控制的动力源，同时清除压缩空气中的水分、灰尘和油污，输出干燥洁净的空气供后续元件使用。

2. 气动执行元件

气动执行元件将气体的压力能转化为机械能，其作用是在气体的压力作用下输出力和速度（或转矩和转速），以驱动工作部件。例如，气缸和气马达。

3. 气动控制元件

气动控制元件能控制和调节压缩空气的压力、流量和流动方向，保证气动执行元件按预定的程序正常地进行工作，如压力阀、流量阀、方向阀和比例阀等。

4. 辅助元件

除上述 3 类元件以外，气压传动系统中的其余元件统称为辅助元件。它们对保证系统可靠、稳定地工作起着重要作用。例如，过滤器、干燥器、消声器、油雾器和管件等。

（三）气压传动的特点

气压传动与其他的传动和控制方式相比，其主要优缺点如下：

1. 优　点

（1）气动装置的结构简单、轻便，安装维护简单，压力等级低，使用安全。

（2）气压传动的工作介质是空气，它的成本低，且取之不尽，不易堵塞管路，排气无需排气管路，对环境污染小。

（3）气动系统反应快、动作迅速，输出压力及工作速度的调节也非常容易。气缸动作速度一般为 50 ~ 500 mm/s，适合快速运动。

（4）利用空气的可压缩性，可储存能量，实现集中供气。可短时间释放能量，以获得间歇运动中的快速响应。可实现缓冲，对冲击负载有较强的适应能力。

（5）由于空气在管路中流动损失小，易于实现压缩空气集中供应及远距离输送。

2. 缺　点

（1）由于空气有压缩性，气缸的动作速度易受负载变化的影响，气缸的稳定性较差，但采用气液联动方式可以克服这一缺陷。

（2）在许多应用场合，气缸的工作压力比较低，输出压力和力矩虽能满足工作需要，但其输出压力比液压缸小。

（3）噪声较大，尤其在超音速排气时要加消声器。

二、气源装置及辅助元件

（一）气源装置

气源装置是用来产生具有足够压力和流量的压缩空气并将其净化、处理及储存的一套装置。图 7-3 所示为常见的气源装置，其主要由以下元件组成。

气源装置简介请浏览下方 AR 资源。

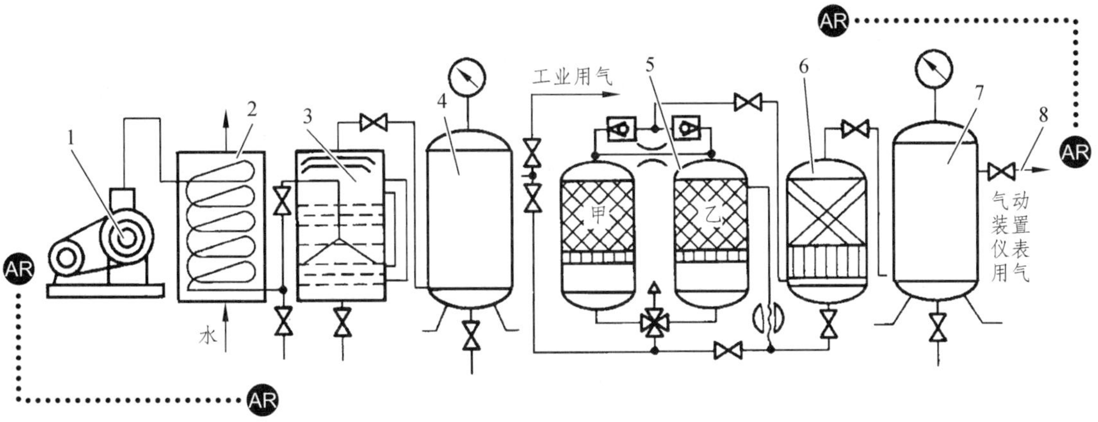

1—空气压缩机；2—后冷却器；3—除油器；4—储气罐；5—干燥器；
6—过滤器；7—储气罐；8—输气管道。

图 7-3　气源装置的组成

1. 空气压缩机

（1）空气压缩机的分类及选用原则。

① 空气压缩机分类。

空气压缩机（见图 7-4）是一种气压发生装置，它是将机械能转化成气体压力能的能量转换装置，它的种类很多，分类形式也有数种。按其工作原理可分为容积型压缩机和速度型压缩机。容积型压缩机的工作原理是压缩气体的体积，使单位体积内气体分子的密度增大以提高压缩空气的压力。速度型压缩机的工作原理是提高气体分子的运动速度，然后使气体的动能转化为压力能以提高压缩空气的压力。

空气压缩机简介请浏览下方 AR 资源。

图 7-4　空气压缩机

② 空气压缩机的选用原则。

选用空气压缩机的根据是气压传动系统所需要的工作压力和流量两个参数。一般空气压缩机为中压空气压缩机，额定排气压力为 1 MPa；另外还有低压空气压缩机，排气压力 0.2 MPa；高压空气压缩机，排气压力为 10 MPa；超高压空气压缩机，排气压力为 100 MPa。

空气压缩机的输出流量要根据整个气动系统对压缩空气的需要再加一定的备用余量。

（2）空气压缩机的工作原理。

气压传动系统中最常用的空气压缩机是往复活塞式，其工作原理如图 7-5 所示。当活塞 5 向右运动时，气缸 4 内活塞左腔的压力低于大气压力，吸气阀 2 被打开，空气在大气压力作用下进入气缸 4 内，这个过程称为“吸气过程”。当活塞向左移动时，吸气阀 2 在缸内压缩气体的作用下而关闭，缸内气体被压缩，这个过程称为压缩过程。当气缸内空气压力增高至略高于输气管内压力后排气阀 1 被打开，压缩空气进入输气管道，这个过程称为“排气过程”。活塞 5 的往复运动是由电动机带动曲柄转动，通过连杆、滑块、活塞杆转化为直线往复运动而产生的。图中只表示了一个活塞一个缸的空气压缩机，大多数空气压缩机是多缸多活塞的组合。

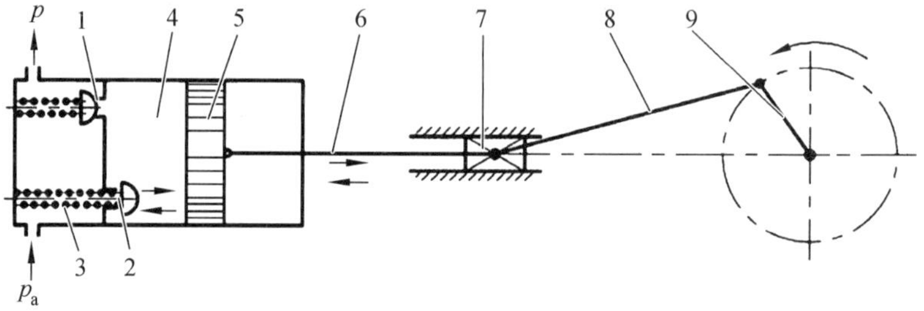

1—排气阀；2—吸气阀；3—弹簧；4—气缸；5—活塞；6—活塞杆；
7—滑块；8—连杆；9—曲柄。

图 7-5　往复活塞式空气压缩机工作原理

2. 后冷却器

后冷却器的作用是将空压机排出的压缩空气的温度由 140 ~ 170 °C 降至 40 °C 左右，使压缩空气中的油雾和水汽迅速达到饱和析出，凝结成油滴和水滴，以便经除油器排出。后冷却器有空冷式和水冷式两种，小型的多为空冷式，大型的多为水冷式。空冷式后冷却器的结构与翅片管或汽车散热器相同，由排气扇送风冷却，生成的冷凝水经自动排水器排出。水冷式后冷却器的结构形式有蛇管式、列管式、套管式等，如图 7-6 所示。

（1）蛇管式。如图 7-6（a）所示，压缩空气在管内流动，冷却水在管外水套中流动。蛇管式后冷却器的结构简单，使用和维护方便，应用广泛，适用于流量较小的任何压力范围压缩空气冷却。

（2）列管式。如图 7-6（b）所示，压缩空气在管外流动，冷却水在管内流动。管内的冷却水可以是单程或双程流动，通过隔板的配置，管外的压缩空气以垂直于管束的流向曲折流动。

（3）套管式。如图 7-6（c）所示，压缩空气在内管中流动，冷却水在内外管套之间流动。由于流动面积较小，流速较高，有利于热交换。但它的结构笨重，仅适用于空气压力较高而流量不大，且换热面积较小的场合。

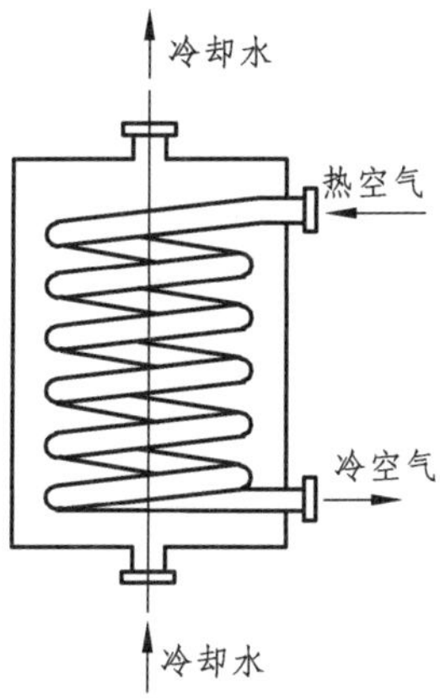

（a）蛇管式

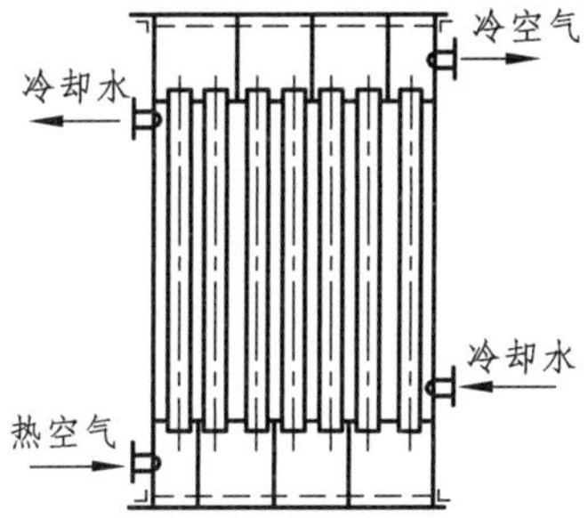

（b）列管式

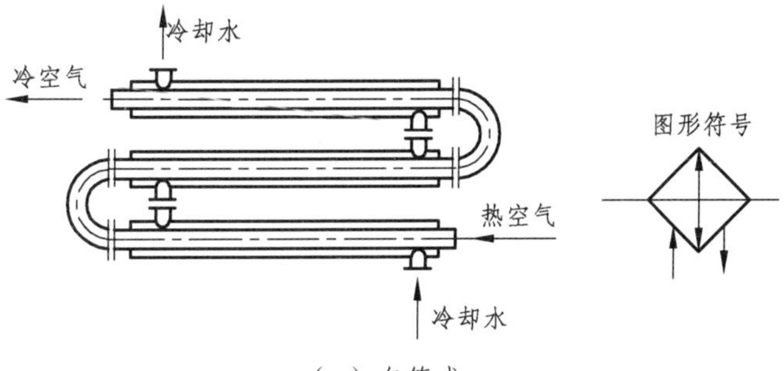

（c）套管式

图 7-6　后冷却器

3. 油水分离器

油水分离器的作用是分离压缩空气中凝聚的水分和油分等杂质，使压缩空气得到初步净化。其结构形式有环形回转式、撞击折回式、离心旋转式和水浴式等。

图 7-7 为撞击折回并环形回转式油水分离器。压缩空气自入口进入后，因撞击隔板而折回向下，继而又回升向上，形成回转环流，使水滴、油滴和杂质在离心力和惯性力作用下，从空气中分离析出，并沉降在底部，定期打开底部阀门排出，初步净化的空气从出口送往储气罐。

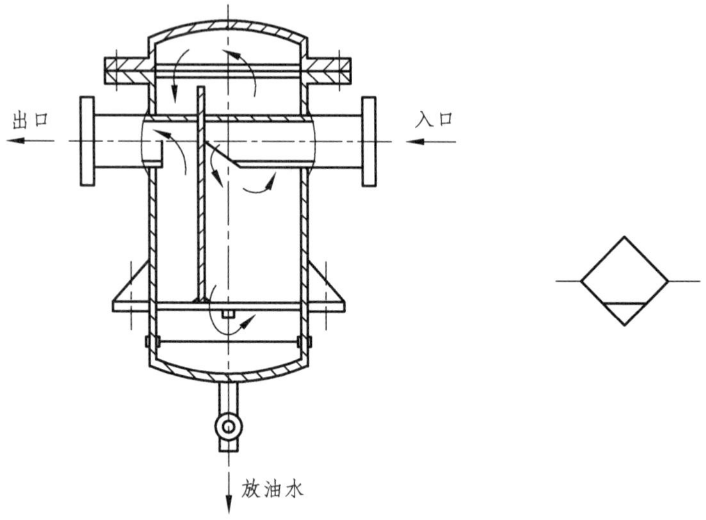

（a）结构原理图　　（b）图形符号

图 7-7　撞击折回并环形回转式油水分离器

4. 储气罐

储气罐的作用是调节气流，减少输出气流的压力脉动，使输出气流流量连续、气压稳定。它可储存一定量的压缩空气以备发生故障或临时应急使用，还可以起到进一步分离压缩空气中的油分、水分等杂质的作用。储气罐一般采用焊接结构，以立式居多。图 7-8 所示为立式储气罐的结构示意。储气罐安装时应使进气口在下，出气口在上。

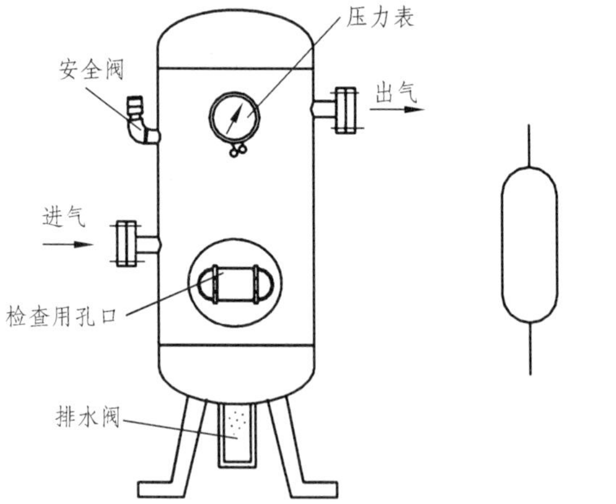

（a）结构图　　（b）图形符号

图 7-8　储气罐

5. 干燥器

干燥器的作用是为了满足精密气动装置用气，把初步净化的压缩空气进一步净化以吸收和排除其中的水分、油分及杂质，使湿空气变成干空气。干燥器的形式有吸附式、加热式、冷冻式等，其中，吸附是干燥处理方式中应用最普遍的一种方式。吸附式干燥器的模型如图 7-9 所示。

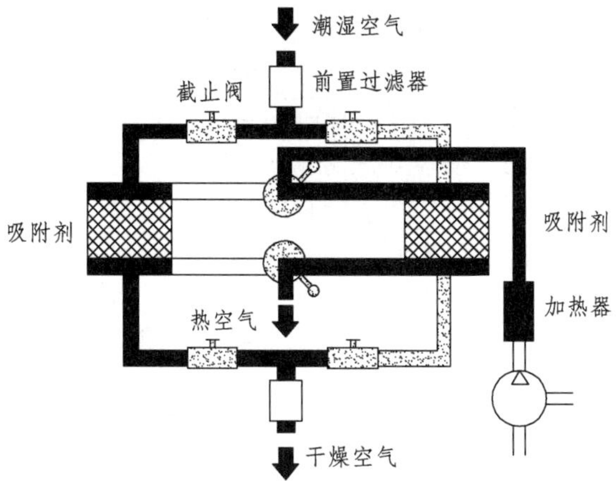

图 7-9　吸附式干燥器模型

6. 空气过滤器

空气过滤器的作用是滤除压缩空气的水分、油滴及杂质，以达到气动系统所要求的净化程度。它属于二次过滤器，大多与减压阀、油雾器一起构成气动三联件，安装在气动系统的入口处。

图 7-10 所示为空气过滤器结构。压缩空气从输入口进入后，沿旋风叶子强烈旋转，夹在空气中的水滴、油滴和杂质在离心力的作用下分离出来，沉积在存水杯底，而气体经过中间滤芯时，又将其中的微粒杂质和雾状水分滤下，沿挡水板流入杯底，洁净空气经输出口输出。

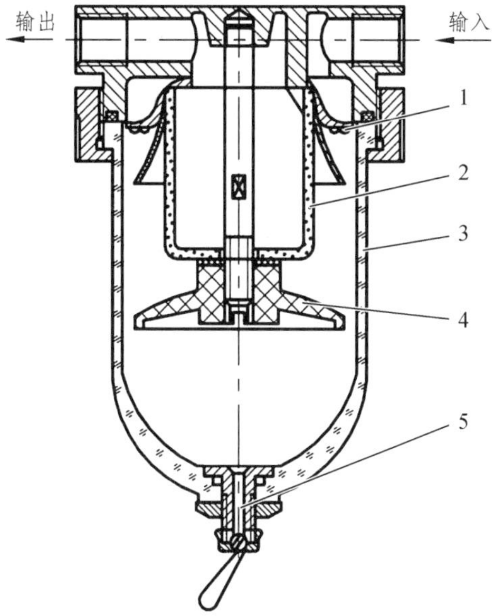

1—旋风叶子；2—滤芯；4—挡水板；3—存水杯；5—手动放水阀。

图 7-10　空气过滤器

（二）气动辅件

1. 油雾器

油雾器是气动系统中一种专用的注油装置。它以压缩空气为动力，将特定的润滑油喷射成雾状混合于压缩空气中，并随压缩空气进入需要润滑的部位，达到润滑的目的。

油雾器的工作原理如图 7-11 所示。假设压力为 p_1 的气流从左向右流经文氏管后压力降为 p_2，当输入压力 p_1 和 p_2 的压差 Δp 大于把油吸到排出口所需压力 ρgh（ρ 为油液密度）时，油被吸到油雾器上部，在排出口形成油雾并随压缩空气输送到需润滑的部位。在工作过程中，油雾器油杯中的润滑油位应始终保持在油杯上下限刻度线之间。油位过低会导致油管露出液面吸不上油；油位过高会导致气流与油液直接接触，带走过多润滑油，造成管道内油液沉积。

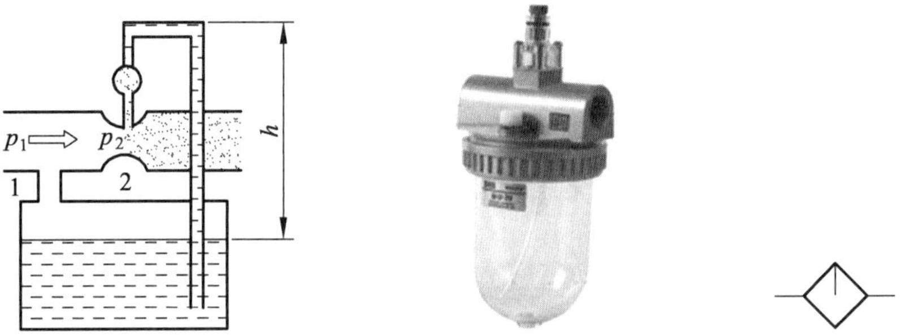

（a）工作原理　（b）实物图　（c）图形符号

图 7-11　油雾器的工作原理及实物图

许多气动应用领域如食品、药品、电子等行业是不允许油雾润滑的，而且油雾还会影响测量仪的测量准确度并对人体健康造成危害，所以目前不给油润滑（无油润滑）技术正在逐渐普及。

2. 消声器

消声器的作用是减少压缩气体高速通过气动元件排到大气时产生的噪声污染。

图 7-12 是膨胀干涉吸收型消声器。气流经对称斜孔分成多束进入扩散室 A 后膨胀，减速后与反射套碰撞，然后反射到 B 室，在消声器中心处，气流束互相撞击、干涉。当两个声波相位相反时，声波的振幅互相减弱达到消耗声能的目的。最后声波通过消声器内壁的消声材料，残余声能由于与消声材料的细孔相摩擦而变成热能，再达到降低声强的效果。

在消声器的选择上要注意排气阻力不宜太大，以免影响控制阀切换速度。

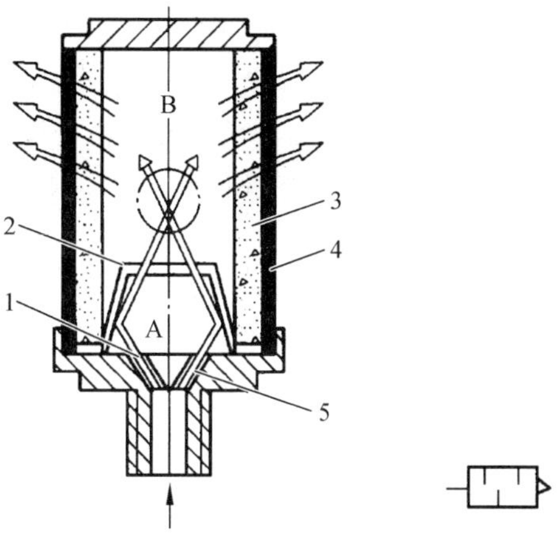

（a）结构原理图　　（b）图形符号

1—扩散室；2—反射套；3—吸声材料；4—壳体；5—对称斜孔。

图 7-12　膨胀干涉吸收型消声器

3. 转换器

气动控制系统也与其他自动控制装置一样，有发信、控制和执行部分。其控制部分工作介质为气体，而信号传感部分和执行部分可能用电或液体传输，这就要通过转换器来转换。常用的转换器有气-电、电-气、气-液等。

（1）气-电转换器及电-气转换器。

气-电转换器是将压缩空气的气信号转变成电信号的装置，即用气信导（气体压力）接通或断开电路的装置。按信号压力的大小可分为低压型（0 ~ 0.1 MPa）、中压型（0 ~ 0.6 MPa）和高压型（>1.0 MPa）3 种。

图 7-13 所示为高压型气-电转换器（压力继电器）的结构原理。这种转换器结构简单，调压膜片 6 受压变形，产生推力，该力推动圆盘 5 和顶杆 7 克服弹簧 2 的弹簧力向上移动，同时带动爪枢 4 向上移动，使两个微动开关 3 发出电信号。旋转调压螺母 1，可以调节控制压力范围。其他的气-电转换器的结构原理大致相同。

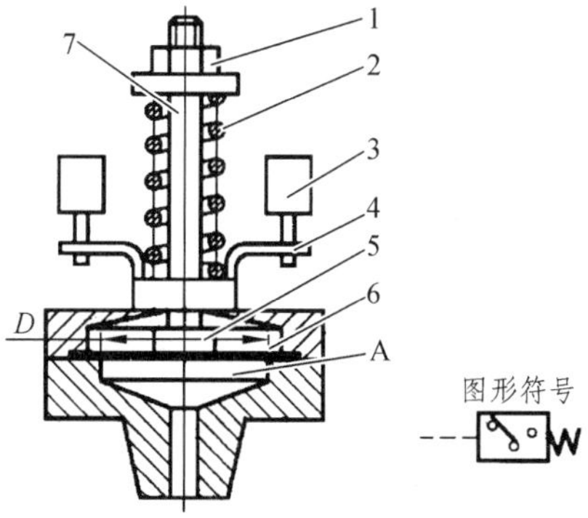

1—螺母；2—弹簧；3—微动开关；4—爪枢；5—圆盘；6—膜片；7—顶杆。

图 7-13　高压型气-电转换器

在安装气-电转换器时应避免安装在振动较大的地方，以防止产生误动作，且安装时不应倾斜和倒置，以免使控制失灵，造成事故。

电-气转换器的作用正好与气-电转换器的作用相反，它是将电信号转换成气信号的装置。实际上各种电磁换向阀，尤其是小型电磁换向阀都可作为电-气转换器。

（2）气-液转换器。

为了利用液体的不可压缩及传动平稳等特性，常常需要将气压转换成液压，气液转换器就是把气压转换成液压的压力转换装置。图 7-14 所示为气-液转换器的结构原理，当压缩空气由上面的输入管输入后，经过管末端的缓冲装置使压缩空气作用在液压油面上，根据帕斯卡原理，液压油即以压缩空气同样的压力，由转换器主体下面的油孔输出至液压缸，驱动液压缸动作。注意，气-液转换器的储油量应不少于液压缸有效容积的 1.5 倍。

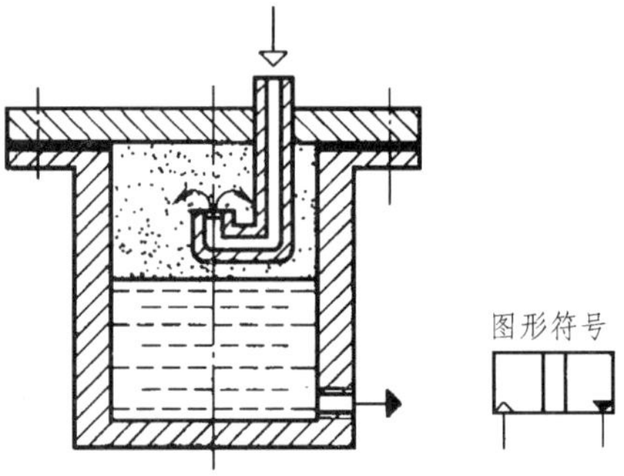

图 7-14　气-液转换器

（三）供气系统的管道设计

1. 气动系统的供气系统管道组成

（1）压缩空气站内气源管道，包括压缩机的排气口至后冷却器、油水分离器、储气罐、干燥器等设备的压缩空气管道。

（2）厂区压缩空气管道，包括从压缩空气站至各用气车间的压缩空气输送管道。

（3）用气车间压缩空气管道，包括从车间入口到气动装置和气动设备的压缩空气输送管道。

压缩空气管道主要分硬管和软管两种。硬管主要用于高温、高压及固定安装的场合，应选用不易生锈的管材（紫铜管或镀锌钢管），避免空气中水分导致管道锈蚀，而产生污染。气动软管一般用于工作压力不高、工作温度低于 50 °C 以及设备需要移动的场合。目前常用的气动软管为尼龙管或 PV 管，其受热后耐压能力会大幅下降，长期受热辐射后会缩短其使用寿命，易出现管道爆裂。

2. 供气系统管道的设计原则

（1）满足供气压力和流量要求。

若工厂中的各气动设备、气动装置对压缩空气气源压力有多种要求，则气源系统管道必须满足最高压力要求。若仅采用同一个管道系统供气，对要求较低供气压力的气动装置可通过减压阀减压来实现。

气源供气系统管道的管径大小取决于供气的最大流量和允许压缩空气在管道内流动的最大压力损失。为避免在管道内流动时产生较大的压力损失，压缩空气在管道中的流速一般应小于 25 m/s。对于较大型的空气压缩站，在厂区范围内，从管道的起点到终点，压缩空气的压力降不能超过气源初始压力的 8%；在车间范围内，不能超过供气压力的 5%。若超过该标准，可采用增大管道直径的办法来解决。

（2）满足供气的质量要求。

如果气动系统中多数气动装置无气源供气质量要求，可采用一般供气系统。若气动装置对气源供气质量有不同的要求，且采用同一个气源管道供气，则其中对气源供气质量要求较高的气动装置，可采取就近设置小型干燥过滤装置或空气过滤器来解决。若绝大多数气动装置或所有装置对供气质量都有质量要求，就应采用清洁供气系统，即在空压站内气源部分设置必要的净化和干燥装置，并用同管道系统给气动装置供气。

（3）满足供气的可靠性、经济性要求。科学合理的管道布局是决定供气系统能否经济、可靠运行的决定因素。一般可以将供气网设计为环形馈送形式来提高供气的可靠性和压力的恒定性，如图 7-15 所示。

（4）防止管路中沉积的水分对设备造成污染。

如图 7-16 所示，长管路不应水平布置，而应有 1%～2%的斜度，以方便管道中的冷凝液排出，并应在管路终点设置集水罐，以便定期排放沉积的污水。分支管路及气动设备从主供气管路上接出压缩空气时，必须从主供气管路的上方大角度拐弯后再接出，以防止冷凝水流入分支管路和设备。各压缩空气净化装置和管路中排出的污物，也应设置专门的排放装置，进行定期排放。

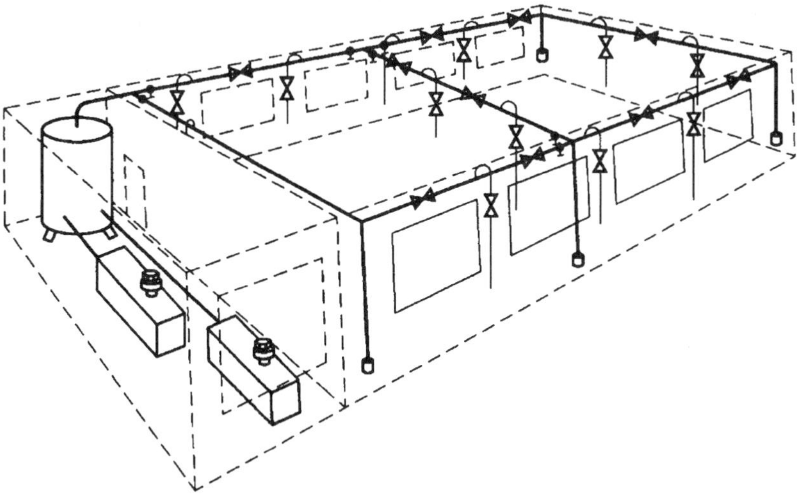

图 7-15　环形管网供气系统

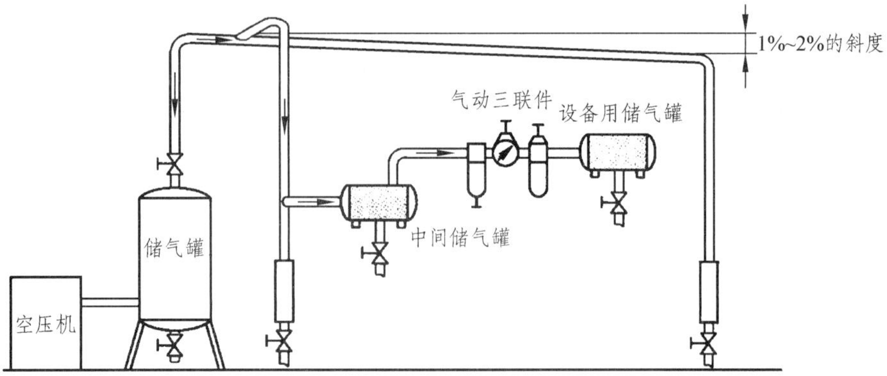

图 7-16　供气系统管道布局

三、实训操作

碎料压实控制实训。

（一）实训装置

气压实训装置。

（二）实训目的、要求

（1）了解气动三联件的作用及工作原理。

（2）熟悉压力控制元件——压力顺序阀的工作原理、组成及调节方法。

（3）了解部分气动阀的作用（二位三通手动换向阀、二位五通气控换向阀、单向节流阀等）及操作方式。

（4）熟悉气动实训台、气动元件、管路等的连接、固定方法和操作规则。

（5）熟悉基本的气动回路图，能顺利搭建本实训回路，并完成规定的控制要求。

（三）实训原理和方法

该实训是通过气缸 A1 模拟对碎料进行压实。其活塞在一个手动按钮控制下伸出，对碎料进行压实。当气缸无杆腔压力达到 500 kPa 时，则表明一个压实过程结束，气缸活塞自动缩回。

在这个实训中，气缸 A1 活塞的返回控制采用压力顺序阀实现。其检测压力应为气缸无杆腔压力。在进气路上接单向节流阀的主要目的是控制进气压力的上升速度，防止在压实时可能由于压力上升过快，压力顺序阀无法可靠动作。为方便压力检测和压力顺序阀压力值的设定，应在相应检测位置安装压力表。

图 7-17 为本实训回路图。实训时首先合上控制面板的电源开关，将手动换向阀 S1 压下，气控换向阀左位接入，压缩空气经气动三联件、气控换向阀左位、单向节流阀进入气缸左腔推动活塞右行，对碎料进行压实。当压力到达规定值时，压实过程结束。此时，压力顺序阀开启，气控换向阀右位接入，气体从右腔进入气缸，推动活塞左行，气缸活塞自动缩回。

（四）主要设备及实训元件

碎料压实控制实训的主要设备及实训元件见表 7-1。

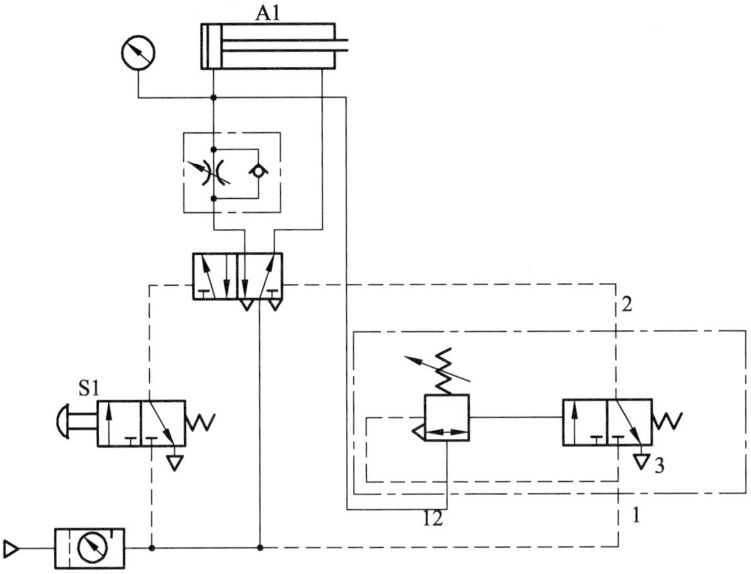

图 7-17　碎料压实控制

表 7-1　碎料压实控制实训的主要设备及实训元件

序　号	实训设备及元件	序　号	实训设备及元件
1	气动实训平台	6	压力顺序阀
2	气源	7	单向节流阀
3	双作用气缸	8	气管
4	手动二位三通换向阀	9	压力表
5	二位五通气控阀		

（五）实训内容及步骤

（1）按照实训原理图选择所需要的气动元件，并摆放在实训台上。

（2）关闭气源开关，在实训台上连接控制回路并检查。

（3）连接无误后，打开气源，调节控制旋钮，观察气缸运行情况是否符合控制要求。

（4）对实训中出现的问题进行分析和解决。

（5）实训完成后，将各元件整理后放回原位。

（六）完成实训报告和下列思考题

本实训如用电磁换向阀代替压力顺序阀实现气缸换向，如何通过电气控制来实现？

（七）确认你会干——项目操作评价

表 7-2　操作考核评分表

<table>
<tr><td colspan="2">学号</td><td colspan="2"></td><td>姓名</td><td></td><td>小组</td></tr>
<tr><td colspan="2">任务编号</td><td>7-1</td><td>任务名称</td><td colspan="3">碎料压实控制实训</td></tr>
<tr><td colspan="2">模块</td><td>序号</td><td>考核点（90 分）</td><td>分值标准</td><td>得分</td><td>备注</td></tr>
<tr><td rowspan="7">1</td><td rowspan="7">气动元件的识别</td><td>1</td><td>型号一：气动三联件型号识别</td><td>5</td><td></td><td></td></tr>
<tr><td>2</td><td>型号二：顺序阀型号识别</td><td>5</td><td></td><td></td></tr>
<tr><td>3</td><td>描述气动元件原理及特点</td><td>10</td><td></td><td></td></tr>
<tr><td>4</td><td>参数一：二位三通手动换向阀</td><td>5</td><td></td><td></td></tr>
<tr><td>5</td><td>参数二：二位五通气控换向阀</td><td>5</td><td></td><td></td></tr>
<tr><td>6</td><td>参数三：单向节流阀</td><td>5</td><td></td><td></td></tr>
<tr><td>7</td><td>参数四：压力顺序阀</td><td>5</td><td></td><td></td></tr>
<tr><td rowspan="4">2</td><td rowspan="4">绘制原理图</td><td>8</td><td>步骤 1：手工绘制原理图</td><td>10</td><td></td><td></td></tr>
<tr><td>9</td><td>步骤 2：讲解原理图</td><td>15</td><td></td><td></td></tr>
<tr><td>10</td><td></td><td></td><td></td><td></td></tr>
<tr><td>11</td><td></td><td></td><td></td><td></td></tr>
<tr><td rowspan="4">3</td><td rowspan="4">气动回路安装</td><td>12</td><td>步骤 3：选取适合的气动元件</td><td>5</td><td></td><td></td></tr>
<tr><td>13</td><td>步骤 4：检查元件情况</td><td>5</td><td></td><td></td></tr>
<tr><td>14</td><td>步骤 5：安装气动回路</td><td>5</td><td></td><td></td></tr>
<tr><td>15</td><td>步骤 6：实训无误后元件复位</td><td>10</td><td></td><td></td></tr>
<tr><td>4</td><td>互评</td><td colspan="3">小组互评（10 分）</td><td></td><td></td></tr>
<tr><td>5</td><td>总分</td><td colspan="3">合计总分</td><td></td><td></td></tr>
<tr><td colspan="2">学生签字</td><td></td><td>考评签字</td><td colspan="2"></td><td></td></tr>
<tr><td colspan="2">互评签字</td><td></td><td>考评时间</td><td colspan="3"></td></tr>
</table>

习题与思考

1. 什么叫气压传动？气压传动系统由哪几部分组成？
2. 气源装置由哪些元件组成？
3. 简述往复活塞式空气压缩机的工作原理。
4. 为什么气源必须净化？气源净化元件有哪些？
5. 油雾器的作用是什么？
6. 中国特色社会主义事业“五位一体”总体布局是指全面推进经济建设、政治建设、文化建设、社会建设、（　　）。

A. 制度建设　　B. 生态文明建设　　C. 作风建设　　D. 法治建设

项目八

气动执行元件及控制元件

【知识目标】

✧ 掌握气动执行元件及控制元件的结构原理、职能符号、常见类型及实际应用。

✧ 理解各种控制元件的常见故障及故障的排除。

✧ 了解气动逻辑元件、比例阀、伺服阀的工作原理、职能符号及应用。

【技能目标】

✧ 能够分析常用气动元件在系统中的作用、正确选用气动元件。

【素养目标】

✧ 培养严谨的科学态度和良好的职业道德。

✧ 培养自我学习和探索求新的能力。

✧ 培养专业技术交流的表达能力和良好的团队合作精神。

✧ 培养发现问题和解决问题的能力，培养终身学习与专业发展能力。

一、项目引入

气动执行元件的作用是将压缩空气的压力能转换为机械能，驱动工作部件工作。气缸和气动马达是气压传动系统中使用最多的一种执行元件，是将压缩空气的压力能转化为机械能的装置。气缸用于实现直线往复运动或摆动，气动马达用于实现连续回转运动。图 8-1 所示的工业机器人就运用了多个气动执行元件。

二、气动执行元件

（一）气缸的分类及特点

气缸根据使用条件不同，其结构、形状也有多种形式。按气缸的功能及用途可分为普通气缸、缓冲气缸、气-液阻尼缸、摆动气缸和冲击气缸等；按活塞承受气体压力是单向还是双向，气缸可分为单作用气缸和双作用气缸；按结构特点不同气缸分为活塞式、薄膜式、柱塞式和摆动式气缸等；按安装形式气缸可分为固定式气缸、轴销式气缸和回转式气缸。除特殊气缸外，普通气缸的种类及结构形式与液压缸基本相同。

气动装置的应用——六关节工业机器人简介请浏览下方 AR 资源。

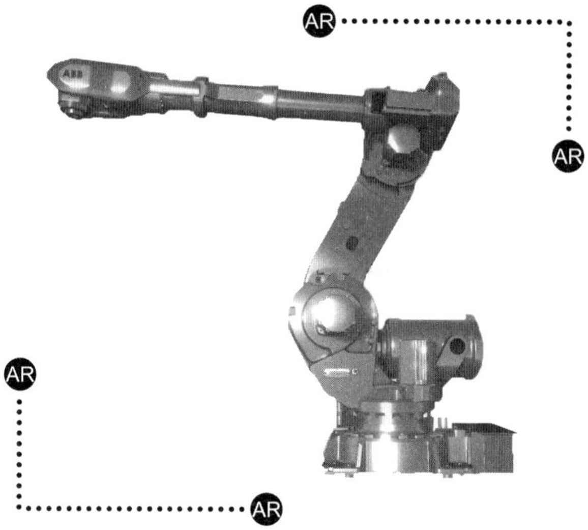

图 8-1　六关节工业机器人

常用的气缸分类方法及其特点见表 8-1。

表 8-1　气缸的分类

分　类	气缸类型	特点及应用
按气缸的功能	普通气缸	包括单作用和双作用气缸，常用于无特殊要求的场合
	缓冲气缸	气缸的一端或两端带有缓冲装置，以防止或减轻活塞运动到端头时对气缸缸盖的撞击
	气-液阻尼缸	气缸与液压缸串联，可控制气缸活塞的运动速度，并使其速度相对稳定
	摆动气缸	用于要求气缸叶片轴在一定角度内绕轴线回转的场合，如夹具转位、阀门的启闭等
	冲击气缸	要求以活塞杆高速运动形式冲击的高能缸，可用于冲压、切断等
	步进气缸	根据不同控制信号，使活塞杆伸出至相应位置的气缸
按压缩空气对活塞端面作用力的方向	单作用气缸	气缸只有一个方向的运动是气压传动，活塞的复位靠弹簧力、自重或其他外力
	双作用气缸	双作用气缸的往返运动全靠压缩空气来完成
按气缸的安装形式	固定式气缸	气缸安装在机体上固定不动，有耳座式、凸缘式和法兰式
	轴销式气缸	缸体围绕一个固定轴可做一定角度的摆动
	回转式气缸	缸体固定在机体主轴上，可随机床主轴做高速旋转运动。这种气缸常用于机床上的气动卡盘中，以实现工件的自动装夹
	嵌入式气缸	气缸嵌在夹具体内

（二）气　缸

1. 单作用气缸

压缩空气只能在一个方向上控制气缸活塞的运动，活塞的反向动作靠一个复位弹簧或施加外力来实现，所以被称为单作用气缸。此种气缸有预缩型和预伸型两种。单作用气缸多用于短行程及对活塞杆推力、运动速度要求不高的场合。压缩空气仅在气缸的一端进气并推动活塞（或柱塞）运动，而活塞（或柱塞）的返回是借助于其他外力如弹簧力、重力等。单作用气缸的结构如图 8-2 所示。

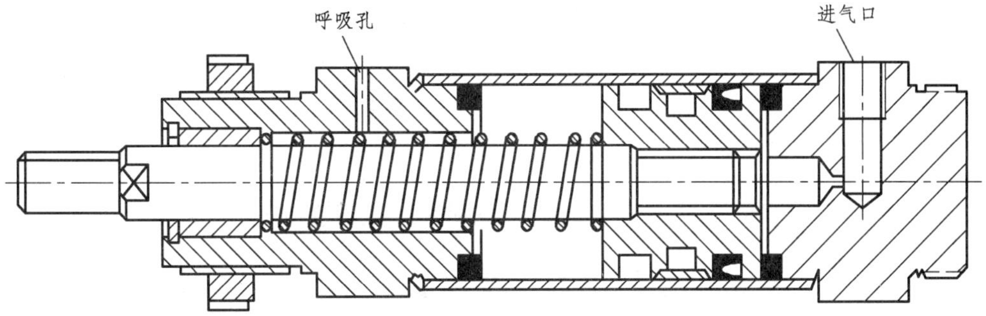

图 8-2　单作用气缸

单作用气缸的特点如下：

（1）由于单边进气，因此结构简单，耗气量小。

（2）由于受内装回程弹簧自由长度的影响，增加了气缸长度，缩短了气缸的有效行程，其行程长度一般在 100 mm 以内。

（3）借助弹簧力复位，使压缩空气的能量有一部分用来克服弹簧张力，减小了活塞杆的输出力，而且输出力的大小和活塞杆的运动速度在整个行程中随弹簧的变形而变化。因此单作用气缸多用于行程较短以及对活塞杆输出力和运动速度要求不高的场合。

2. 双作用气缸

双作用气缸活塞的往返运动是依靠压缩空气从缸体内被活塞分隔开的两个腔室（有杆腔、无杆腔）交替进入和排出来实现的，压缩空气可以在两个方向上做功。由于气缸活塞的往返运动全部靠压缩空气来完成，所以被称为双作用气缸，如图 8-3 所示。由于没有复位弹簧，双作用气缸可以实现更长的有效行程和稳定的输出力。但双作用气缸是利用压缩空气交替作用于活塞上实现伸缩运动的，且回缩时压缩空气有效作用面积较小，产生的力小于伸出时产生的推力。

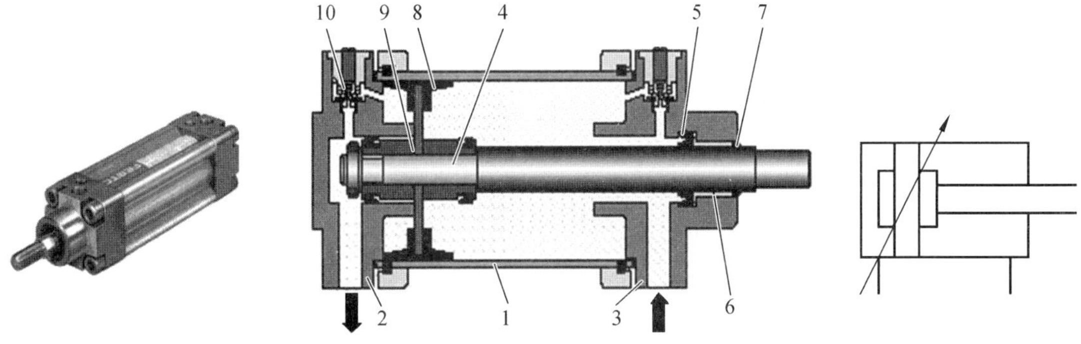

1—缸筒；2—后缸盖；3—前缸盖；4—活塞杆；5—防尘密封圈；6—导向套；7—密封圈；8—活塞；9—缓冲柱塞；10—缓冲节流阀。

图 8-3　单活塞杆双作用气缸

3. 无杆气缸

无杆气缸是缸体内没有活塞杆的气缸，利用活塞直接或间接带动负载实现往复运动。由于没有活塞杆，气缸可以在较小的空间实现更长的行程运动距离。无杆气缸主要有机械耦合式、磁性耦合式等形式。

机械耦合式无杆气缸在压缩空气的作用下，气缸活塞滑块机械组合装置可以做往复运动。这种无杆气缸通过活塞滑块机械组合装置传递运动输出力，缸体上有管状沟槽可以防止其扭转。

机械耦合式无杆气缸的剖面结构及实物如图 8-4 所示。

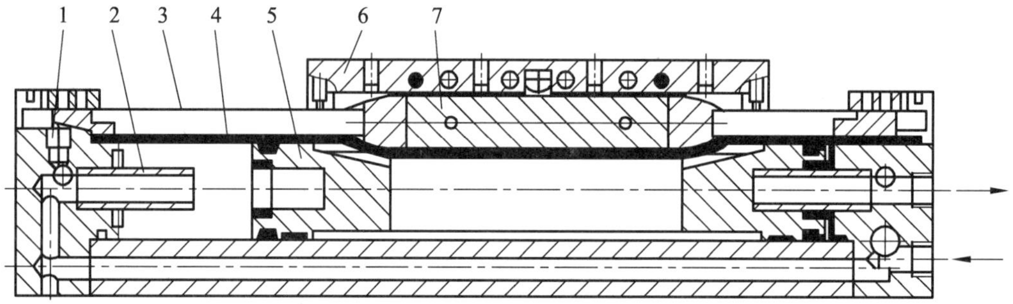

（a）

（b）　　（c）

1—节流阀；2—缓冲柱塞；3—防尘不锈钢带；4—密封带；5—活塞；6—滑块；7—活塞架。

图 8-4　机械接触式无杆气缸

4. 薄膜式气缸

薄膜式气缸（见图 8-5）是一种利用压缩空气通过膜片的变形来推动活塞杆做直线运动的气缸。它由缸体、膜片、膜盘和活塞杆等主要零件组成。薄膜式气缸的膜片可以做成盘形膜片和平膜片两种形式。膜片材料为夹织物橡胶、钢片或磷青铜片。厚度为 5 ~ 6 mm 的夹织物橡胶、金属膜片只用于行程较小的薄膜式气缸中。

图 8-5 所示为薄膜式气缸的结构原理。

5. 摆动气缸

摆动气缸是利用压缩空气驱动输出轴在小于 360° 范围内做往复摆动的气动执行元件，多用于物体的转位、工件的翻转、阀门的开闭等场合。摆动气缸按结构特点可分为叶片式、齿轮齿条式两大类。

叶片式摆动气缸是利用压缩空气作用在装在缸体内的叶片上，从而带动回转轴实现往复摆动的。当压缩空气作用在叶片的一侧，叶片另一侧排气，叶片就会带动转轴向一个方向转动；改变气流方向就能实现叶片的反转。叶片式摆动气缸具有结构紧凑、工作效率高的特点，常用于工件的分类、翻转、夹紧等。

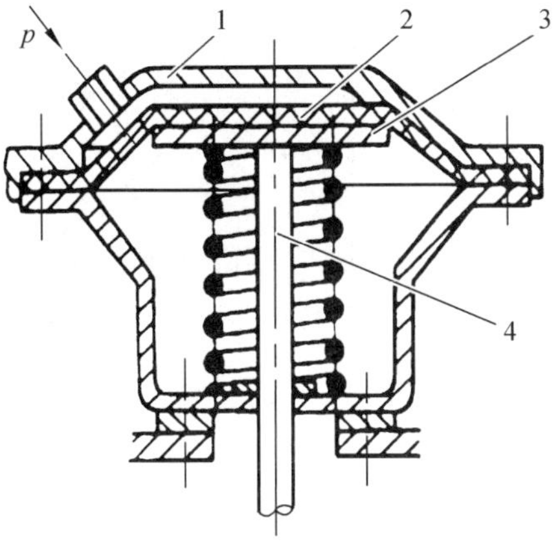

（a）单作用式

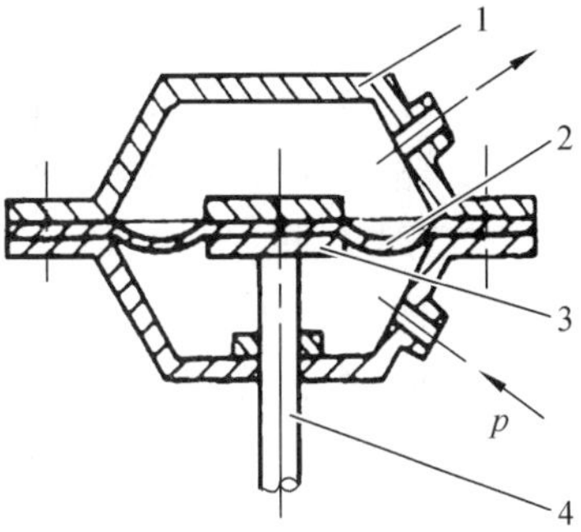

（b）双作用式

1—缸体；2—膜片；3—膜盘；4—活塞杆。

图 8-5　薄膜式气缸

叶片式摆动气缸可分为单叶片式和双叶片式两种。单叶片式摆动气缸的结构如图 8-6 所示，其输出轴转角大，可以实现小于 360° 的往复摆动；双叶片式摆动气缸输出轴转角小，只能实现小于 180° 的摆动。通过挡块装置可以对摆动气缸的摆动角度进行调节。为便于角度调节，气缸背面一般装有标尺。

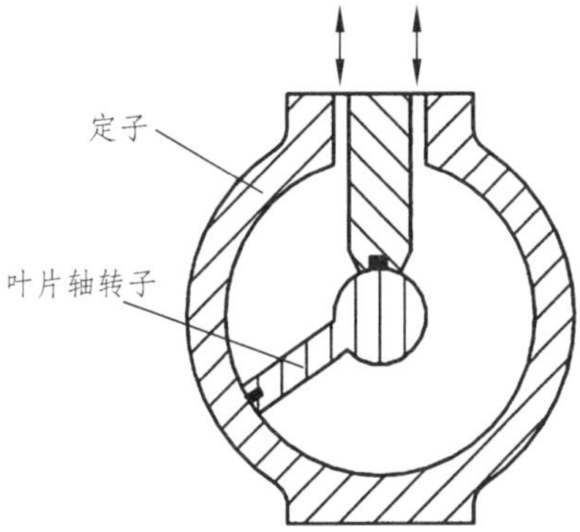

图 8-6　单叶片式摆动气缸

（三）气动马达

1. 气动马达分类及特点

气动马达是输出旋转运动机械能的执行元件。气动马达有叶片式、活塞式、齿轮式等多种类型。与液压马达相比，气动马达具有以下特点。

（1）工作安全，可以在易燃易爆场所工作，同时不受高温和振动的影响。

（2）可以长时间满载工作而温升较小。

（3）可以无级调速。控制进气流量，就能调节马达的转速和功率。额定转速从每分钟几十转到几十万转。

（4）具有较高的启动力矩，可以直接带负载运动。

（5）结构简单，操纵方便，维护容易，成本低。

（6）输出功率相对较小，最大只有 20 kW 左右。

（7）正反转实现方便。

（8）气动马达具有结构简单、体积小、质量小、操纵容易、维修方便等特点，其用过的空气不需处理，不会造成污染。

（9）具有过载保护性能。

（10）叶片式气动马达因转速高，零部件磨损快，需及时检修、清洗或更换零部件。

（11）气动马达还具有输出功率小、耗气量大、效率低、噪声大和易产生振动等缺点。

2. 气动马达工作原理

叶片式气动马达的结构如图 8-7 所示。压缩空气由 A 孔输入，小部分经定子两端密封盖的槽进入叶片底部（图中未表示），将叶片推出，使叶片紧贴在定子内壁上。大部分压缩空气进入相应的密封空间而作用在两个叶片上，由于两叶片长度不等，就产生了转矩差，使叶片和转子按逆时针方向旋转。做功后的气体由定子上的 C 孔和 B 孔排出，若改变压缩空气的输入方向（即压缩空气由 B 孔进入，由 A 孔和 C 孔排出），就可改变转子的转向。

（a）

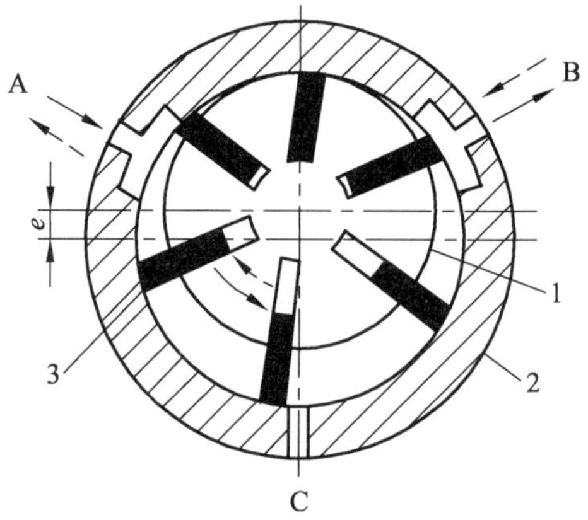

（b）

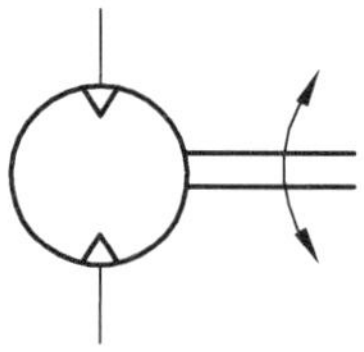

（c）

1—转子；2—定子；3—叶片。

图 8-7 叶片式气动马达

（四）气缸的选择和使用要求

选用气缸的主要依据：工作压力范围、负载要求、工作行程、工作介质温度、环境条件

（温度等）、润滑条件及安装要求等。

1. 气缸的选择

（1）根据工作要求，选定气缸规格如缸径和行程、确定工作压力。

（2）根据使用目的、位置、环境确定气缸的品种和安装形式。

（3）根据运动速度选择气缸进、排气口及导管内径大小。

（4）验算缓冲能力。

（5）选择气缸安装方式。

（6）选择磁性开关。

2. 气缸的使用要求

（1）气缸的一般工作条件为周围环境及介质温度在-35～80 °C（但要保证不冻结），工作压力在0.4～0.6 MPa。

（2）安装前应在1.5倍的工作压力下试压，不应泄漏。

（3）注意合理润滑，除无油润滑气缸外，应正确设置和调整油雾器，否则将严重影响气缸的运动性能，甚至不能工作。

（4）不使用满行程工作（特别在活塞伸出时），以避免撞击损坏零件。

3. 气缸常见故障诊断及排除方法（见表8-2）

表8-2　气缸常见故障及排除方法

故障		原因	排除方法
外泄漏	活塞杆端漏气	1. 活塞杆安装偏心。 2. 润滑油供应不足。 3. 活塞密封圈磨损。 4. 活塞杆轴承配合面有杂质，活塞杆有伤痕	1. 重新安装调整，使活塞杆不受偏心和横向负荷。 2. 检查油雾器是否失灵。 3. 更换密封圈。 4. 除去杂质，安装防尘罩，更换活塞杆
	缸筒与端盖漏气	密封圈损坏	更换密封圈
	缓冲调节处漏气	密封圈损坏	更换密封圈
内泄漏	活塞两端串气	1. 活塞密封圈已损坏。 2. 润滑不良。 3. 活塞被卡住，活塞配合面有缺陷。 4. 杂质挤入密封面	1. 更换密封圈。 2. 检查油雾器是否失灵。 3. 重新安装调整，使活塞杆不受偏心和横向负荷。 4. 除去杂质，使用净化过的压缩空气
输出力不足，动作不平稳		1. 润滑不良。 2. 活塞或活塞杆被卡住。 3. 供气流量不足。 4. 有冷凝水等杂质	1. 检查油雾器是否失灵。 2. 重新安装调整，消除偏心和横向负荷。 3. 加大连接或管接头口径。 4. 注意使用净化、干燥的压缩空气

续表

<table>
<tr><th colspan="2">故障</th><th>原因</th><th>排除方法</th></tr>
<tr><td colspan="2">缓冲效果不良</td><td>1. 缓冲密封圈磨损。
2. 调节螺钉损坏。
3. 气缸速度太快</td><td>1. 更换密封圈。
2. 更换调节螺钉。
3. 注意缓冲机构是否合适</td></tr>
<tr><td rowspan="2">损伤</td><td>活塞杆损坏</td><td>1. 有偏心横向负荷。
2. 活塞杆受冲击负荷。
3. 气缸速度太快</td><td>1. 消除横向偏心负荷。
2. 冲击不能加在活塞杆上。
3. 设置缓冲装置</td></tr>
<tr><td>缸盖损坏</td><td>缓冲机构不起作用</td><td>在外部或回路中设置缓冲机构</td></tr>
</table>

4. 气缸的维护保养

（1）气缸拆下的零部件长时间不使用时，所有加工表面涂防锈油，进排气口应该加防尘堵塞。

（2）检查各连接部位有无松动等，轴销式安装的气缸等活动部位应该定期加润滑油。除无油润滑气缸外，均应注意合理润滑，运动表面涂润滑脂，气源入口设置油雾器。

（3）气缸的工作压力为 0.4 ~ 0.6 MPa，普通气缸运动速度为 50 ~ 500 mm/s，环境温度为 5 ~ 60 °C。在低温下，要采取防冻措施，防止系统中的水分冻结。

（4）气缸在安装前，应在 1.5 倍工作压力下试压，不应漏气。气缸检查重新装配前，零件必须清洗干净，不得将脏污带入气缸内。特别是要防止密封圈被剪切、损害，注意动密封圈的安装方向。

三、气动控制元件

气动控制元件的作用是调节压缩空气的方向、压力、流量和发送信号，以保证气动元件按规定的程序正常动作。气动控制元件按功能可分为方向控制阀、压力控制阀、流量控制阀以及能实现一定逻辑功能的逻辑元件。

（一）气动方向控制阀

能实现气动执行元件运动方向控制的回路是最基本的气动回路，只有在执行元件的运动方向符合要求的基础上才能进一步对速度和压力进行控制和调节。用于通断气路或改变气流方向，从而控制气动执行元件启动、停止或换向的元件称为方向控制阀。方向控制阀主要有单向阀和换向阀两种。

1. 单向阀

单向阀是指使气流只能向一个方向流动而不能反向流动的阀。在图 8-8 中，可以看到气体只能从左向右流动，反向时单向阀内的通路会被阀芯封闭。在气压传动系统中单向阀一般和其他控制阀并联，使之只在某特定方向上起控制作用。

单向阀的工作原理、结构图和图形符号与液压阀中的单向阀基本相同，只不过在气动单向阀中，阀芯和阀座之间有一层密封垫。

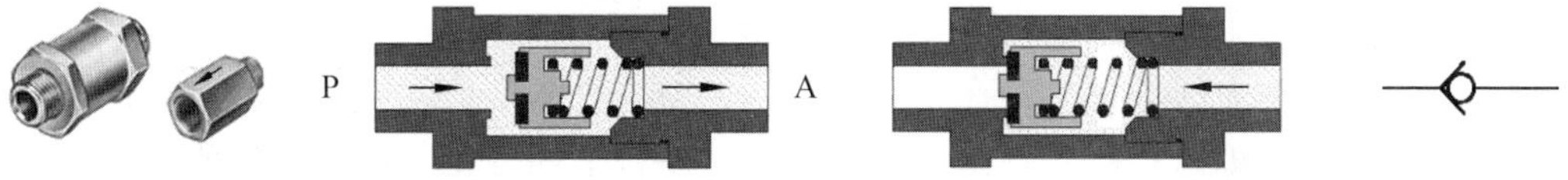

（a）　（b）　（c）　（d）

图 8-8　单向阀工作原理

2. 换向阀

用于改变气体通道，使气体流动方向发生变化从而改变气动执行元件运动方向的元件称为换向阀。换向阀的分类如下：

① 按动作方式换向阀可分为直动式和先导式。直接依靠电磁力、气压力、人力和机械力使阀芯换向的阀，称为直动式换向阀。先导式换向阀由先导阀和主阀组成，依靠先导阀输出的气压力通过控制活塞等推动主阀阀芯换向。先导式换向阀又分成内部先导式和外部先导式。

② 按阀的切换通口数目换向阀可以分为二通阀、三通阀、四通阀和五通阀等。阀的切换通口包括输入口、输出口和排气口，但不包括控制口。

③ 按阀芯工作的位置数分。阀芯的切换工作位置简称“位”，阀芯有几个切换位置就称为几位阀。阀的静止位置称为零位。有两个通口的二位阀称为二位二通阀。有三个通口的二位阀，称为二位三通阀。阀芯具有三个工作位置的阀称为三位阀。

④ 按控制数可分为单控式和双控式。单控式是指阀的一个工作位置由控制信号获得，另一个工作位置是当控制信号消失后，靠其他力来获得（称为复位方式）。双控式是指阀有两个控制信号，对二位阀采用双控，当一个控制信号消失，另一个控制信号未加入时，能保持原有阀位不变，称阀具有记忆功能。

⑤ 按连接方式分类，阀的连接方式有管式连接、板式连接、法兰连接和集装式连接等几种。

⑥ 按阀芯结构分类，常用的阀芯结构形式有截止式（又称提动式）、滑柱式和滑板式等。

⑦ 按密封形式可分为弹性密封和间隙密封。

⑧ 按操控方式分主要有人力操纵控制、机械操纵控制、气压操纵控制和电磁操纵控制 4 类。

（1）人力控制换向阀。

依靠人力对阀芯位置进行切换的换向阀称为人力控制换向阀，简称人控阀。人控阀又可分为手动阀和脚踏阀两大类。常用的按钮式换向阀的工作原理如图 8-9 所示。

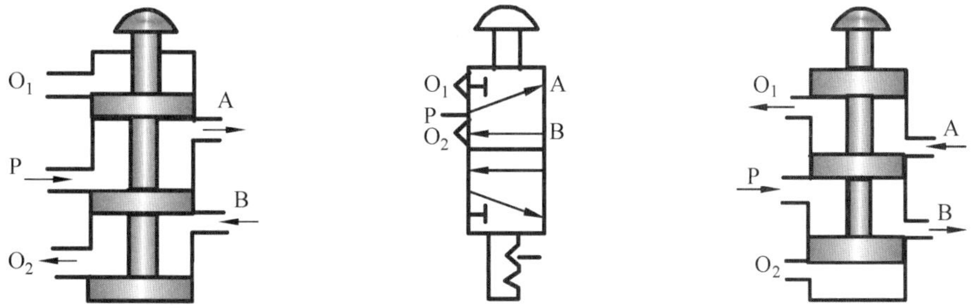

（a）　（b）　（c）

图 8-9　手动换向阀

人力控制换向阀与其他控制方式相比，使用频率较低，动作速度较慢。因控制力不太大，所以阀的通径较小，操作也比较灵活。在直接控制回路中人力控制换向阀直接控制气动执行元件用作信号阀。

（2）机械控制换向阀。

机械控制换向阀即行程阀，它是利用安装在工作台上的凸轮、撞块或其他机械外力推动阀芯动作来实现换向的换向阀。行程阀常见的操控方式有顶杆式、滚轮式、单向滚轮式等，其换向原理与手动换向阀类似。这种阀可用于湿度大、粉尘多、油分多、不宜使用电气行程开关的场合，但不宜用于复杂的控制装置中。行程阀结构图及图形符号如图 8-10 所示。

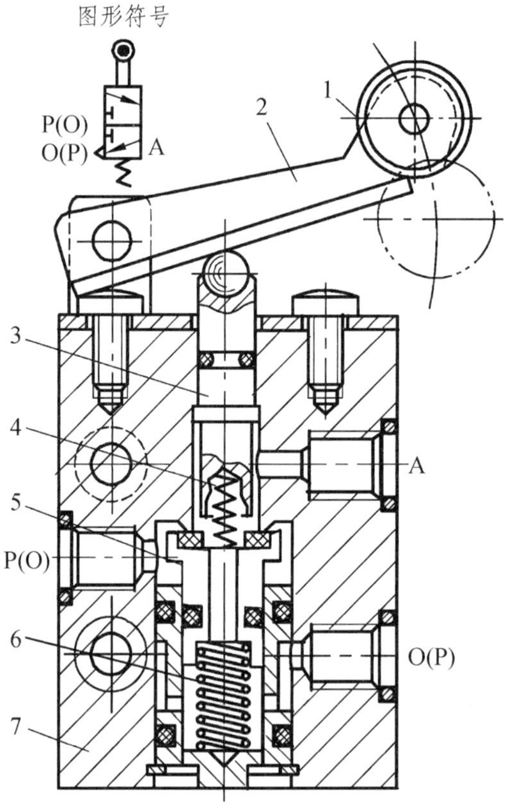

1—滚轮；2—杠杆；3—顶杆；4—缓冲弹簧；5—阀芯；6—密封弹簧；7—阀体。

图 8-10　机械控制换向阀

（3）气压控制换向阀。

气压控制换向阀是利用气体压力来实现换向的，简称气控阀。根据控制方式的不同可分为加压控制、卸压控制和差压控制 3 种。加压控制是指控制信号的压力上升到阀芯动作压力时主阀换向，加压控制是最常用的气控阀。卸压控制是指所加的气压控制信号减小到阀芯动作压力时主阀换向。差压控制是利用换向阀两端气压有效作用面积的不等，使阀芯两侧产生压力差来使阀芯动作，实现换向。

如图 8-11 所示，截止式结构的换向阀称为截止式换向阀，可以看到阀的开启和关闭是通过在气控口加上或撤销一定压力的气体使大于管道直径的圆盘形阀芯在阀体内移动来进行控制的。截止式换向阀用很小的移动量就可以使阀完全开启，阀通流能力强，抗粉尘和污染能力强，适用于环境比较恶劣的场合。因为有阻碍换向的背压存在，阀芯关闭紧密，泄漏量小，但换向阻力也较大。

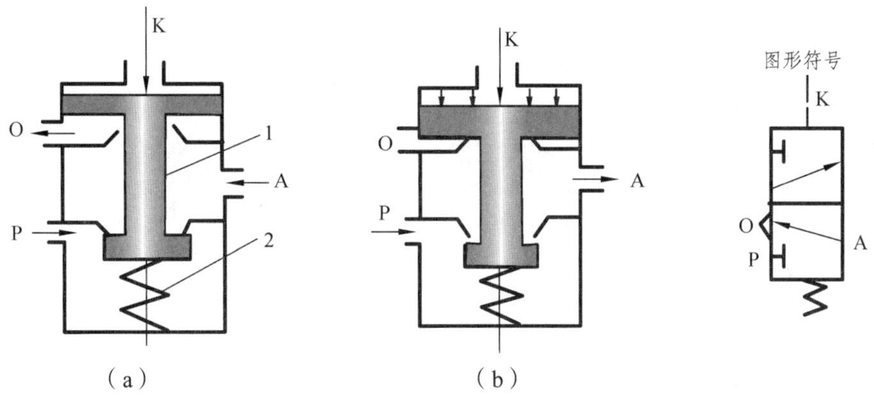

图 8-11　单气控弹簧复位二位三通换向阀工作原理

如图 8-12 所示，滑阀式结构的换向阀称为滑阀式换向阀，换向阀的换向是通过在气控口 K_1 或气控口 K_2 加上一定压力的气体，使圆柱形阀芯在阀套内做轴向运动来实现的。滑阀式换向阀通用性强，易设计成多位多通阀；切换时，没有背压阻力，所需换向力小，动作灵敏；其结构具有对称性，作用在阀芯上的力保持轴向平衡，阀容易实现记忆功能；但换向行程长，阀芯在阀体内滑动，对杂质敏感，对气源处理要求较高。

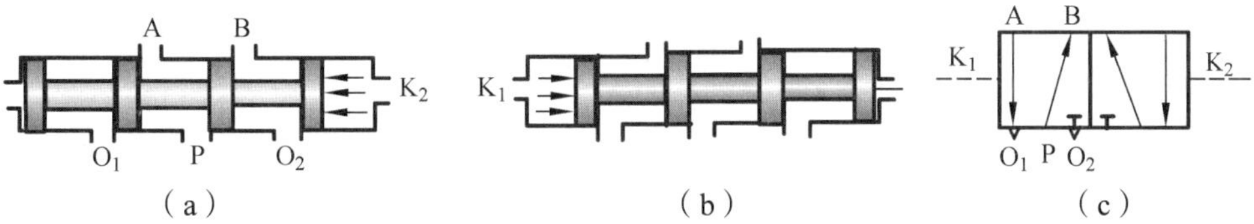

图 8-12　双气控二位五通换向阀工作原理

图 8-13 为二位三通单气控截止式换向阀的结构。这种阀结构简单、紧凑、密封可靠、换向行程短，但换向力大。若将气控接头 K 接入电磁先导阀，可变气控阀为先导式电磁换向阀。

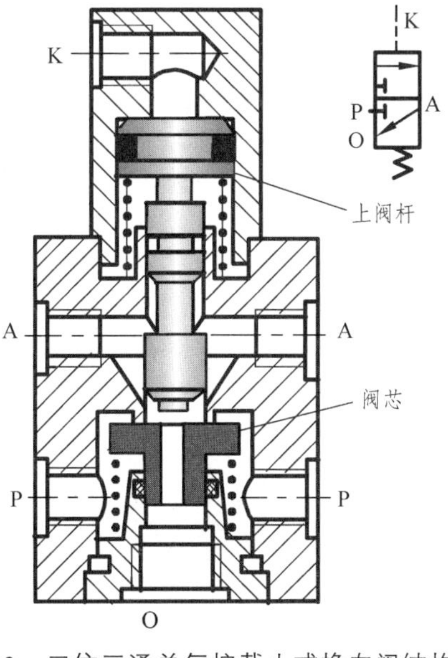

图 8-13　二位三通单气控截止式换向阀结构原理

差动控制换向阀的结构原理如图 8-14 所示。

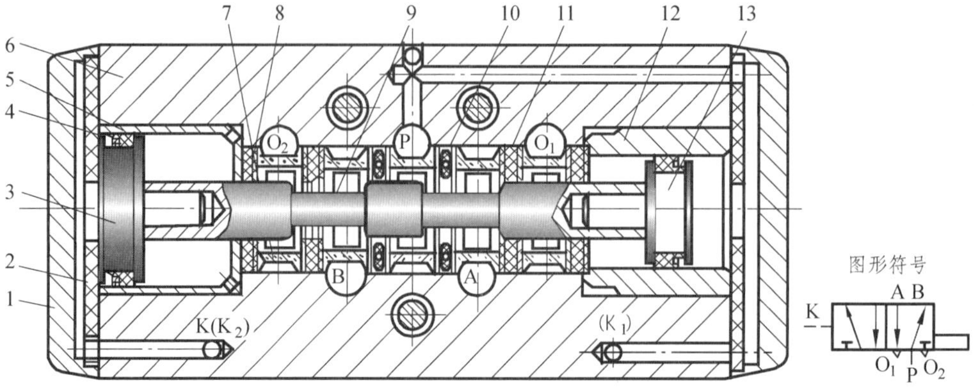

1—端盖；2—缓冲垫片；3—控制活塞；4—密封垫；5—衬套；6—阀体；7—隔套；8—挡片；9—阀芯；10—密封圈；11—挡圈；12—衬套；13—压差活塞。

图 8-14 二位五通差压控制换向阀结构原理

（4）电磁控制换向阀。

电磁控制换向阀（见图 8-15）是利用电磁线圈通电时所产生的电磁吸力使阀芯改变位置来实现换向的，简称为电磁阀。电磁阀能够利用电信号对气流方向进行控制，使得气压传动系统可以实现电气控制，电磁阀是气动控制系统中最重要的元件。电磁控制换向阀按操作方式的不同分为直动式电磁换向阀和先导式电磁换向阀。

电磁控制换向阀简介请浏览下方 AR 资源。

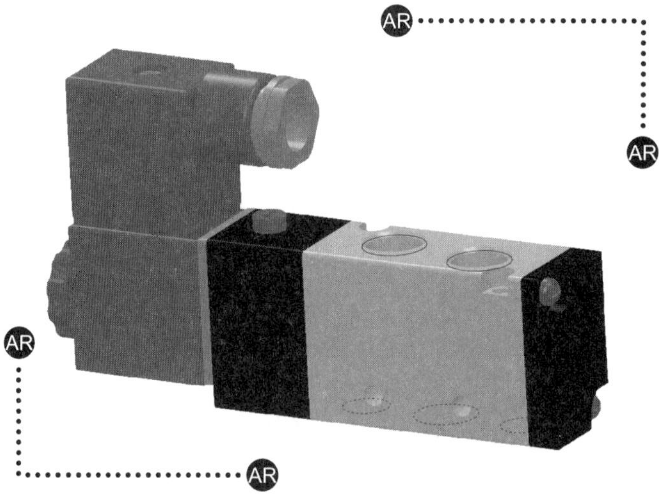

图 8-15 电磁控制换向阀

单电控直动式电磁换向阀是利用电磁线圈通电时，静铁芯对动铁芯产生的电磁吸力直接推动阀芯移动实现换向的。图 8-16 所示为单电控直动式电磁换向阀工作原理。由于阀芯的换向行程受电磁吸合行程的限制，故只适用于小型阀。

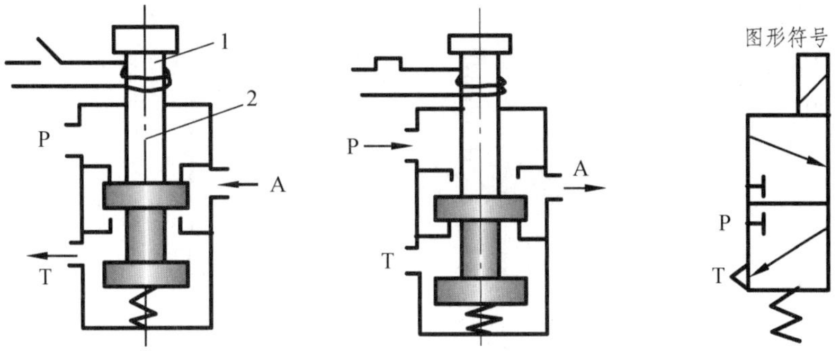

1—线圈；2—阀芯。

图 8-16　单电控直动式电磁换向阀工作原理

先导式电磁换向阀则是由直动式电磁换向阀（先导阀）和气控换向阀（主阀）两部分构成，其工作原理如图 8-17 所示。其中直动式电磁换向阀在电磁先导阀线圈得电后导通，产生先导气压，先导气压再推动大型气控换向阀阀芯动作，实现换向。

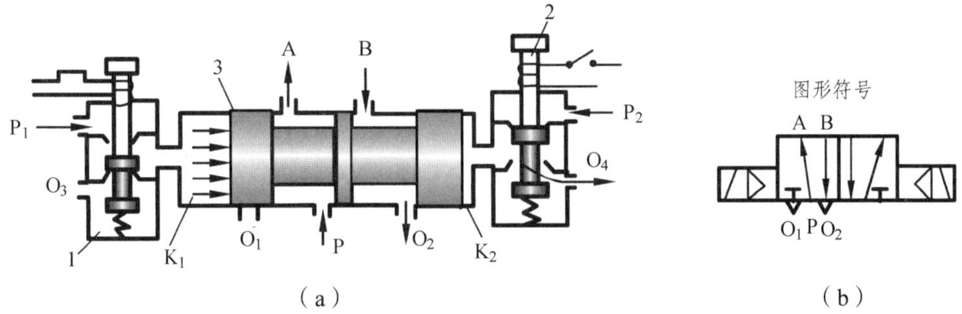

1—先导阀；2—线圈；3—主阀。

图 8-17　先导式电磁换向阀工作原理

（二）气动压力控制阀

压力控制阀的作用是控制、调节气动系统中压缩空气的压力，以满足系统对压力的要求，也可以依靠空气压力来控制执行元件的动作。压力控制阀是利用压缩空气作用在阀芯上的力和弹簧力相平衡的原理来进行工作的，其主要包括减压阀、安全阀（溢流阀）、顺序阀等。

1. 减压阀

减压阀的作用是将出口压力调节为比进口压力低的调定值，并能使输出压力保持稳定（又称为调压阀）。减压阀分为直动式和先导式两种。

常用的 QTY 型直动式减压阀结构原理如图 8-18 所示。其工作原理是当阀处于工作状态时，调节手柄 1，压缩调压弹簧 2、3 及膜片 5，通过阀杆 6 使阀芯 9 下移，进气阀口被打开，有压气流从左端输入，经阀口节流减压后从右端输出。输出气流的一部分由阻尼管 7 进入膜片气室，在膜片 5 的下方产生一个向上的推力，这个推力总是企图把阀口开度关小，使其输出压力下降。当作用于膜片上的推力与弹簧力相平衡后，减压阀的输出压力便保持一定。当输入压力发生波动时，如输入压力瞬时升高，输出压力也随之升高，作用于膜片 5 上的气体推力也随之增大，破坏了原来力的平衡，使膜片 5 向上移动，有少量气体经溢流口 4、排气孔

11 排出。在膜片上移的同时，因复位弹簧 10 的作用，使输出压力下降，直到新的平衡为止。重新平衡后的输出压力又基本上恢复至原值。反之，输出压力瞬时下降，膜片下移，进气口开度增大，节流作用减小，输出压力又基本上回升至原值。

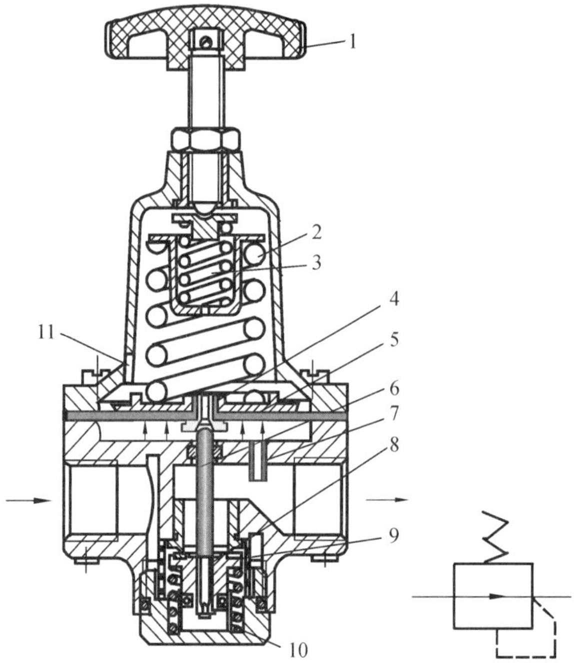

1—手柄；2，3—调压弹簧；4—溢流口；5—膜片；6—阀杆；7—阻尼孔；8—阀座；9—阀芯；10—复位弹簧；11—排气孔。

图 8-18 QTY 型直动式减压阀

调节手柄 1 使弹簧 2、3 恢复自由状态，输出压力降至零，阀芯 9 在复位弹簧 10 的作用下，关闭进气阀口，这样，减压阀便处于截止状态，无气流输出。

QTY 型直动式减压阀的调压范围为 0.05 ~ 0.63 MPa。为限制气体流过减压阀所造成的压力损失，规定气体通过阀内通道的流速在 15 ~ 25 m/s。

减压阀、油雾器和空气过滤器一起被称为“气动三联件”，在气动系统中有重要的作用（见图 8-19）。安装减压阀时，要按气流的方向和减压阀上所示的箭头方向，依照空气过滤器、减压阀、油雾器的次序进行安装。调压时应由低向高调，直至调整到规定的调压值为止。减压阀不用时应把手柄放松，以免膜片经常受压变形。

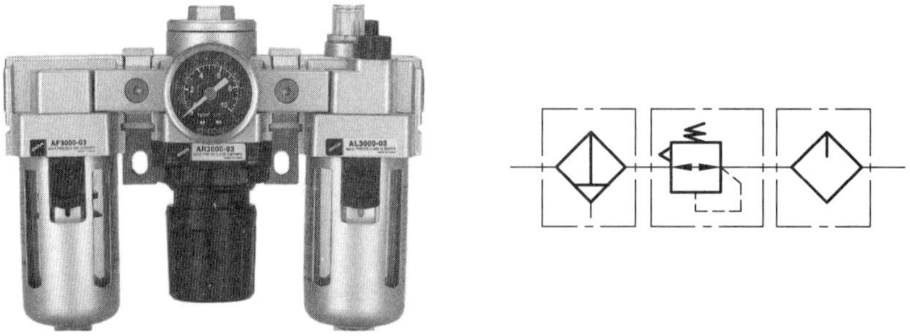

图 8-19 气动三联件

2. 安全阀

当储气罐或回路中压力超过某调定值，要用安全阀向外放气，安全阀是用来防止系统内压力超过最大许用压力以保护回路或气动装置的安全。安全阀在系统中起过载保护作用，其开启压力的大小与弹簧的预压量有关。如图 8-20 所示，阀的输入口与控制系统相连，当系统压力小于此阀的调定压力时，弹簧力使阀芯紧压在阀座上。当系统压力大于此阀的调定压力时，则阀芯开启，压缩空气经阀口排放到大气中，直到系统压力降到调定范围以下，活塞又重新关闭。

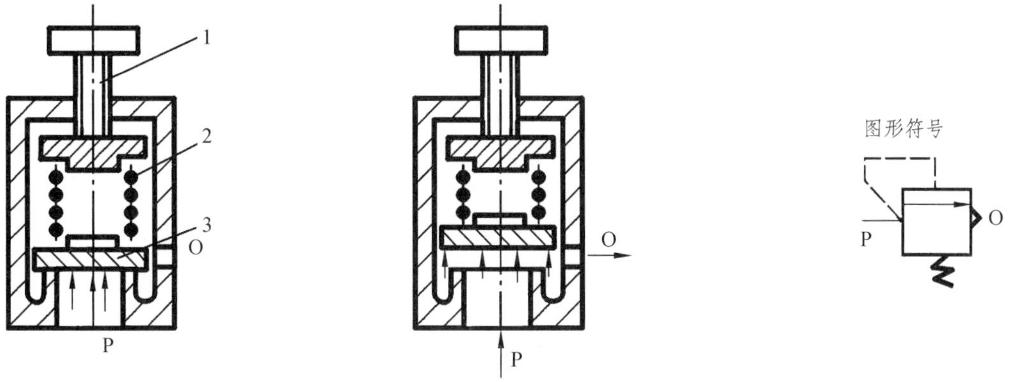

1—调节螺杆；2—弹簧；3—阀芯。

图 8-20　安全阀工作原理

3. 压力顺序阀

顺序阀是依靠气路中压力的作用而控制执行元件按顺序动作的压力控制阀，它根据弹簧的预压缩量来控制其开启压力。

如图 8-21 所示的压力顺序阀由两部分组合而成，左侧主阀为一个单气控的二位三通换向阀；右侧为一个通过外部输入压力和弹簧力平衡来控制主阀是否换向的导阀。被检测的压力信号由导阀的 12 口输入，此时气压力和调节弹簧的弹簧力相平衡。当压力达到一定值时，就能克服弹簧力使导阀的阀芯抬起。导阀阀芯抬起后，主阀输入口 1 的压缩空气就能进入主阀阀芯的右侧，推动阀芯左移实现换向，使主阀输出口 2 与输入口 1 导通产生输出信号。由于调节弹簧的弹簧力可以通过调节旋钮进行预先调节设定，所以压力顺序阀只有在 12 口的输入气压达到设定压力时，会产生输出信号。这样就可以利用压力顺序阀实现由压力大小控制的顺序动作。调节旋钮就可改变压力顺序阀的开启压力，以便在不同的开启压力下，控制执行元件的顺序动作。

如图 8-22 所示的单向顺序阀，当压缩空气由左端进入阀腔后，作用于活塞 3 上的气压力超过压缩弹簧 2 的力时，将活塞顶起，压缩空气从 P 经 A 输出，此时单向阀 4 关闭。反向流动时，输入侧变成排气口，输出侧压力将顶开单向阀 4 由 O 口排气。

（三）气动流量控制阀

在气压传动系统中，有时需要控制气缸的运动速度，有时需要控制换向阀的切换时间和气动信号的传递速度，这些都需要通过调节压缩空气的流量来实现。流量控制阀的作用是通过改变阀的通气面积来调节压缩空气的流量，控制执行元件的运动速度。它主要包括节流阀、单向节流阀、排气节流阀、快速排气阀和行程节流阀等。

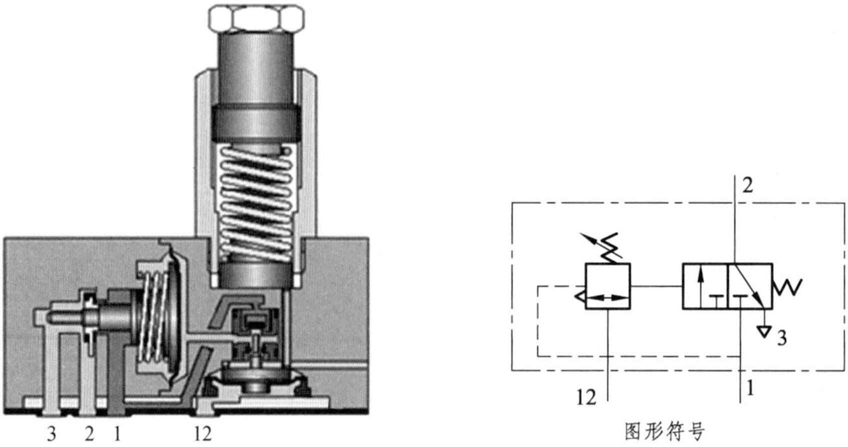

图 8-21 压力顺序阀工作原理

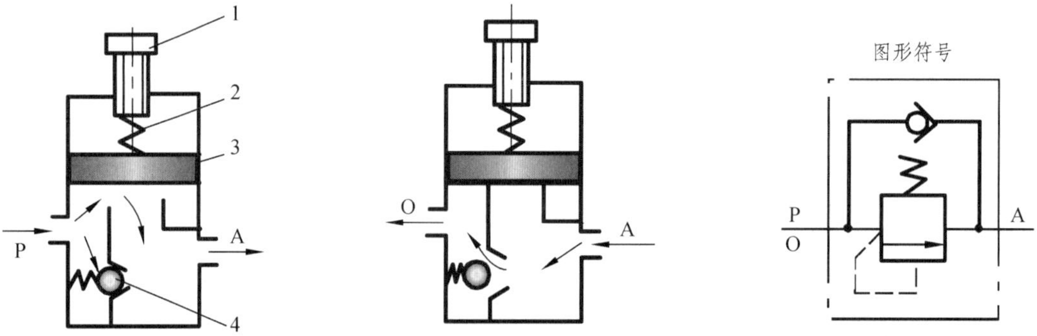

1—调节螺杆；2—弹簧；3—活塞；4—单向阀。

图 8-22 单向压力顺序阀工作原理

1. 节流阀

图 8-23 所示为圆柱斜切型节流阀的结构图。压缩空气由 P 口进入，经过节流后，由 A 口流出。旋转阀芯螺杆，就可改变节流口的开度，这样就调节了压缩空气的流量。由于这种节流阀的结构简单、体积小，故应用范围较广。

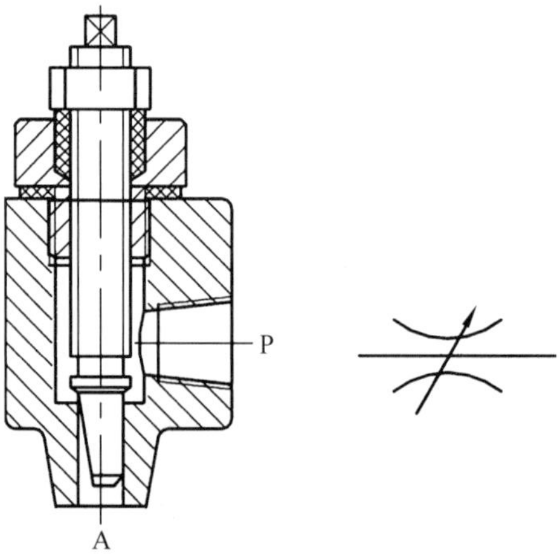

图 8-23 圆柱斜切型节流阀

2. 单向节流阀

单向节流阀是由单向阀和节流阀并联而成的组合式流量控制阀。当气流沿着图 8-24（a）所示方向流动时，经过节流阀节流；当气流沿图 8-24（b）所示方向流动时，单向阀打开，不节流，单向节流阀常用于气缸的调速和延时回路。8-24（c）所示为单向节流阀的图形符号。

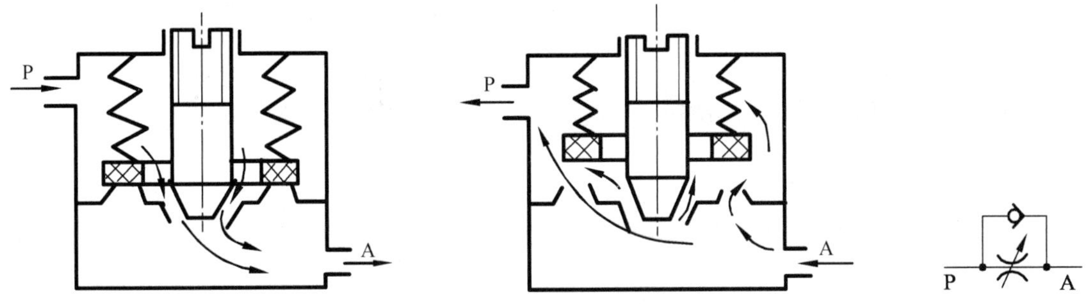

（a）　（b）　（c）

图 8-24　单向节流阀

3. 排气节流阀

排气节流阀（见图 8-25）是装在执行元件的排气口处，调节排入大气中气体流量的一种控制阀。它不仅能调节执行元件的运动速度，还常带有消声器件，所以也能起降低排气噪声的作用。其工作原理和节流阀类似，靠调节节流口处的通流面积来调节排气流量，由消声套来减小排气噪声。

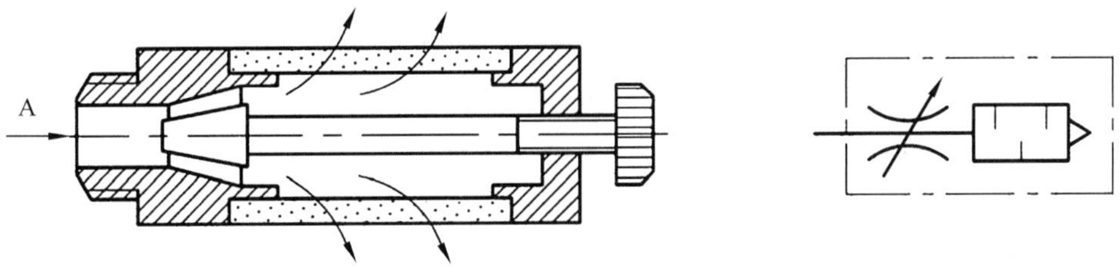

图 8-25　排气节流阀工作原理

4. 快速排气阀

图 8-26 所示为快速排气阀工作原理。进气口 P 进入压缩空气，并将密封活塞迅速上推，开启阀口 2，同时关闭排气口 O，使进气口 P 和工作口 A 相通，如图 8-26（a）所示。图 8-26（b）是 P 口没有压缩空气进入时，在 A 口和 P 口压差作用下，密封活塞迅速下降，关闭 P 口，使 A 口通过 O 口快速排气。

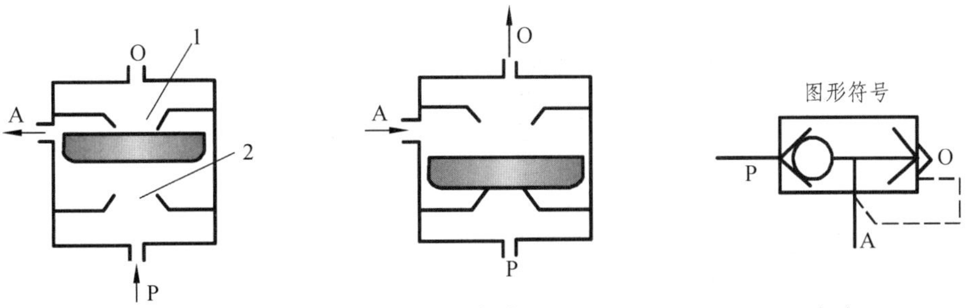

（a）　（b）　（c）

图 8-26　快速排气阀工作原理

快速排气阀常安装在换向阀和气缸之间。它使气缸的排气不用通过换向阀而快速排出，从而加速了气缸往复运动的速度，缩短了工作周期。

5. 延时阀

气动执行元件在其终端位置停留时间的控制和调节，如果采用电气控制，则通过时间继电器可以非常方便地实现；如果采用气动控制，则需要通过专门的延时阀来实现。延时阀是气动系统中的一种时间控制元件，它是通过节流阀调节气室充气时压力上升的速率来实现延时的。延时阀有常通型和常断型两种，常断型的工作原理如图 8-27 所示。

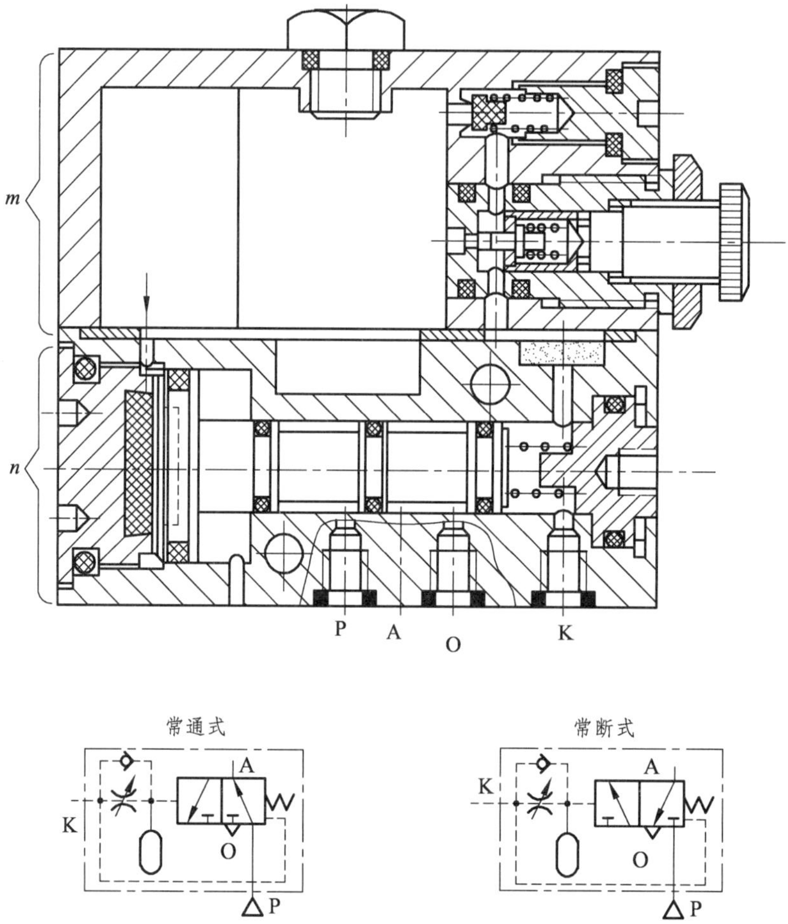

图 8-27　常断型延时阀的工作原理

四、气动逻辑元件及其他阀门

（一）或门型梭阀

在气压传动系统中，当两个通路 P_1 和 P_2 均与另一通路相通，而不允许 P_1 与 P_2 相通时，就要用或门型梭阀，如图 8-28 所示。由于阀芯像织布梭子一样来回运动，因而称之为梭阀，该阀相当于两个单向阀的组合。在逻辑回路中，它起到“或门”的作用。

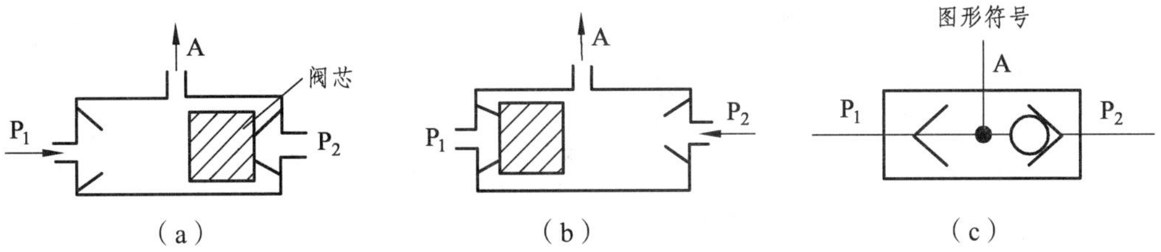

图 8-28　或门型梭阀的工作原理

梭阀有两个进气口 P_1 和 P_2，一个工作口 A，阀芯在两个方向上起单向阀的作用，其中 P_1 和 P_2 都可与 A 口相通。如图 8-28（a）所示，当 P_1 进气时，阀芯右移，封住 P_2 口，使 P_1 与 A 相通。反之，如图 8-28（b）所示，P_2 进气时，阀芯左移，封住 P_1 口，使 P_2 与 A 相通。若 P_1 与 P_2 都进气时，主要看压力加入的先后顺序和压力的大小而定。若 P_1 与 P_2 相等，则先加入压力一侧与 A 相通，后加入一侧关闭；若 P_1 与 P_2 不等，则高压口的通道打开，低压口则被封闭，高压气流从 A 口输出。梭阀的应用很广，多用于手动和自动控制的并联回路中。

（二）与门型梭阀

与门型梭阀又称双压阀，该阀只有当两个输入口 P_1、P_2 同时进气时，A 口才能输出，如图 8-29 所示。P_1 或 P_2 单独输入时，A 口无输出。当 P_1，P_2 气体压力不等时，则气压低的通过 A 口输出。

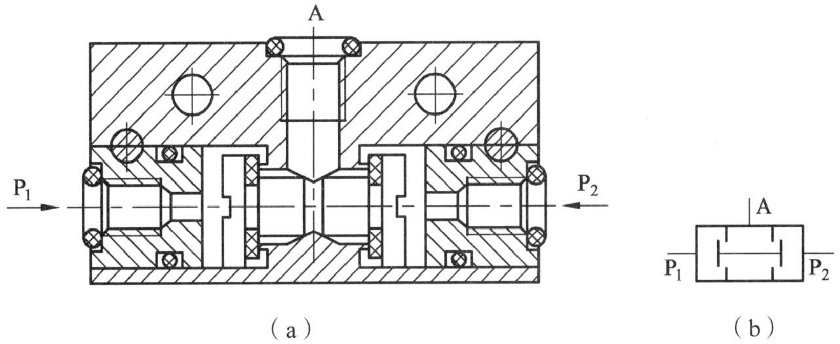

图 8-29　双压阀的工作原理

（三）气动比例、伺服阀

从控制阀的功能来说，气动比例阀和伺服阀是完全一致的，它们都是将输入的连续电信号，转换为连续的气动信号输出。

两者的区别在于，气动比例控制阀是由比例电磁铁和气动放大器组成的控制阀，气动伺服控制阀是由动圈式力矩马达和气动放大器组成的控制阀。比例阀控制精度和动态性能一般低于伺服阀，但加工精度和造价较低，常用于伺服机构以外的不带反馈的开环系统中。比例控制阀有压力比例阀（见图 8-30）和流量比例阀两类。伺服阀通常用于闭环伺服机构，输出直接带双作用气缸或摆动马达。

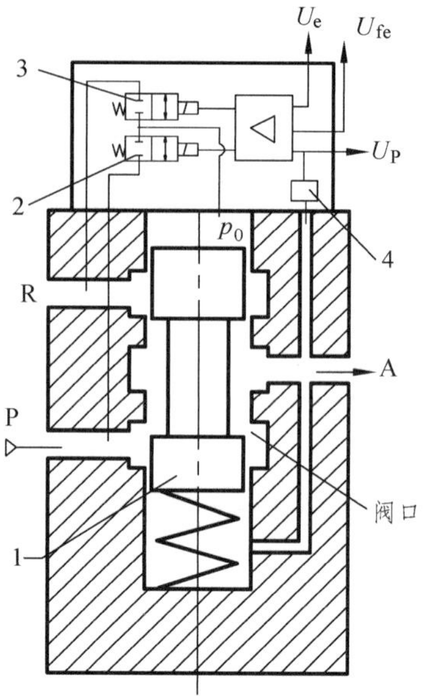

1—主阀芯；2，3—开关阀；4—压力传感器。

图 8-30　开关控制的比例压力阀

习题与思考

1. 什么是气动执行元件？根据运动方式的不同它可以分为哪几类？

2. 单作用气缸和双作用气缸在结构上有何不同？各有什么特点？

3. 总结方向控制阀、压力控制阀、流量控制阀、比例伺服阀的特点。

4. 查询相关资料或到企业进行实地调查，说明一到两种不同类型的气缸在实际生产设备中的应用。

5. 查询相关资料或到企业进行实地调查，说明压力控制阀、比例伺服阀在实际生产中的应用。

6. 确定稳中求进工作总基调，统筹发展和安全，明确我国社会主要矛盾是人民日益增长的（　　）和（　　）之间的矛盾，并紧紧围绕这个社会主要矛盾推进各项工作，不断丰富和发展人类文明新形态。

A. 美好生活需要　　相对落后生产
B. 精神文化需要　　不平衡不充分的发展
C. 幸福生活需要　　物质文化相对落后
D. 美好生活需要　　不平衡不充分的发展

项目九

气动基本回路及真空回路

【知识目标】

✧ 掌握气动基本回路的分类、组成、工作原理及特点。

✧ 理解真空元件的分类、工作原理、作用、职能符号。

✧ 了解气动回路的安装、调试、故障诊断与维修和使用维护方法。

【技能目标】

✧ 能够设计、连接、调试气动基本回路。

【素养目标】

✧ 培养良好的专业精神、职业精神、团队精神和工匠精神。

✧ 独立思考的学习习惯，同时兼顾协同设计能力的培养。

✧ 培养制订工作进度表以及控制进度的执行能力。

✧ 培养方案设计与评估决策能力。

一、项目引入

与液压基本回路相同，气动基本回路也是构成气动系统的组成部分。任何复杂的气动系统，都是由一些简单的气动基本回路构成的。掌握气动基本回路的组成、工作原理及功能，对于分析和设计气动系统，具有十分重要的意义。

气动系统由于采用的元件和连接方式不同，可实现各种不同的功能，而任何复杂的气动控制系统，都是由若干个具有特定功能的基本回路组成的。

这些基本回路主要包括换向回路、压力控制回路、速度控制回路、安全回路、往复回路和同步回路等。常用基本回路的原理图及特点说明见表 9-1 ~ 表 9-8。

表 9-1　换向回路工作原理图及应用说明

<table>
<tr><th>序号</th><th colspan="2">分类</th><th>工作原理图</th><th>应用说明</th></tr>
<tr><td>1</td><td colspan="2" rowspan="3">单作用气缸换向回路</td><td>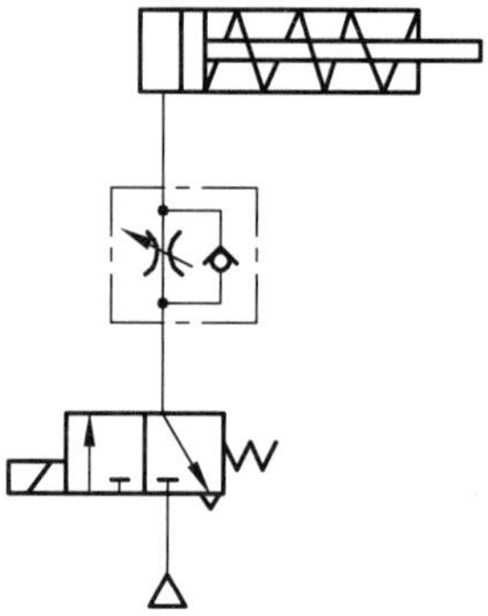</td><td>气缸活塞杆运动的一个方向靠压缩空气驱动，另一个方向则靠其他外力，如重力、弹簧力等驱动。这种回路简单，可选用简单结构的二位三通阀来控制。
换向阀通电时活塞杆伸出，断电时活塞杆靠弹簧力返回</td></tr>
<tr><td>2</td><td>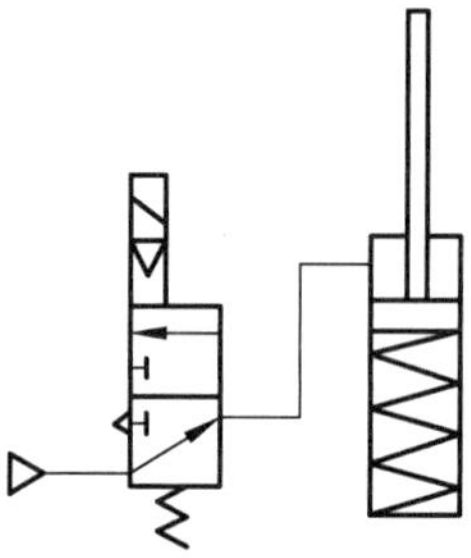</td><td>换向阀断电时活塞杆缩回，通电时活塞杆靠弹簧力伸出</td></tr>
<tr><td>3</td><td>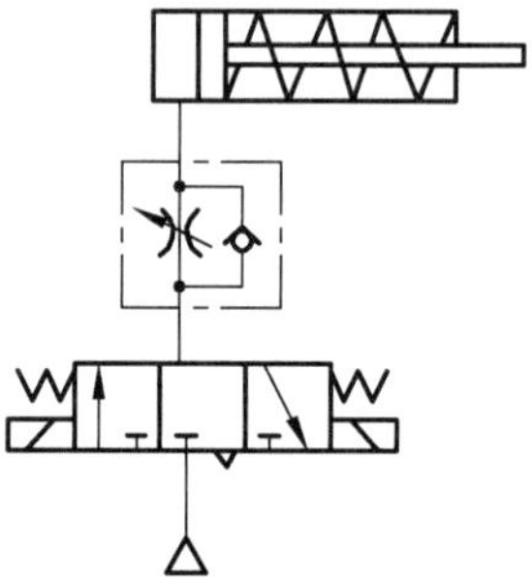</td><td>控制气缸的换向阀带有全封闭型中间位置，可使气缸活塞停止在任意位置，但定位精度不高</td></tr>
<tr><td>4</td><td>双作用气缸换向回路</td><td>单电控二位五通阀控制回路</td><td>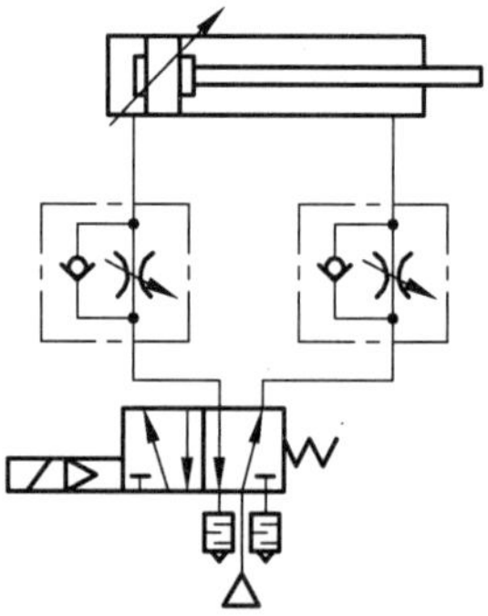</td><td>回路中采用单电控换向阀，电磁铁通电活塞伸出，采用排气路节流调速，可以承受负向载荷</td></tr>
</table>

续表

序号	分类		工作原理图	应用说明
5	双作用气缸换向回路	双电控阀控制回路	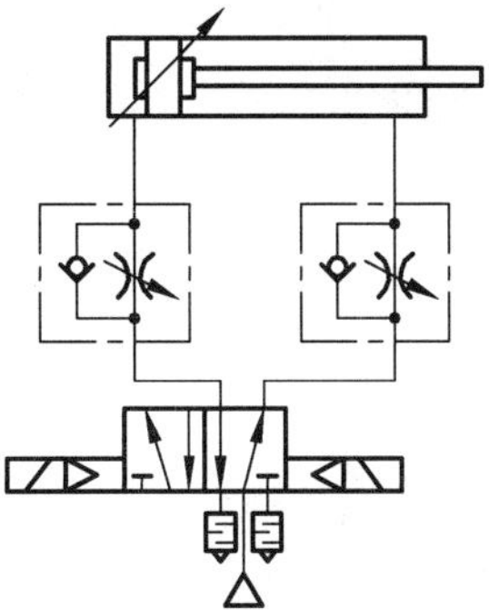	回路中采用了双电控换向阀，换向信号可以为短脉冲信号，因此电磁铁发热少，并具有断电保持功能
6		中间封闭型三位五通阀控制回路	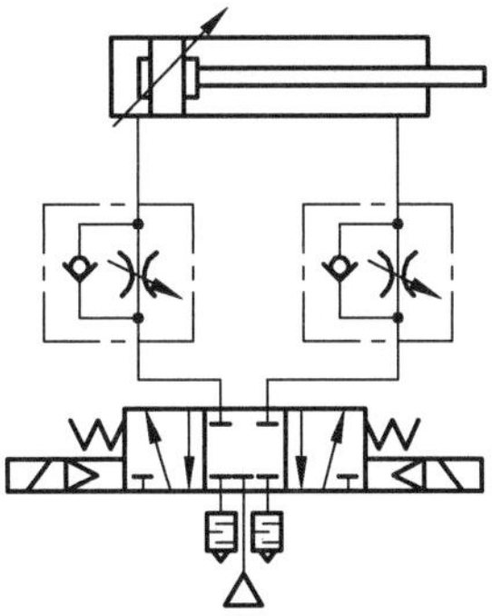	左侧电磁铁通电时，活塞杆伸出；右侧电磁铁通电时，活塞杆缩回。左、右两侧电磁铁同时断电时，活塞可停止在任意位置，但定位精度不高
7		中间排气型三位五通阀控制回路	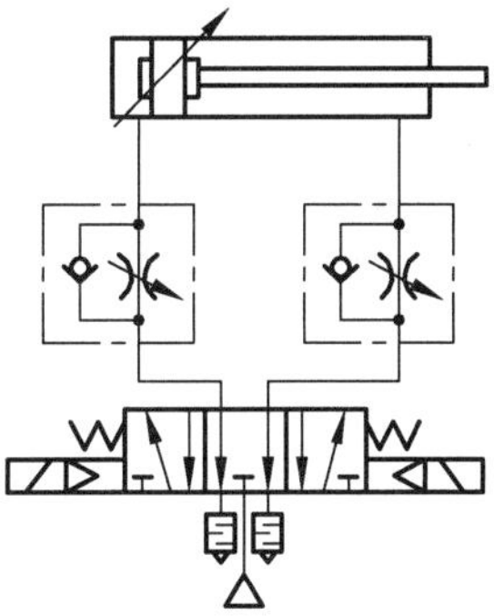	当电磁阀处于中间位置时活塞杆处于自由状态，可由其他机构驱动
8		中间加压型三位阀控制回路	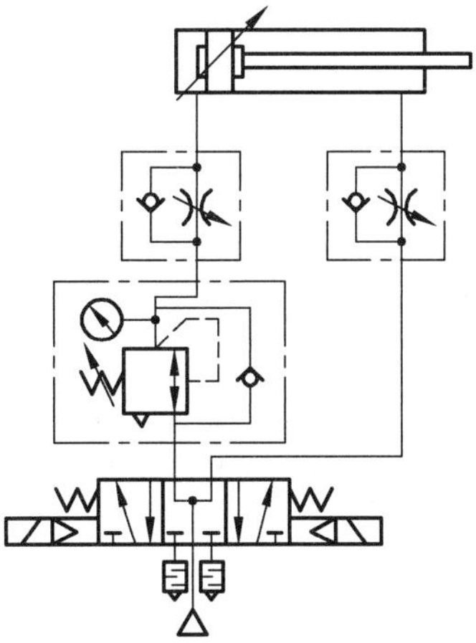	当左、右两侧电磁铁同时断电时，活塞可停止在任何位置，但定位精度不高。采用一个压力控制阀，调节无杆腔的压力，使得在活塞双向加压时，保持力的平衡

续表

序号	分类		工作原理图	应用说明
9	双作用气缸换向回路	中间加压型三位阀控制回路	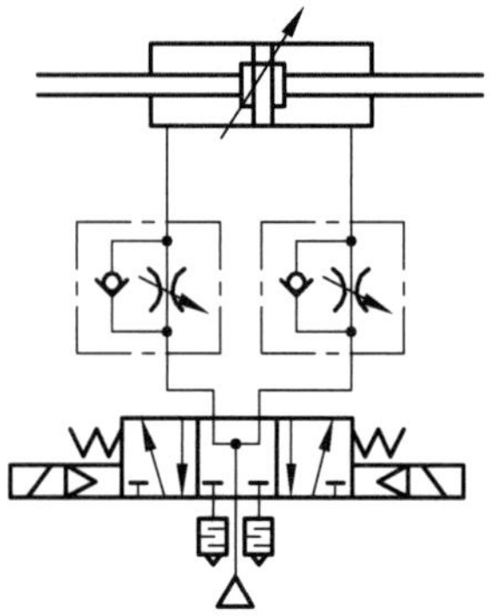	采用双活塞杆气缸使活塞两端受压面积相等，当双向加压时，可保持力的平衡
10		远程控制回路	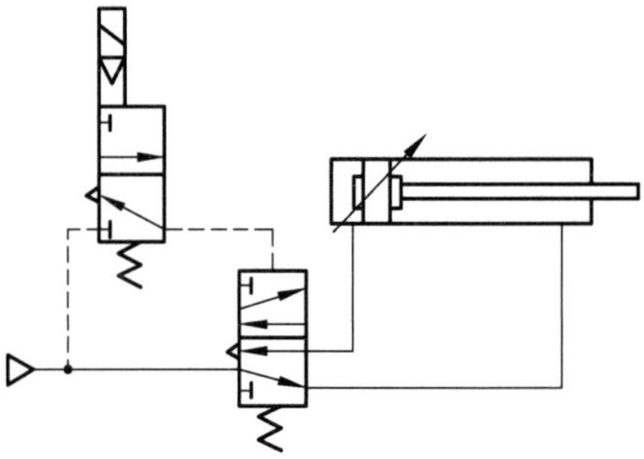	采用二位五通气控阀作为主控阀，其先导控制压力由一个二位三通电磁阀进行远程控制。该回路可以应用于有防爆要求的特殊场合
11		双气控阀控制回路	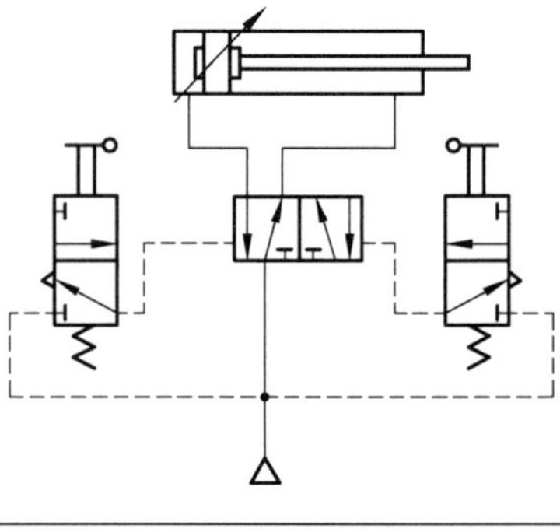	主控阀为双气控二位五通阀，两个二位三通阀作为主控阀的先导阀，可进行遥控操作实现气缸的换向
12		两个二位三通阀的控制回路	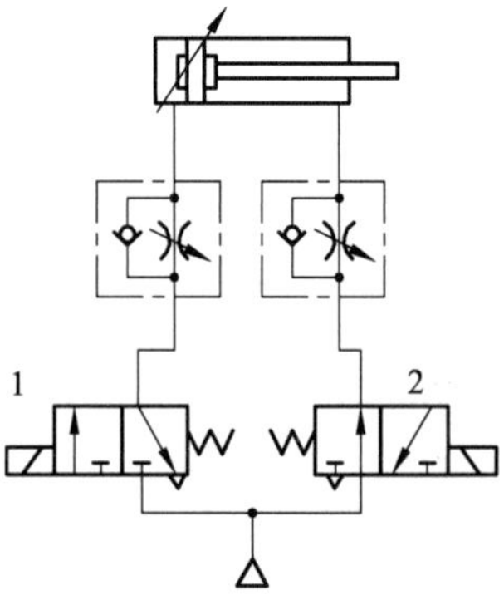	回路中，两个二位三通阀中一个为常通阀，另一个为常断阀。当两个电磁阀同时动作时可实现气缸换向

续表

序号	分类		工作原理图	应用说明
13	双作用气缸换向回路	二位三通阀的差动回路	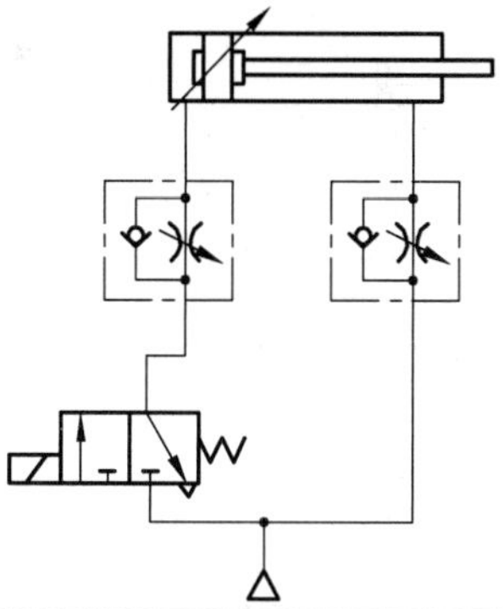	回路中，采用一个二位三通阀的差动回路可实现气缸换向
14		带有自保的控制回路	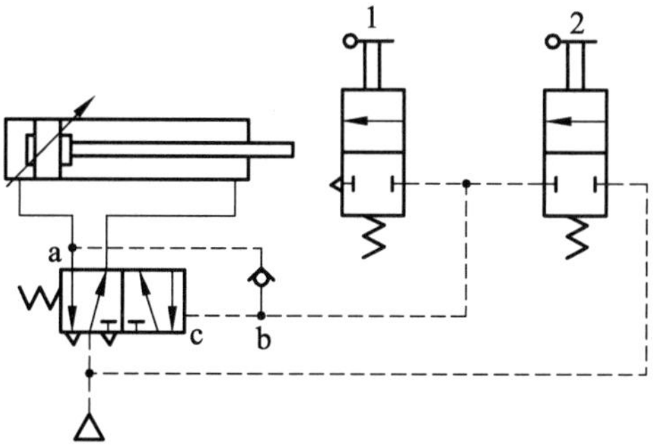	回路中，两个二位二通阀分别控制气缸运动的两个方向。图示位置为气缸右腔进气。当阀 2 按下时，由气动管路向阀右端供气，使二位五通阀切换，则气缸左腔进气，右腔排气，同时自保回路中从 a 点经单向阀、b 点和 c 点给阀的右端增加压气，以防中途气阀 2 失灵，阀芯被弹簧弹回，自动换向，造成误动作（即自保作用）。当阀 2 复位，按下阀 1 时，二位五通阀右端压缩空气排出，则阀芯靠弹簧复位，实现气缸换向

表 9-2　压力控制回路工作原理图及应用说明

序号	分类	工作原理图	应用说明
1	一次压力换向回路	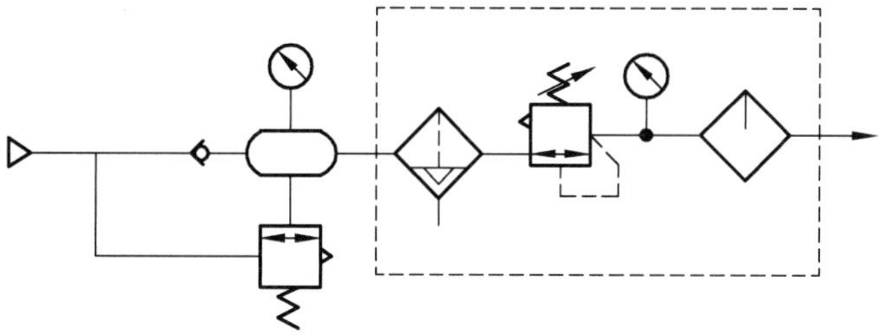	一次压力控制回路用于使储气罐送出的气体压力不超过规定压力
2	二次压力换向回路	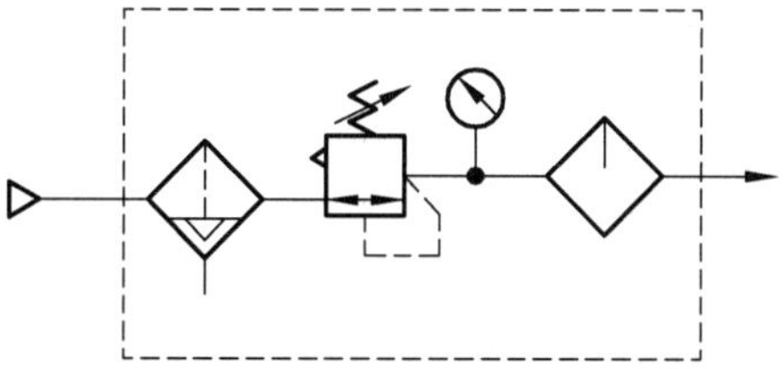	用于气动系统气源压力的控制，以保证系统使用的气源压力为一稳定值。逻辑单元的供气应接在油雾器之前，因为逻辑单元中不能加入润滑油

续表

序号	分类	工作原理图	应用说明
3	差压回路	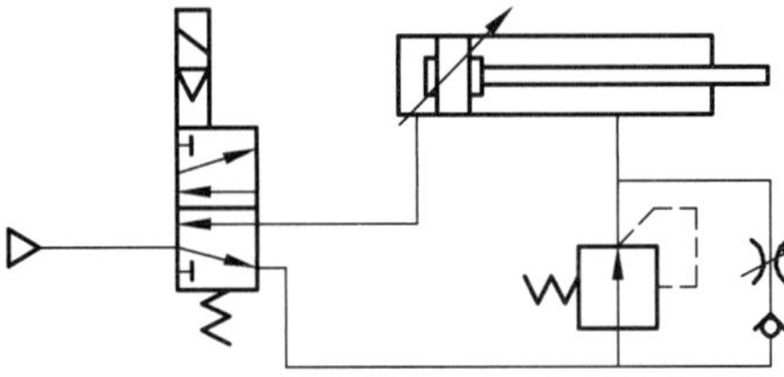 （a） 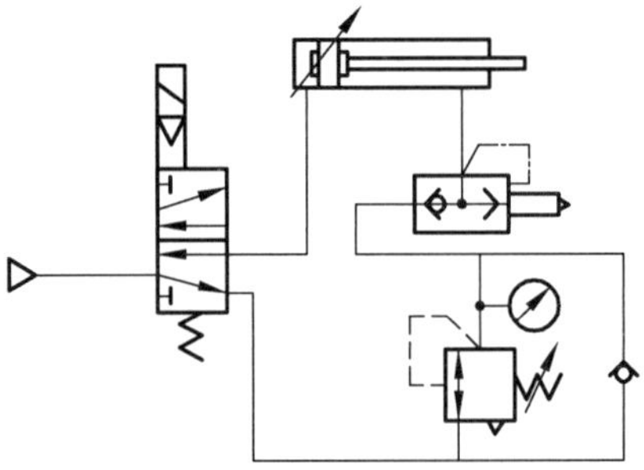 （b）	采用单向减压阀的差压回路，当活塞杆伸出时为高压，返回时空气通过减压阀减压，利用较低的压力来驱动气缸。图（a）与图（b）原理一样
4	限压回路	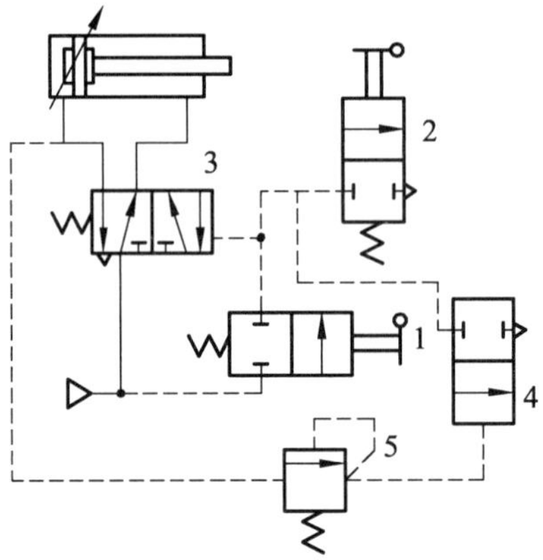	回路中，按下阀 1 时，换向阀 3 换向，活塞杆开始伸出。当挡块遇行程阀 2 后压下阀 2，换向阀 3 复位并使活塞返回。如果气缸在前进中遇到较大的阻碍，气缸左腔压力增高，顺序阀 5 动作，压缩空气推动二位二通阀 4 换向，于是换向阀 3 右侧排气，活塞自动返回
5	高低压转换回路	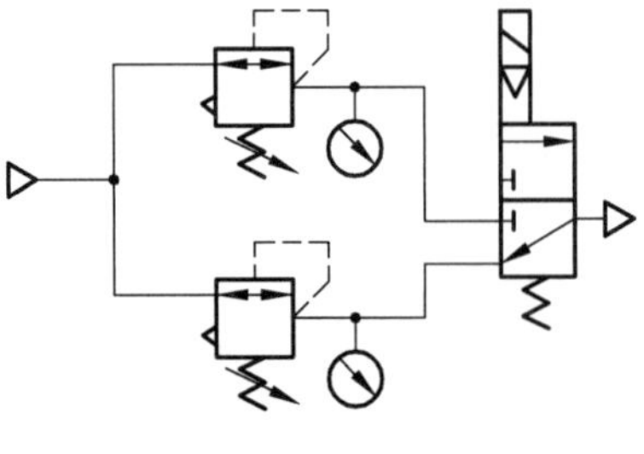	用于低压气源和高压气源的转换输出

续表

序号	分类	工作原理图	应用说明
6	多级压力控制回路	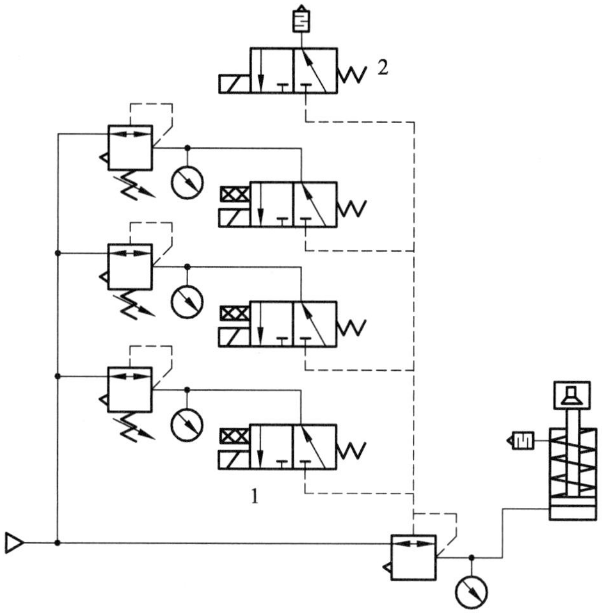	多级压力控制回路中，远程调压阀的先导压力通过三通电磁阀 1 的切换来控制。根据工作需要可以分别设定低、中、高 3 种先导压力。在进行压力切换时，必须先用电磁阀 2 将先导压力泄压，然后再选择新的先导压力
7	采用比例调压阀的无级压力控制回路	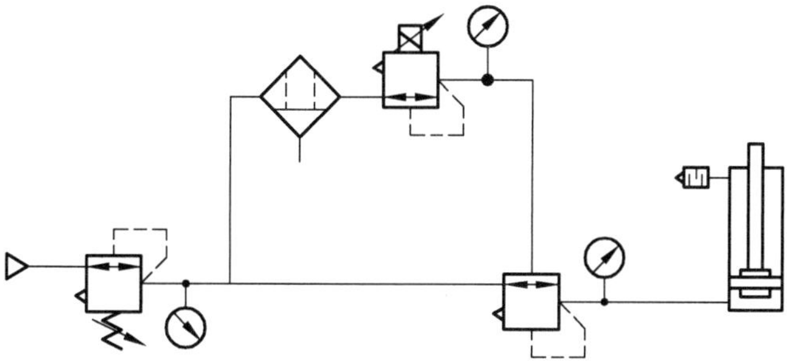	回路中，采用一个小型比例减压阀作为先导压力控制阀可实现压力的无级控制。比例压力阀的入口应使用一个除油器，防止油雾和杂质进入比例阀，影响阀的性能和使用寿命
8	增压控制回路	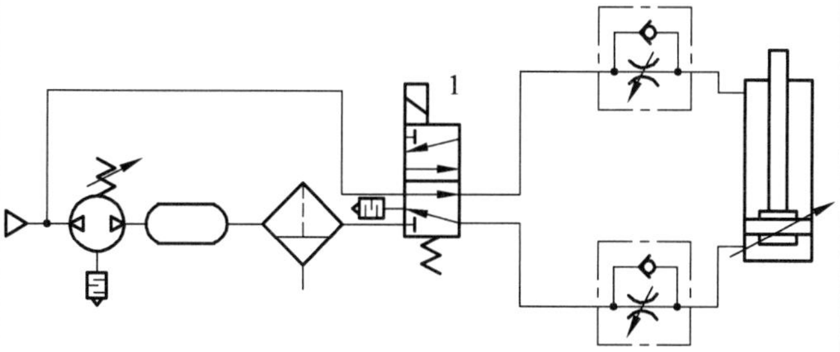	回路中，当二位五通电磁阀 1 通电时，气缸在增压泵供气下实现增压驱动；当电磁阀 1 断电时，气缸在正常压力作用下返回

续表

序号	分类	工作原理图	应用说明
9	增压回路	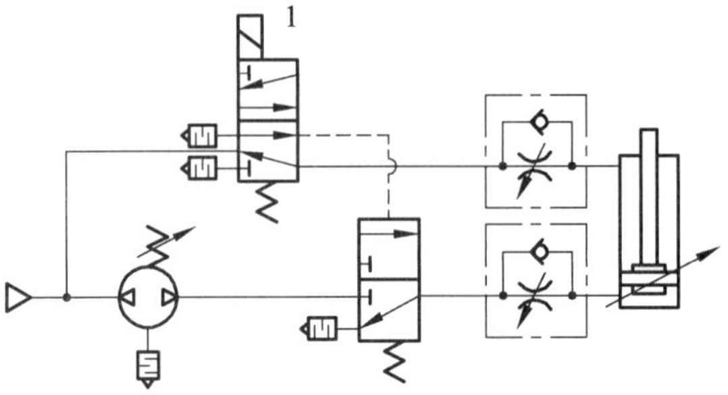	回路中，当二位五通电磁阀 1 通电时，利用气控信号使主换向阀切换，增压泵给气缸供气进行增压驱动；当电磁阀 1 断电时，气缸在正常压力作用下返回
10	气/液增压缸增压回路	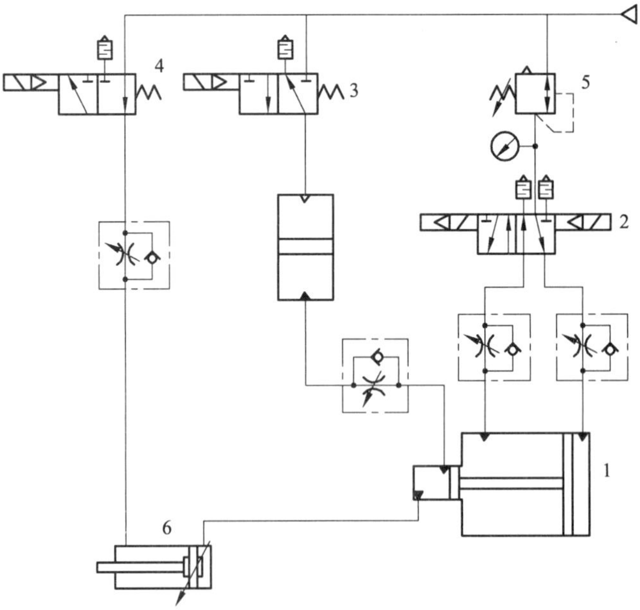	回路中，当三通电磁阀 3，4 通电时，气/液缸 6 在与气压相同的油压作用下伸出；当需要大输出力时，则使五通电磁阀 2 通电，让气/液增压缸 1 动作，实现气/液缸的增压驱动。让五通电磁阀 2 和三通电磁阀 3、4 断电时，则可使气/液增压缸返回。气/液增压缸 1 的输出可通过减压阀 5 进行设定
11	串联气缸增力回路	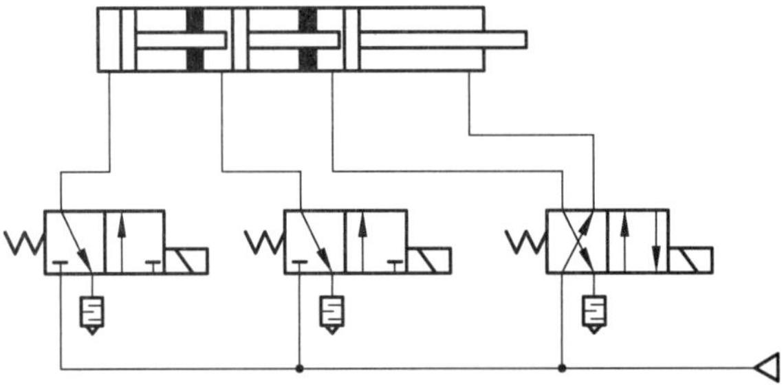	回路中，3 段活塞缸串联，电磁换向阀通电时，3 个气缸都进压缩空气，使活塞杆增力推出。复位时，电磁阀断电，气缸右端口进气，把活塞杆拉回

续表

序号	分类	工作原理图	应用说明
12	压力控制顺序回路	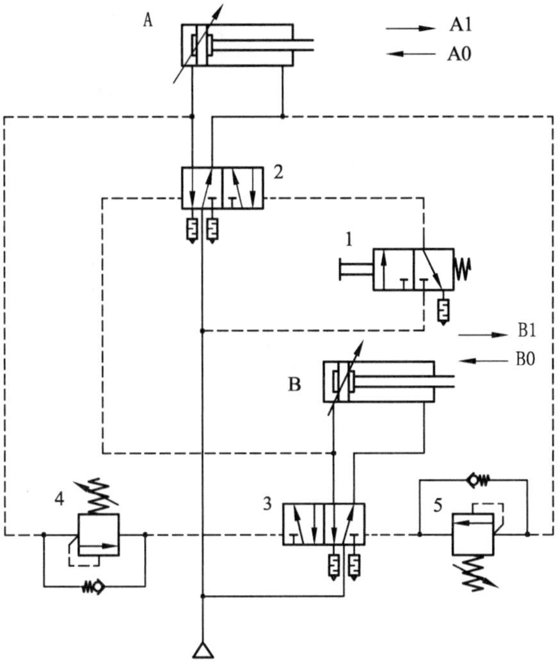	启动按钮1动作后，换向阀2换向，A缸左腔压力增高，顺序阀4动作，推动阀3换向，B缸活塞杆缩回完成B0动作，同时完成A0动作；最后A缸右腔压力增高，顺序阀5动作。使阀3换向完成B0动作，顺序阀4及5需调整到一定压力后才动作

表 9-3　速度控制回路工作原理图及应用说明

序号	分类		工作原理图	应用说明
1	单作用气缸速度控制回路	双向调速回路	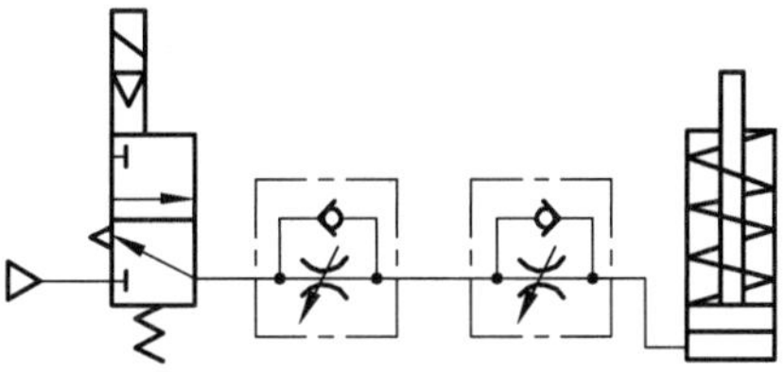	通过调节两个节流阀的开度，分别控制活塞杆伸出及返回的速度
2		快速返回回路	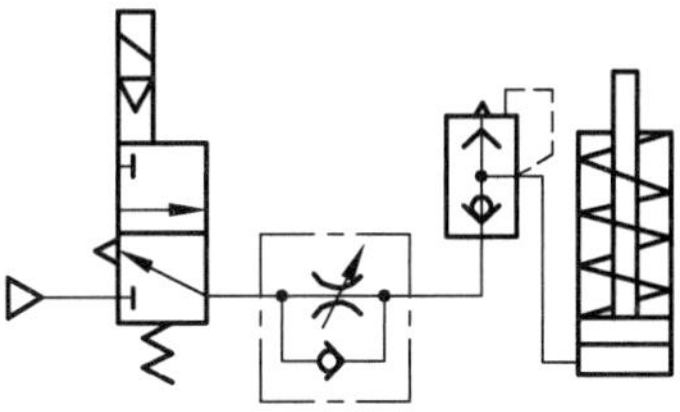	当活塞返回时，气缸下腔经快速排气阀直接排气，故可实现快速返回
3	双作用气缸速度控制回路	采用单向节流阀速度控制回路	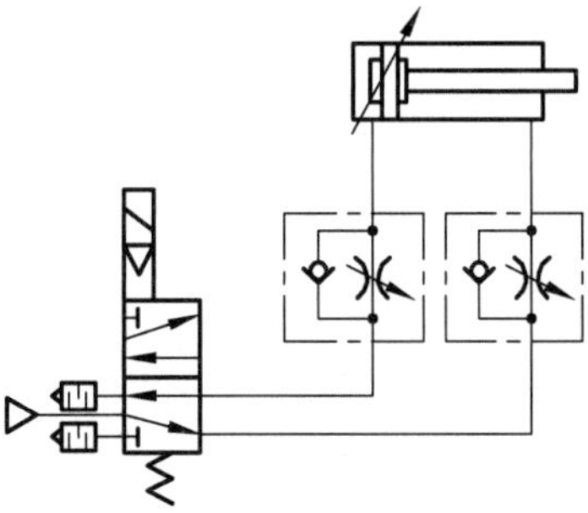	在气缸两个气口分别安装一个单向节流阀，活塞两个方向的运动分别通过单向节流阀调节。为保证其运动平稳性，常采用排气节流型单向节流阀

续表

序号	分类		工作原理图	应用说明
4	双作用气缸速度控制回路	采用排气节流阀的速度控制回路	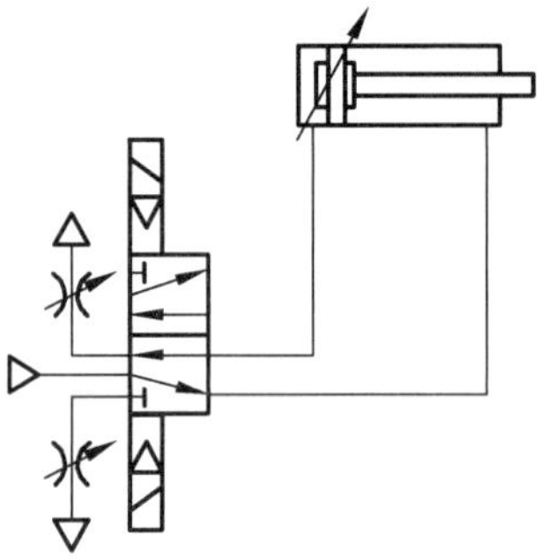	回路中，采用二位五通阀，在阀的两个排气口分别安装节流阀，实现排气节流速度控制。该回路控制方法比较简单，应用较广
5		快速返回回路	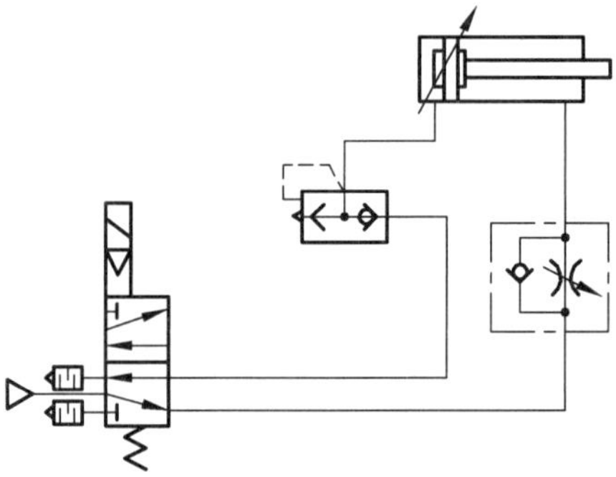	回路中，活塞杆伸出时，利用单向节流阀调节速度；返回时通过快速排气阀排气实现快速返回
6		中间变速回路	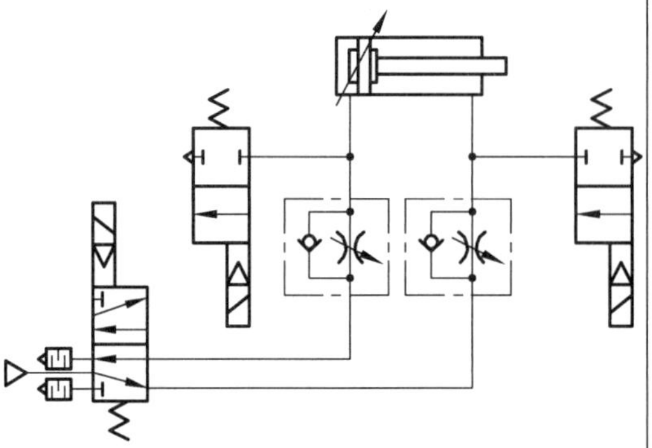	回路中，用两个二位二通阀与速度控制阀并联，可以让活塞在运动中的任意位置发出信号，通过二位二通阀使背压腔空气直接排出到大气中，从而改变气缸的运动速度
7		高速动作回路	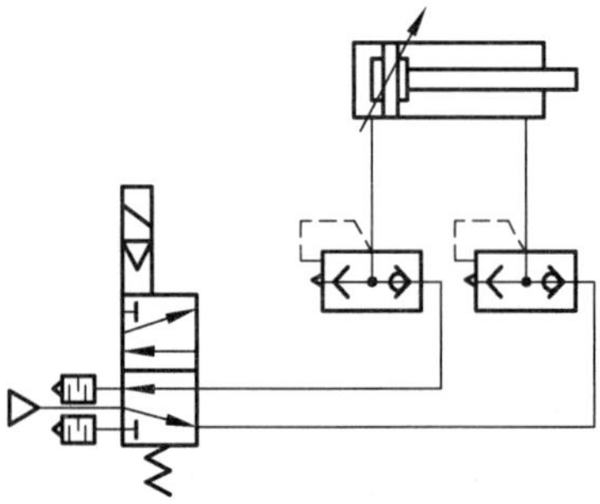	回路中，气缸的进、排气口均装有快速排气阀，从而使气缸活塞运动加速，实现快速换向

续表

序号	分类		工作原理图	应用说明
8	双作用气缸速度控制回路	采用电/气比例节流阀的速度控制回路	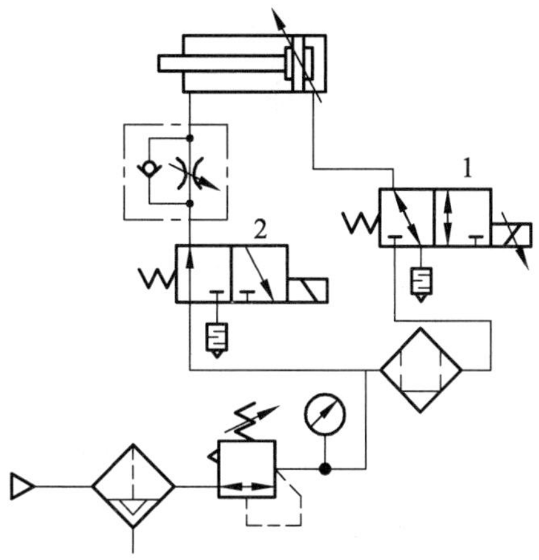	回路可实现气缸的无级调速。当电磁阀2通电时，给电/气比例节流阀1输入电信号，使气缸前进。当电磁阀2断电时，利用电信号设定电气比例阀1的节流阀开度，使气缸以设定的速度后退。阀1和阀2应同时动作，以防止气缸启动“冲出”

表 9-4 安全回路工作原理图及应用说明

序号	分类	工作原理图	应用说明
1	采用中位加压式换向阀防止启动飞出	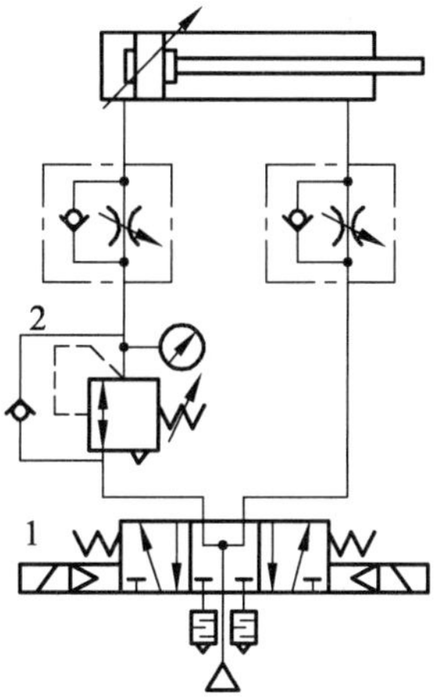	回路中，采用具有中间加压机能的三位五通换向阀1在气缸启动前使排气侧产生背压。当气缸为单活塞杆气缸时，由于气缸有杆腔和无杆腔的压力作用面积不同，因此在电磁换向阀处于中位时，利用减压阀来使气缸两侧的压力保持平衡
2	采用进气节流调速阀防止启动飞出	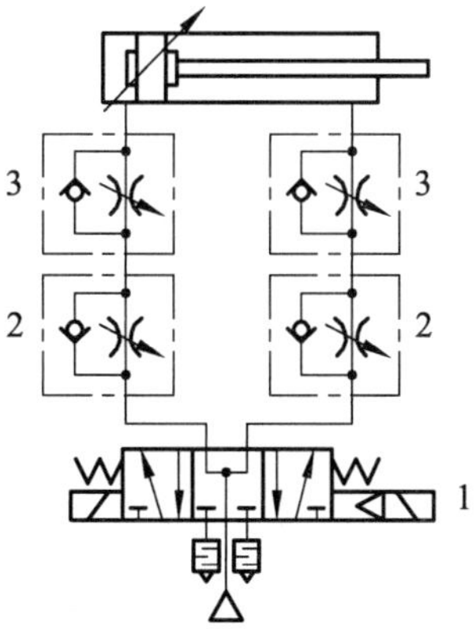	回路中，当三位五通电磁阀1断电时，气缸两腔都卸压。启动时，由于调速阀3的进气节流调速性能较差，因此在气缸的出气侧还串联了一个排气节流调速阀2，用来改善启动后的调速特性。需要注意进气节流调速阀3和排气节流调速阀2的安装顺序，进气节流调速阀3应靠近气缸

续表

序号	分类	工作原理图	应用说明
3	利用制动气缸的防止落下回路	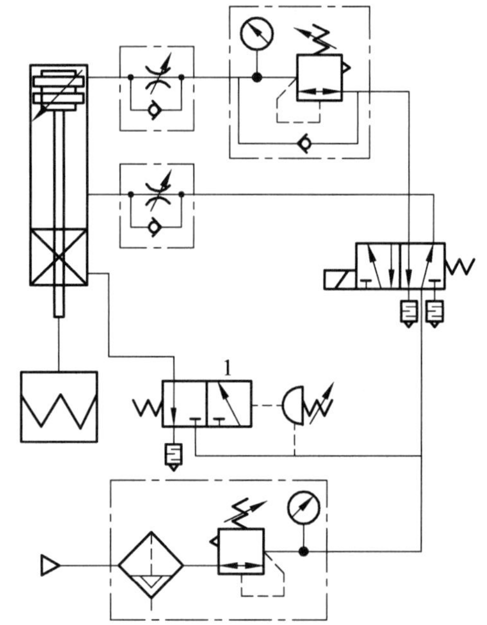	回路中，利用三通锁定阀 1 的调压弹簧可以设定一个安全压力。当气源压力正常，即高于所设定的安全压力时，三通锁定阀 1 在气源压力的作用下切换，使制动气缸的制动机构松开。当气源压力低于所设定的安全压力时，三通锁定阀 1 在复位弹簧的作用下复位，使其出口和排气口相通，制动机构锁紧，从而防止气缸落下。为了提高制动机构的响应速度三通锁定阀 1 应尽可能靠近制动机构的气控口
4	利用端点锁定气缸的防止落下回路	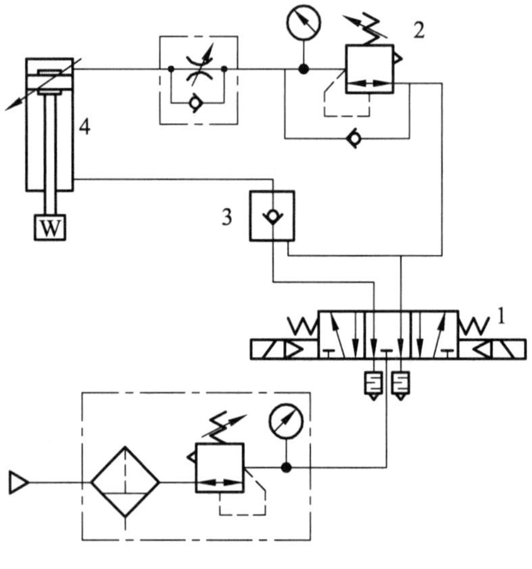	回路中，利用单向减压阀 2 调节负载平衡压力。在上端点使五通电磁阀 1 断电，控制端点锁定气缸 4 的锁定机构，可防止气缸落下。当气缸在行程中间，由于非正常情况导致电磁阀断电时，气控单向阀 3 可使气缸在行程中间停止

续表

序号	分类	工作原理图	应用说明
5	采用溢流阀的缓冲回路	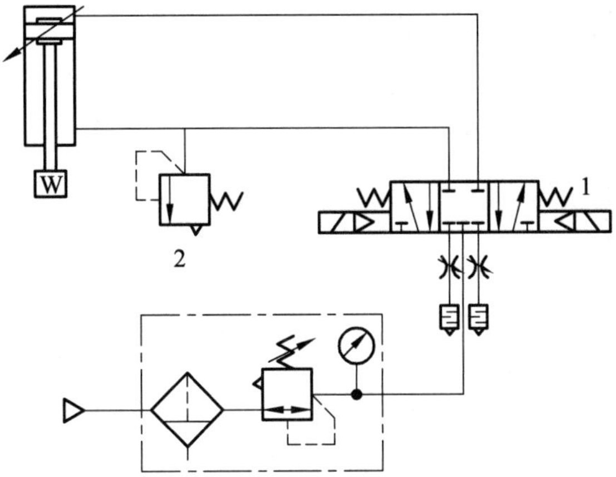	回路中，利用具有中位封闭机能的三位五通电磁阀 1 控制气缸的动作。电磁阀 1 和气缸有杆腔之间设置有一个溢流阀 2。当气缸快接近停止位置时，使电磁阀 1 断电。由于电磁阀的中位封闭机能，背压侧的气体只能通过溢流阀 2 流出，从而在有杆腔形成一个由溢流阀所调定的背压，起到缓冲作用。该回路的缓冲效果较好，但停止位置的控制较困难，最好能和气缸内置的缓冲机构并用

表 9-5　位置控制回路工作原理图及应用说明

序号	分类	工作原理图	应用说明
1	利用外部挡块的定位回路	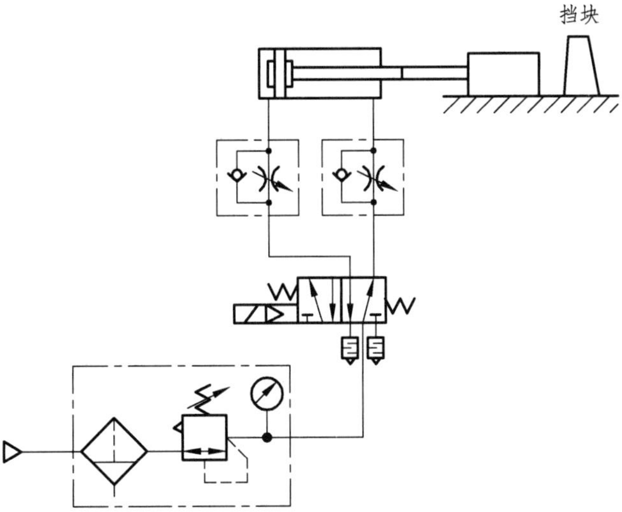	在定位点设置机械挡块，使气缸在行程中间可靠定位，定位精度取决于机械挡块的设置精度。这种位置控制方法的缺点是定位点的调整比较困难，挡块与气缸之间还应考虑缓冲的问题

续表

序号	分类	工作原理图	应用说明
2	串联气缸的三位置控制回路	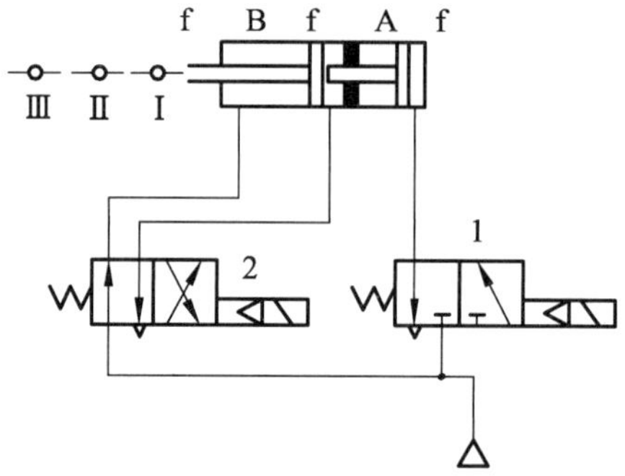	串联气缸的位置控制回路。图示位置为两缸的活塞杆均处于缩进状态，当阀2不通电，而阀1通电换向时，A缸活塞杆向左推动B缸活塞杆，其行程为Ⅰ—Ⅱ。当阀1保持通电而阀2通电切换时，缸B活塞杆杆端由位置Ⅱ继续前进到Ⅲ。此外，可在两缸端盖上f处于活塞杆平行安装调节螺钉，相应地控制行程位置，使缸B活塞杆可停留在Ⅰ—Ⅱ、Ⅱ—Ⅲ之间的所需位置
3	制动气缸位置控制回路	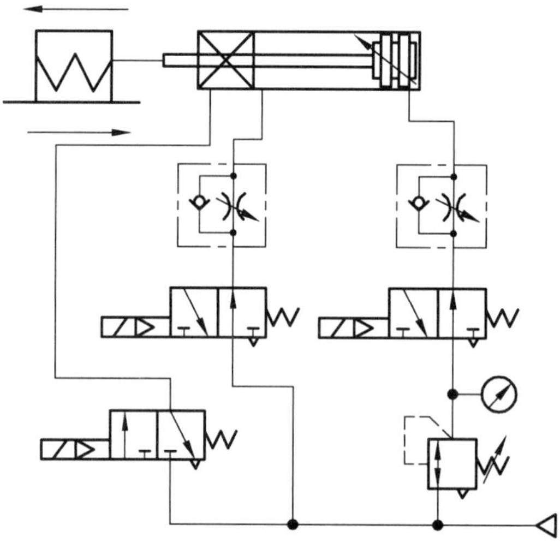	回路中，如果制动装置为气压制动型，气源压力应在0.1 MPa以上；如果为弹簧+气压制动型，气源压力应在0.35 MPa以上。气缸制动后，活塞两侧应处于力平衡状态，为防止制动解除时活塞杆飞出，设置了减压阀。解除制动信号应超前于气缸的往复信号或同时出现
4		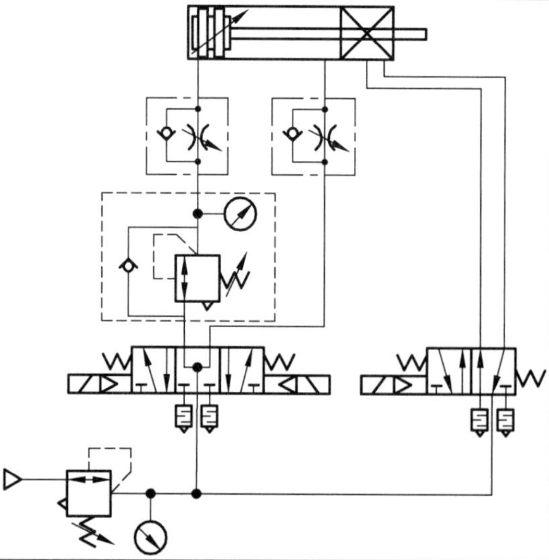	回路中，制动装置为双作用型，即卡紧和松开都通过气压来驱动。采用中位加压型三位五通阀来控制气缸的伸出与缩回

续表

序号	分类	工作原理图	应用说明
5	带垂直负载(向下)的制动气缸位置控制回路	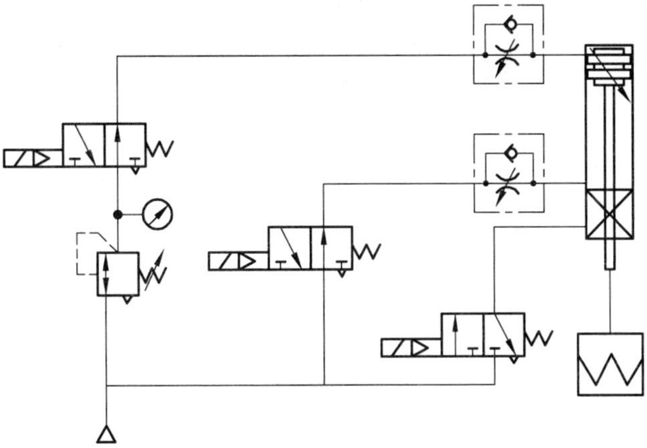	回路中,气缸带有垂直负载时,为防止突然断气时负载掉下,应采用弹簧+气压制动型或弹簧制动型的制动装置
6	带垂直负载(向上)的制动气缸位置控制回路	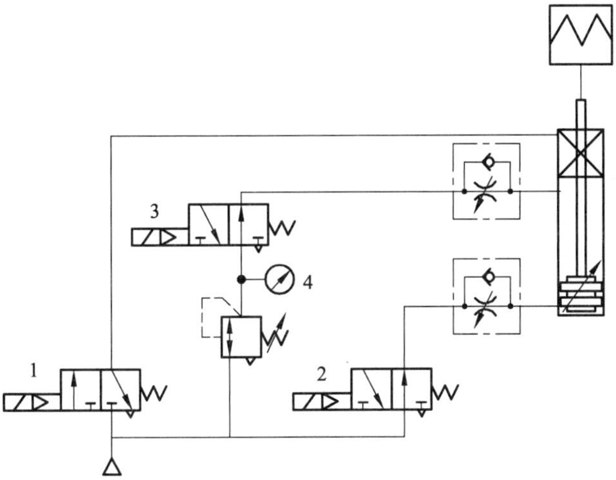	回路中,垂直负载向上时,为了使制动后活塞两侧处于力平衡状态,减压阀4应设置在气缸有杆腔侧
7	使用气/液转换器的位置控制回路	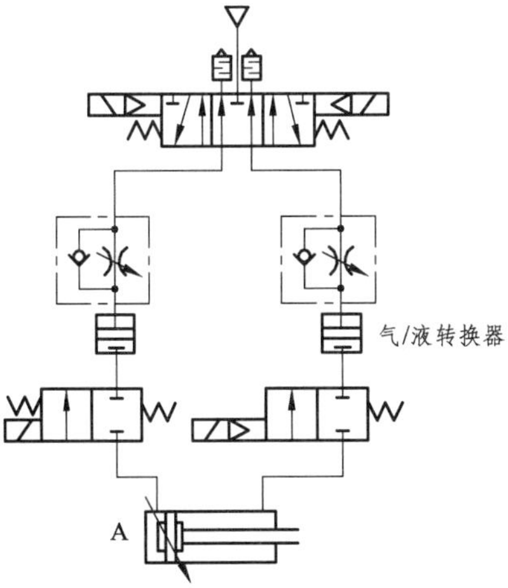	回路中，通过气/液转换器,利用气体压力推动液压缸运动,可以获得较高的定位精度,但在一定程度上要牺牲运动速度

续表

序号	分类	工作原理图	应用说明
8	使用气/液转换器的位置控制回路	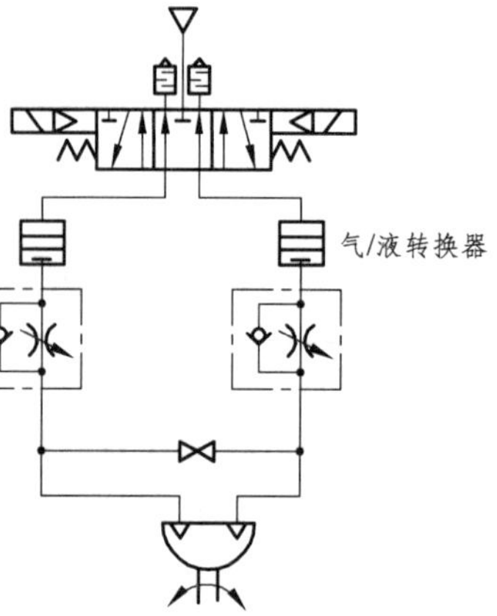	回路中，通过气/液转换器,利用气体压力推动摆动液压缸运动，可以获得较高的中间定位精度

表 9-6　往复动作回路工作原理图及应用说明

序号	分类	工作原理图	应用说明
1	加压往复回路	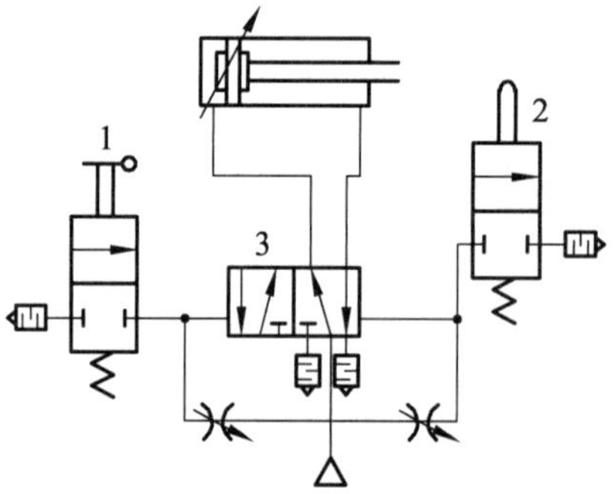	手动加压往复回路中，手动阀 1 动作后，换向阀左端压力下降，右端压力大于左端，使阀 3 换向，活塞杆伸出至压下行程阀 2，阀 3 右端压力下降，又使换向阀 3 切换，活塞杆收回，完成一次往复运动
2	卸压往复回路	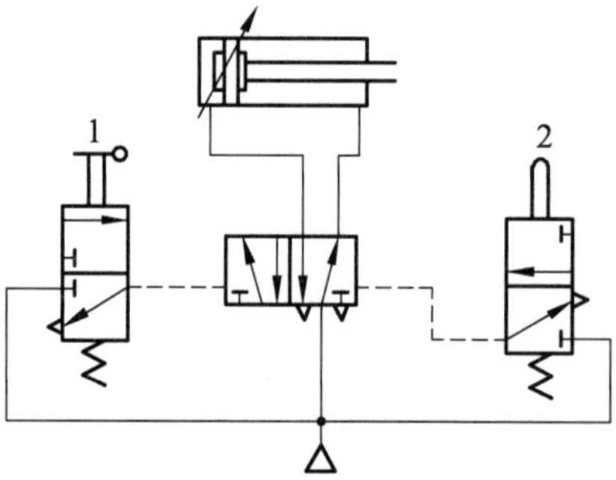	卸压往复回路中，手动阀 1 动作后，换向阀换向，活塞杆伸出。当撞块压下行程阀 2 时，压缩空气使主换向阀换向，活塞杆缩回，完成一次往复运动

续表

序号	分类	工作原理图	应用说明
3	利用行程阀的自动往复回路	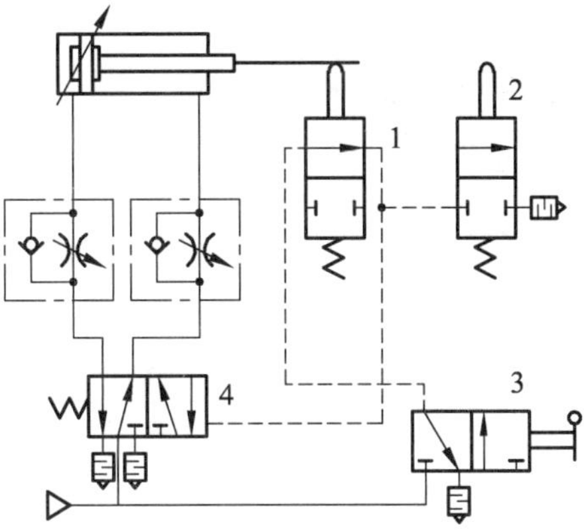	当启动阀 3 后，压缩空气通过行程阀 1 使阀 4 换向，活塞杆伸出。当撞块压下行程阀 2 后，换向阀 4 在弹簧作用下换向使活塞杆返回。这样使活塞进行连续自动往复运动，一直到关闭阀 3 后，运动停止
4	利用时间控制的连续自动往复回路	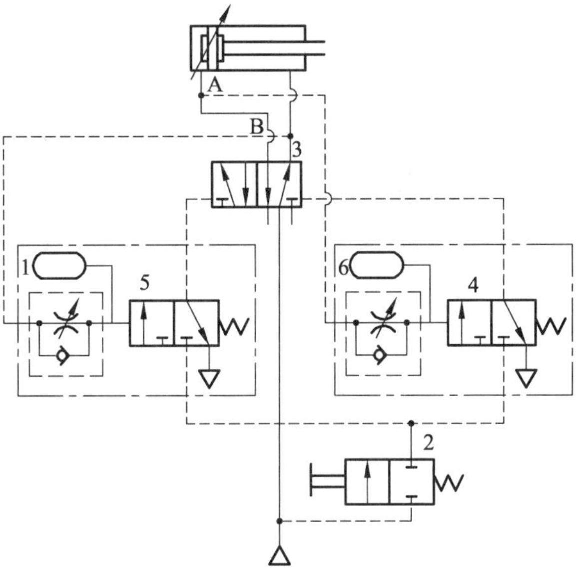	回路中，当换向阀 3 处于图中所示位置时，压缩空气沿管路 B 经节流阀向气室 1 充气，经过一段时间后，气室 1 内压力增高，切换二位三通阀 5，压缩空气通过阀 5 使阀 3 换向。活塞杆伸出同时压缩空气经管路 A 及节流阀又向气室 6 充气，待压力增高后切换阀 4，从而使阀 3 换向，活塞杆退回。这种回路可以使活塞杆连续自动往复运动。手动阀 2 为启动、停止用

表 9-7　同步动作回路工作原理图及应用说明

序号	分类	工作原理图	应用说明
1	刚性连接的同步回路	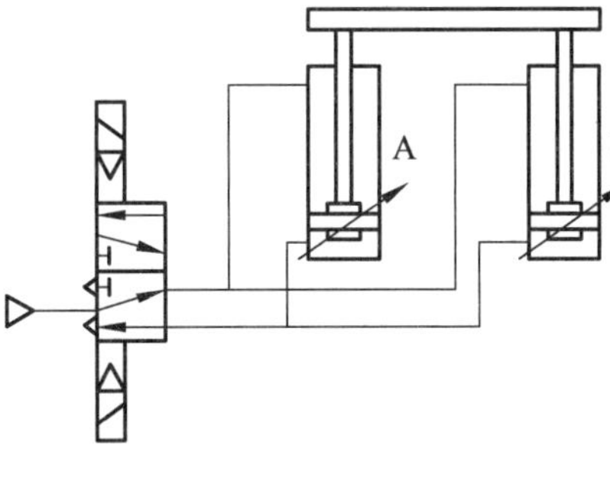	采用刚性连接方式，使两个气缸同步

续表

序号	分类	工作原理图	应用说明
2	刚性连接的同步回路	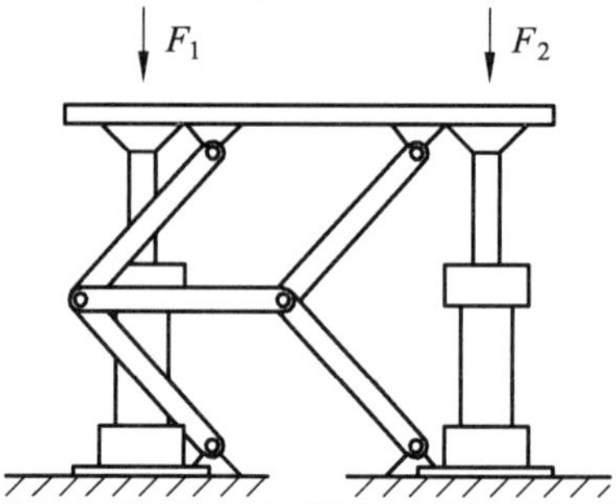	采用连杆机构实现两个气缸的同步
3	利用节流阀的同步回路	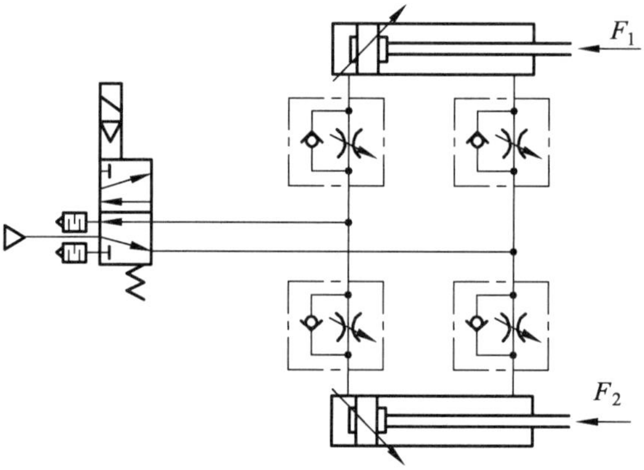	利用节流阀的同步控制回路结构简单，但同步精度较差，易受负载变化的影响。如果气缸的缸径相对于负载来说足够大，工作压力足够高，该同步回路可以取得一定的同步效果。如果使用两个电磁阀，分别控制两个气缸，使两个气缸的进、排气相互独立，可以提高回路的同步精度
4	利用串联型气/液缸的同步回路	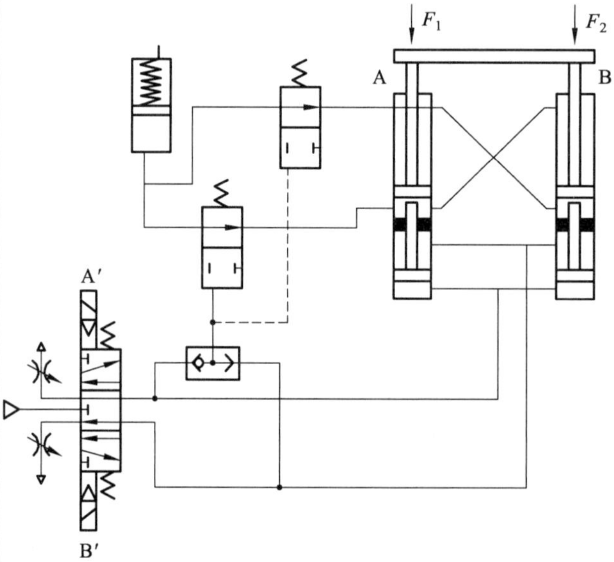	利用气/液缸的同步回路中，当三位五通电磁阀的 A′ 侧通电时，压力空气经过管路流入气/液联动缸 A、B 的气缸中，克服负载推动活塞上升。此时，在先导压力的作用下常开型二位二通阀关闭，使气/液联动缸 A 的液压缸上腔的油压入气/液联动缸 B 的液压缸下腔从而使它们同步上升。三位五通电磁阀的 B′ 侧通电时，可使气/液联动缸向下的运动保持同步。为补偿液压缸的漏油，设置了贮油缸，在不工作时进行补油

续表

序号	分类	工作原理图	应用说明
5	使用气/液转换器的同步回路	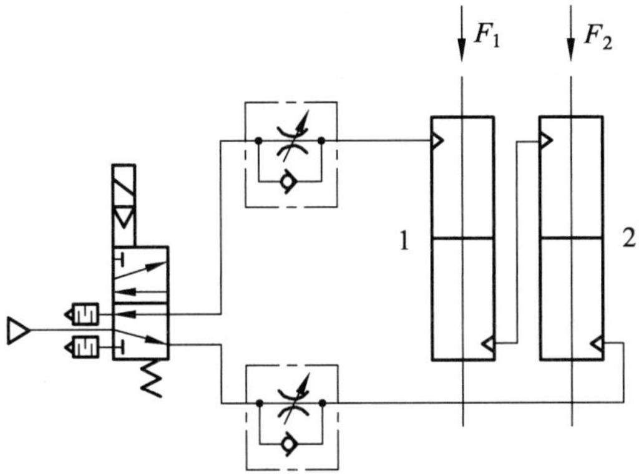	使用两只双出杆气/液转换缸，缸 1 的下侧和缸 2 的上侧通过配管连接，其中封入液压油。如果缸 1 和缸 2 的活塞及活塞杆面积相等，则两者的速度可以一致。如果气/液转换缸有内泄漏和外泄漏，因为油量不能自动补充，所以两缸的位置会产生累积误差
6		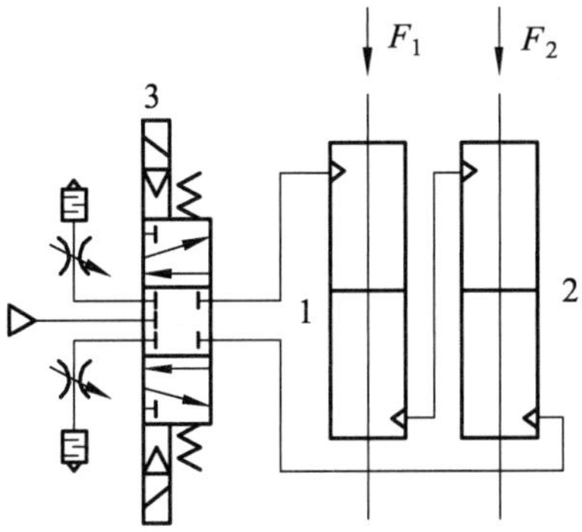	气/液转换缸 1 和 2 利用具有中位封闭机能的三位五通电磁阀 3 驱动，可实现两缸同步控制和中位停止。该回路中，节流阀不是设置在电磁阀和气缸之间，而是连接在电磁阀的排气口，这样可以改善中间位置停止精度

表 9-8 延时回路工作原理图及应用说明

序号	分类	工作原理图	应用说明
1	延时给气回路	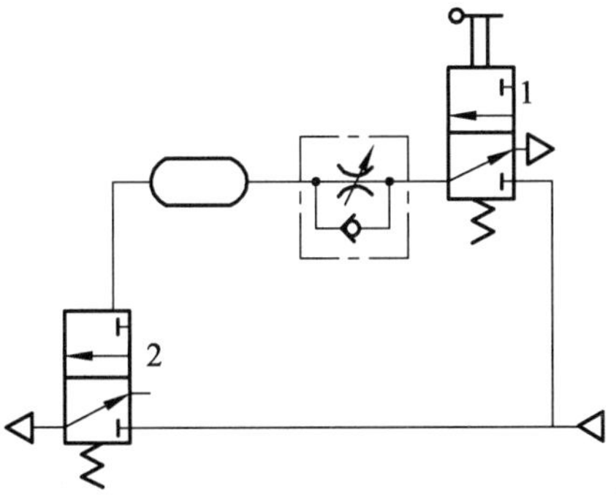	延时回路中，按钮 1 按下一段时间后，阀 2 才有换向动作

续表

序号	分类	工作原理图	应用说明
2	延时排气回路	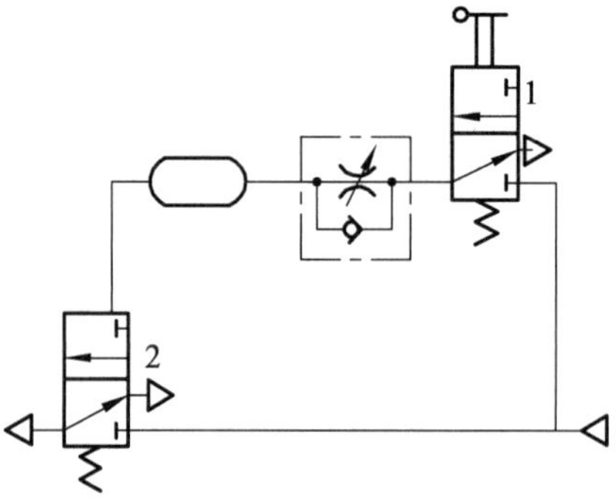	回路中，当按钮 1 松开一段时间后，阀 2 才切换
3	延时返回回路	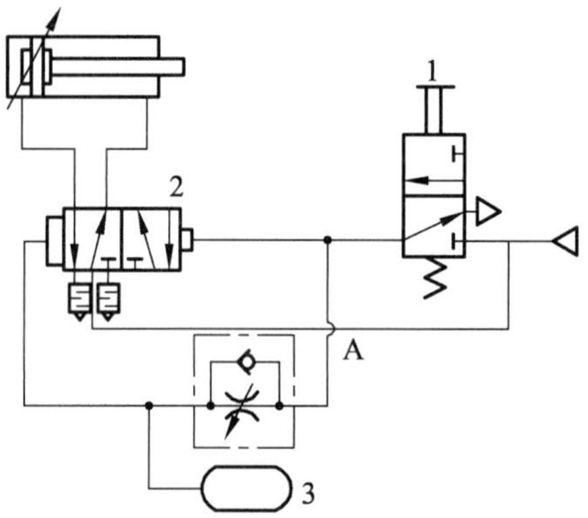	回路中，当手动阀 1 按下后，阀 2 立即切换至右边工作。活塞杆伸出，同时压缩空气经管路 A 流向气室 3 中。当气室 3 的压力升高后，差压阀 2 换向，活塞杆收回。延时的长短可根据需要选用不同大小气室或调节进气快慢而定

二、真空回路

在低于大气压力下工作的元件称为真空元件，由真空元件所组成的系统称为真空系统（或称为负压系统）。以真空吸附为动力源，作为实现自动化的一种手段，已在许多方面得到广泛的应用。

真空系统的真空是依靠真空发生装置产生的，真空发生装置有真空泵和真空发生器两种。真空泵是一种吸入口形成负压，排气口直接通大气，两端压力比很大的抽除气体的机械。它主要用于连续大流量，集中使用且不宜频繁启、停的场合。真空发生器是利用压缩空气的流动而形成一定真空度的气动元件，适合从事流量不大的间歇工作和表面光滑的工件。

（一）真空元件

真空系统一般由真空发生器（真空压力源）、吸盘（执行元件）、控制阀（包括手动阀、机控阀、气控阀和电磁阀）及附件（过滤器、消声器等）组成。

1. 真空发生器

真空发生器是真空系统的真空压力源。如图 9-1 所示，当压缩空气通过喷嘴 1 射入接收室 2，形成射流。射流卷吸接收室内的静止空气并和它一起向前流动进入混合室 3 并由扩散室 4

导出。由于卷吸作用，在接收室内会形成一定的负压。接收室下方与吸盘相连，就能在吸盘内产生真空。当达到一定的真空度时吸盘就能将物体吸附住。

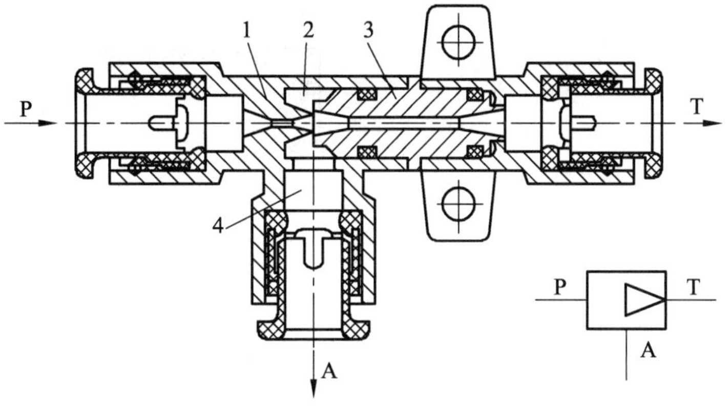

（a）结构　　（b）符号

1—喷嘴；2—接收室；3—混合室；4—扩散室。

图 9-1　真空发生器工作原理

2. 真空吸盘

真空吸盘是直接吸吊物体的元件，是真空系统中的执行元件。吸盘通常是由橡胶材料和金属骨架压制而成的。制造吸盘的材料通常有丁腈橡胶、聚氨酯橡胶和硅橡胶等，其中硅橡胶适用于食品行业。

根据吸取对象的不同，除要求吸盘材料的性能要适应外，吸盘的形状和安装方式也要与吸取对象的工作要求相适应。图 9-2 所示为常见真空吸盘的形状和结构。

图 9-2　真空吸盘的形状和结构

除材料、形状和安装形式外，真空吸盘的一个重要使用性能指标就是吸力。波纹形吸盘相对圆形平吸盘有更强的适应性，允许工件表面有轻微的不平、弯曲或倾斜，同时在吸持工件进行移动时有较好的缓冲性能。

真空系统中除了真空发生器和真空吸盘这两个主要元件外，还有真空电磁阀、真空压力开关、空气过滤器、油雾分离器、真空安全开关等元件。

（二）真空吸附回路原理

真空吸附回路是利用真空泵或真空发生器产生真空以吸附物体，从而达到吊运物体、组装产品的目的。

真空发生器是利用压缩空气通过喷嘴时的高速流动在喷口处产生真空。三位三通阀控制真空吸附和真空破坏的回路。图 9-3 和图 9-4 分别为采用三位三通阀和采用真空发生器组件的回路。

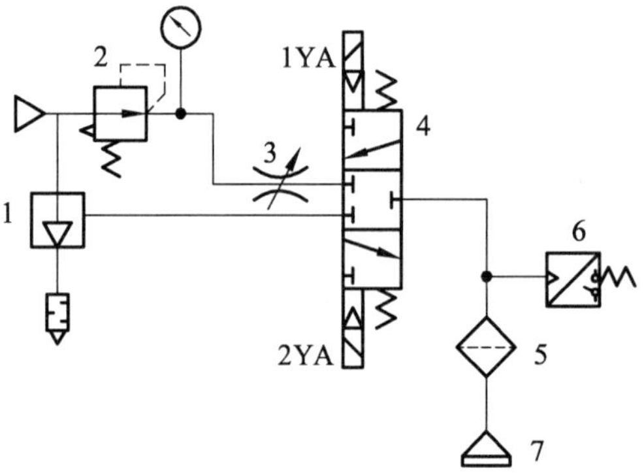

1—真空发生器；2—减压阀；3—节流阀；4—换向阀；5—过滤器；6—真空开关；7—吸盘。

图 9-3 采用三位三通阀的真空回路

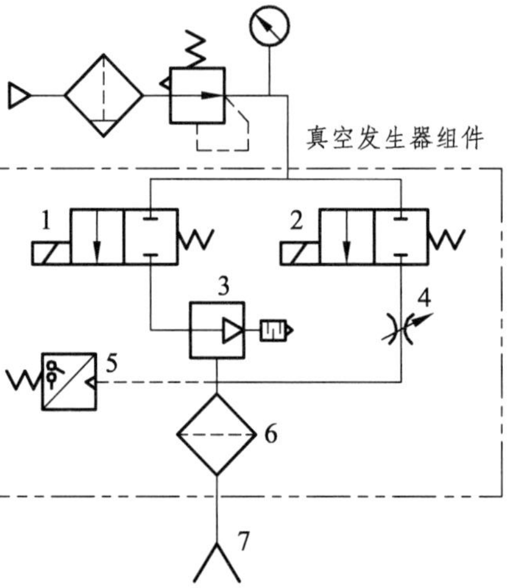

1，2—电磁阀；3—真空发生器；4—节流阀；5—真空开关；6—过滤器；7—吸盘。

图 9-4 采用真空发生器组件的回路

（三）真空吸附回路使用注意事项

真空吸附回路的使用要考虑以下几个方面：

（1）供给的气源应经过净化处理，且不能含有油雾。在恶劣环境中工作时，真空压力开关前也应安装过滤器。

（2）真空发生器与吸盘间的连接管应尽量短，且不承受外力。拧动时要防止连接管扭曲变形造成漏气。

（3）为保证停电后能够保持一定真空度，防止真空失效造成工件松脱，应在吸盘与真空发生器间设置单向阀，真空电磁阀也应采用常通型结构。

（4）吸盘的吸着面积应小于工件的表面积，以免发生泄漏。

（5）对于大面积的板材宜采用多个大直径吸盘吸吊，以增加吸吊平稳性。一个真空发生器带多个吸盘时，每个吸盘应单独配有真空压力开关，以保证其中任一吸盘漏气导致真空度不符合要求时，都不会起吊工件。

三、小　结

本章主要介绍了气动基本回路以及真空回路，并结合气动回路实例加以分析等。通过学习，应掌握气动控制元件及其相关回路的工作原理，能看懂气路系统图。

习题与思考

1. 设计一个双作用气缸动作之后单作用气缸才动作的连锁回路。

2. 设计一个可实现“快进—慢进—快退”的气动回路。

3. 设计一个双作用气缸能实现左右换向，可在其行程内任意位置停止，并使左右速度不等的回路。

4. 必须坚持科技是（　　）、人才是（　　）、创新是（　　），深入实施科教兴国战略、人才强国战略、创新驱动发展战略，开辟发展新领域新赛道，不断塑造发展新动能新优势。

A. 第一生产力　第一资源　第一动力

B. 第一生产力　第一资源　第一动力

C. 第一驱动力　第一基础　第一创造力

D. 第一驱动力　第一基础　第一创造力

项目十
气动系统安全启动装置

【知识目标】

✧ 掌握常用安全保护回路的组成、工作过程及特点。

✧ 理解 AV 系列稳定启动电磁阀的组成、工作原理。

✧ 了解手动和自动并用回路、计数回路等其他回路。

【技能目标】

✧ 能够设计、连接、调试气动安全保护回路。

【素养目标】

✧ 培养严格遵守《液气压技术国家标准》和安全操作标准的意识。

✧ 培养严谨、细心、负责的职业素质。

✧ 培养良好的道德品质、沟通协调能力和团队合作精神、敬业精神。

一、项目引入

由于气动机构负荷的过载、气压的突然降低或者气动执行机构的快速动作等原因都可能危及操作人员或设备的安全，因此在气动回路中，常常需要加入安全回路。作为安全保护回路的应用之一，气动系统安全启动装置主要是防止气缸在没有背压（排气腔的压力）下突然加压而导致气缸失速并发生撞击。气动系统安全启动装置结构如图 10-1 所示，其中 AV 系列稳定启动电磁阀可在系统启动时起安全保护作用。

作为实现工业生产自动化的重要手段之一，气动技术正越来越受到人们的重视，气动技术在各行各业中的应用也越来越广泛。气动回路除了要满足所需功能外，回路的安全性也引起了人们的关注，在不同的使用场合，对气动回路提出了不同的安全要求。我们在分析气动系统安全启动装置实例的结构和工作原理之前，首先对气动系统上常用的安全保护回路、手动自动并用回路、计数回路的工作原理进行分析。图 10-2 所示的斜臂机器人中也采用了多种气动系统安全启动装置。

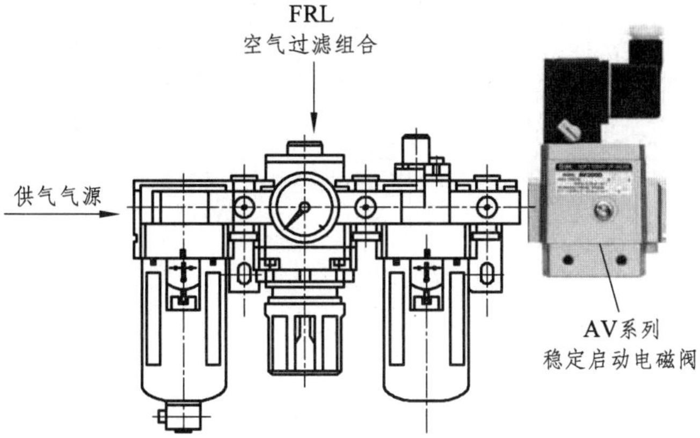

图 10-1　气动系统安全启动装置结构图

气动系统安全启动装置在斜臂机器人中的应用请浏览下方 AR 资源。

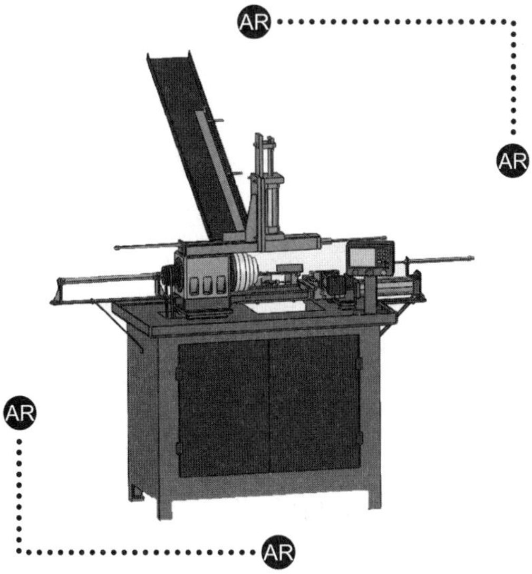

图 10-2　斜臂机器人

二、常用的安全保护回路

（一）过载保护回路

图 10-3 所示为过载保护回路。操纵手动换向阀 1 使上位接入系统，则压缩空气经手动换向阀 1 上位推动主控阀 2 的阀芯左移，主控阀 2 右位接入系统，压缩空气经主控阀 2 右位进入气缸左腔，活塞前进。当气缸左腔压力升高超过预定值时（如当气缸遇到障碍或其他原因使其过载），顺序阀 3 打开，控制气体推动气动换向阀 4 的阀芯下移，压缩空气经气动换向阀 4 上位推动主控阀 2 的阀芯右移，主控阀 2 切换至左位（图示位置），气体进入气缸右腔，使活塞缩回。气缸左腔的气体经主控阀 2 排掉，实现过载保护。

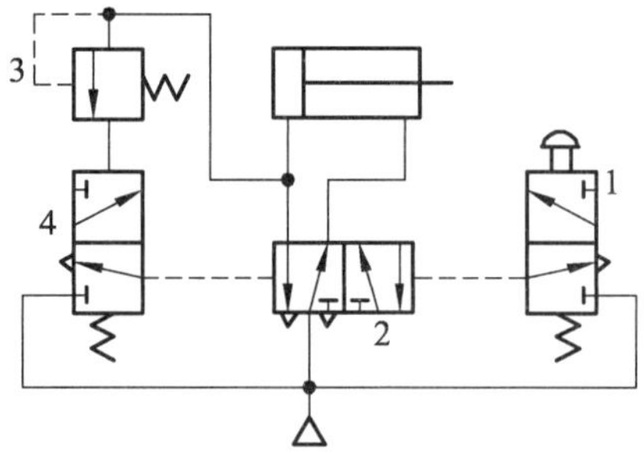

1—手动换向阀；2—主控阀；3—顺序阀；4—气动换向阀。

图 10-3 过载保护回路

（二）互锁回路

如图 10-4 所示，主控阀（二位四通阀）的换向受 3 个串联的机控 3 通阀控制，只有 3 个机控阀都接通时主控阀才能换向，气缸才能动作。

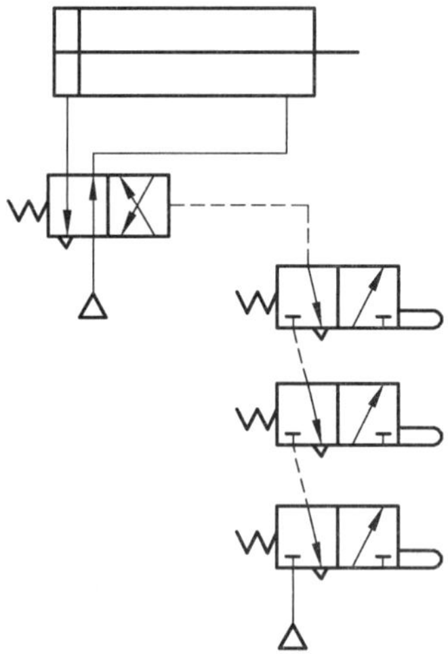

图 10-4 互锁回路

（三）双手操作回路

图 10-5 所示为双手操作回路。为使主控阀换向，必须使两个二位三通手动阀同时压下。另外，这两个阀必须安装在单手不能同时操作的距离上。任何一只手离开时，控制信号消失，主控阀复位，则活塞杆后退。

（四）缓冲回路

如图 10-6 所示，当活塞向右运动时，缸右腔气体经机控换向阀和三位五通换向阀排出。当活塞运动到末端时，活塞压下机控换向阀，右腔气体经节流阀和三位五通阀排出，实现缓冲活塞运动速度，调整机控换向阀的安装位置，可改变缓冲的开始时刻。

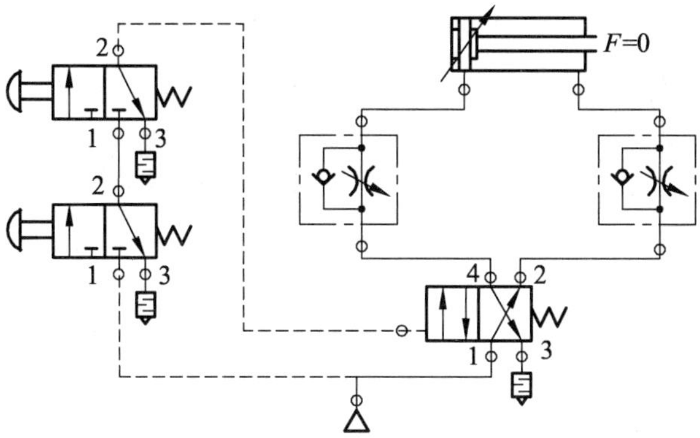

图 10-5　双手操作回路

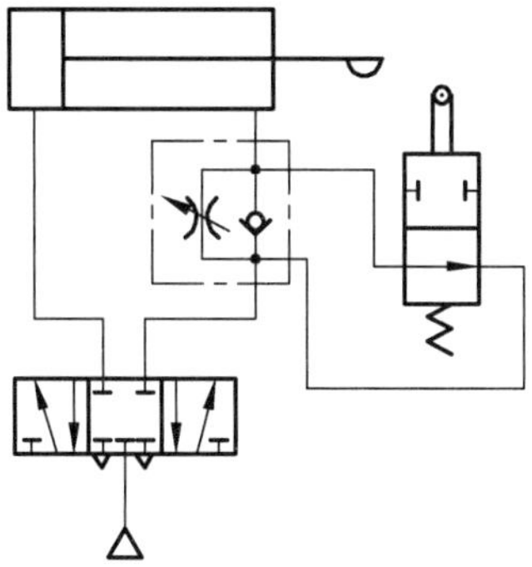

图 10-6　缓冲回路

（五）防止启动时活塞杆“急速伸出”的回路

气缸在启动时，如果排气侧没有背压，活塞会急速伸出，有可能造成伤害事故。为避免这种情况的发生，一是在气缸启动前使排气侧产生背压，二是使用进气节流的调速方法。

如图 10-7（a）所示，使用中压式三位五通电磁阀 1 接通气源，气缸两侧便有气压，可避免启动时活塞杆急速伸出。为了使气缸两侧保持力平衡，对单活塞杆气缸，可在无杆侧设置一个带单向阀的减压阀 2。

如图 10-7（b）所示是使用进气节流调速阀防止启动时活塞杆急速伸出的回路。启动时，利用调速阀 5 的进气节流防止活塞杆急速伸出。由于进气节流的调速特性较差，故在气缸的出口侧串联了一个排气节流调速阀 4，来改善启动后的调速特性。

（六）防止落下回路

气缸举起重物或吊起重物时，一旦气源被切断，为了安全，必须有防止重物落下的回路或采用锁紧气缸来确保安全。

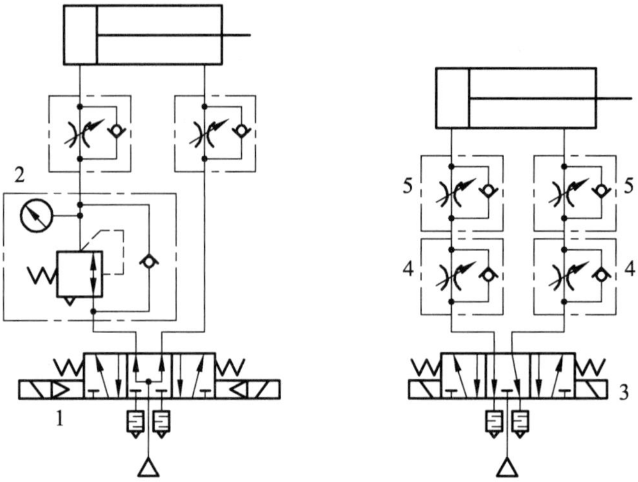

（a）回路 1　　（b）回路 2

1，3—换向电磁阀；2—减压阀；4，5—调速阀。

图 10-7　防止启动时活塞杆“急速伸出”的回路

如图 10-8 所示是使用先导式单向阀及中泄式三位五通电磁阀来防止由于突然停电导致重物落下的气动回路。单向阀采用座阀式结构，泄漏极小，保压时间长。

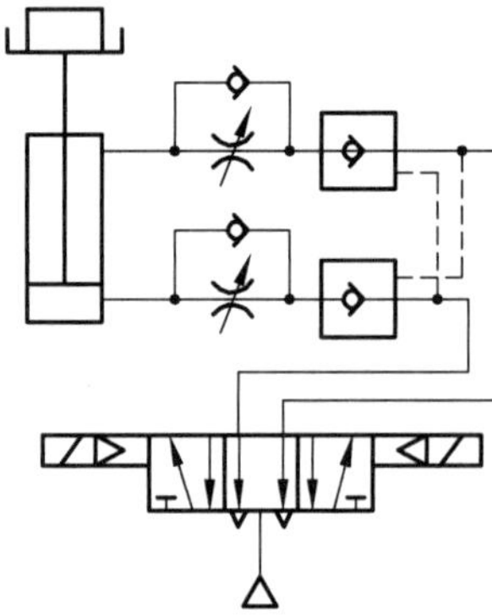

图 10-8　防止落下回路

三、其他常用回路

（一）手动和自动并用回路

图 10-9（a）所示为采用五通电磁阀 1 和五通手动阀 2 组成的自动和手动并用回路。五通电磁阀 1 不通电时，气缸处于缩回位置。当五通手动阀换向至左位时，则气缸伸出。也就是说，通过改变手动阀的切换位置，可以改变原来由电磁阀控制的气缸的位置，从而保证系统在电磁阀发生故障时，可以临时用手动阀进行操纵，以保证系统的正常运转。

图 10-9（b）所示为采用三通手动阀 7、三通电磁阀 8 和梭阀 6 控制的自动和手动转换回路。当电磁阀通电时，气缸的动作由电气控制实现。当手动阀操纵时，气缸的动作用手动实现。此回路的主要用途是当停电或电磁阀发生故障时，气动系统也可通过手动操纵进行工作。

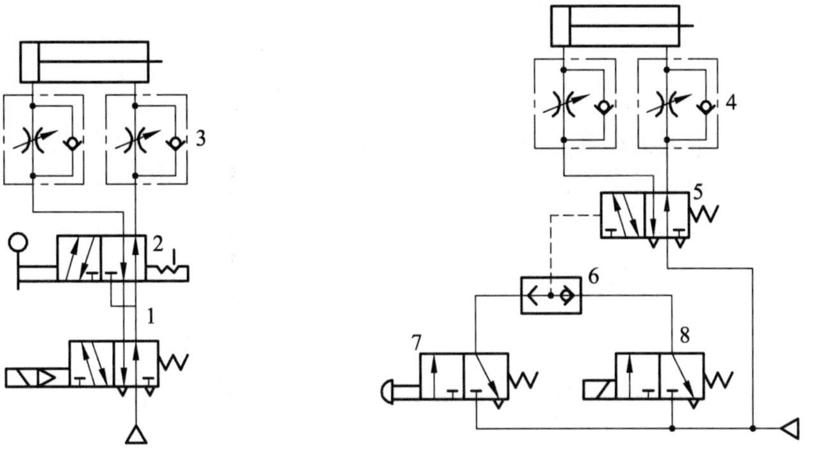

（a）回路 1　　（b）回路 2

1—五通电磁阀；2—五通手动阀；3, 4—单向节流阀；5—气控换向阀；
6—梭阀；7—三通手动阀；8—三通电磁阀。

图 10-9　手动和自动并用回路

（二）计数回路

图 10-10 所示为二进制计数回路。图示状态是 S_0 输出状态。当按下手动换向阀 1 后，气控阀 2 产生一个脉冲信号经气控阀 3 输入气控阀 4 右侧，气控阀 3、4 均换向至右工位，S_1 有输出。脉冲信号消失，气控阀 3、4 两侧的压缩空气全部经气控阀 2、手动换向阀 1 排出。当放开手动换向阀 1 时，气控阀 2 左腔压缩空气经单向阀迅速排出，气控阀 2 在弹簧作用下复位。当第二次按动手动换向阀 1 时，气控阀 2 又出现一次脉冲，气控阀 3、4 都换向至左位，S_0 有输出。手动换向阀 1 每按两次，S_0（或 S_1）就有一次输出，故此回路为二进制计数回路。

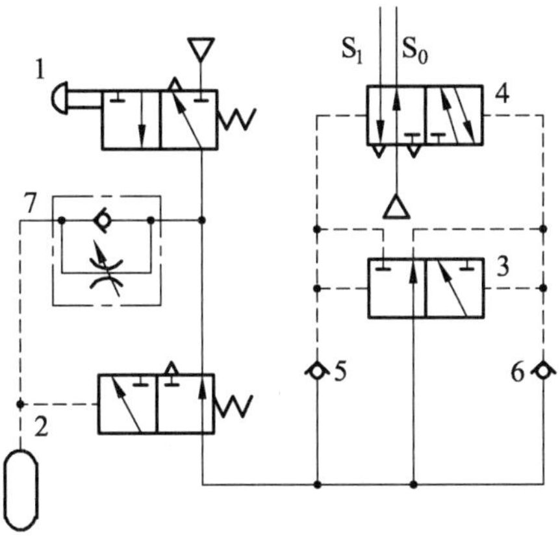

1—手动换向阀；2，3，4—气控阀；5，6—单向阀；7—单向节流阀。

图 10-10　计数回路

四、气动系统安全启动装置分析

通过前面常用安全回路的分析可知，气动系统安全启动装置实际上就是根据防止启动时活塞杆“急速伸出”回路的原理而获得的。下面分步骤对应用实例进行分析。

AV 系列稳定启动电磁阀实际上是个组合阀，这种阀可缩小外形尺寸，节省空间和配管，便于维修和管理，是气动元件的发展方向。该阀可与空气组合元件进行模块式连接。图 10-11 所示为气动系统安全启动装置的气路。

启动时，使二位三通电磁换向阀（带手控开关）得电，二位三通气控阀换向，压缩空气经二位三通气控阀、节流阀进入气缸。调节节流阀的开度可控制少量气体进入气缸。进入气缸气体压力为入口压力的一半后，二位二通气控阀换向，稳定启动电磁阀完全开启，达到最高流量。当关闭时，空气可由稳定启动电磁阀快速排走。

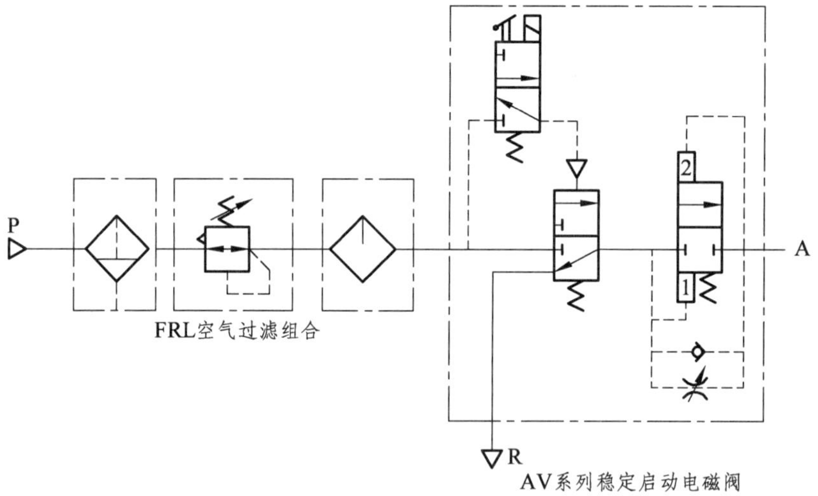

图 10-11　安全启动装置气路

五、实训操作

纸板分段装置实训。

（一）实训装置

气压实训装置。

（二）实训目的、要求

（1）熟悉双手控制安全回路的控制原理。

（2）熟悉双压阀、快速排气阀的作用和工作原理。

（3）熟悉气动实训台、气动元件、管路等的连接、固定方法和操作规则。

（4）熟悉基本的气动回路图，能顺利搭建本实训回路，并完成规定的运动。

（三）实训原理和方法

该实训是模拟用切刀分段纸板（见图 10-12）。切刀可安装在一个双作用气缸活塞杆的前端，剪切的长度可通过标尺进行调整。在分段纸板时，为保证安全，防止一手拿木条，另一手操作启动阀，本实训设置了双手操作安全保护回路。双手启动可以通过两个按钮的串联或用双压阀来实现，通过双手按下两个按钮后，气缸活塞杆伸出，将纸板分段。为保证纸板切口质量，活塞杆应有较高的伸出速度。松开任何一个按钮，气缸活塞杆就自动缩回。

图 10-13 为本实训气动回路。实训时首先合上控制面板的电源开关，打开气源通断开关，双手分别按下 S1，S2 按钮，二位五通气动换向阀换向，气缸活塞杆伸出。若其中一个按钮松开，活塞自动缩回。安装快速排气阀的目的是提高活塞的伸出速度。

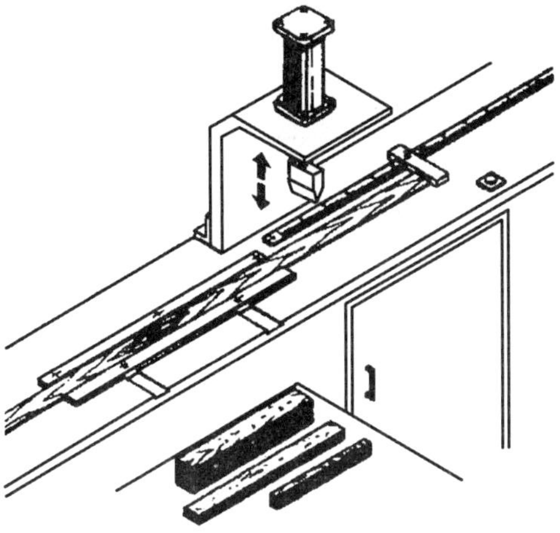

图 10-12　纸板分段装置

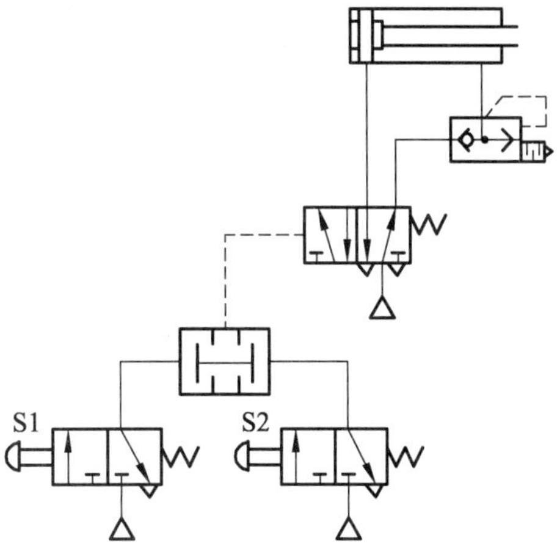

图 10-13　纸板分段装置实训回路

（四）主要设备及实训元件

纸板分段装置实训的主要设备及实训元件见表 10-1。

表 10-1　纸板分段装置实训的主要设备及实训元件

序　号	实训设备及元件	序　号	实训设备及元件
1	气动实训平台	5	二位五通单气动换向阀
2	气源	6	双压阀
3	双作用气缸	7	快速排气阀
4	手动二位三通换向阀（两个）	8	气管

（五）实训内容及步骤

（1）按照实训原理图选择所需要的气动元件，并摆放在实训台上。

（2）关闭气源开关，在实训台上连接控制回路并检查。

（3）连接无误后，打开气源，观察气缸运行情况是否符合控制要求。
（4）对实训中出现的问题进行分析和解决。
（5）实训完成后，关闭气源开关，拆卸所搭接的气动回路，并将气动元件、气管等归位。

（六）完成实训报告和下列思考题

此实训如用两个手动阀代替双压阀，怎样连接才能实现既定功能？

（七）确认你会干——项目操作评价

表 10-2　操作考核评分表

学号			姓名		小组		
任务编号		10-1	任务名称	纸板分段装置			
模块		序号	考核点（90 分）		分值标准	得分	备注
1	安全启动知识的掌握	1	知识一：设备安全知识		5		
		2	知识二：常用的安全保护回路		5		
		3	描述两种安全保护回路原理		15		
		4	回路一：背压阀作用		5		
		5	回路二：互锁回路原理		10		
		6					
		7					
2	绘制原理图	8	步骤 1：手工绘制装置原理图		10		
		9	步骤 2：讲解装置原理图		15		
		10					
		11					
3	气动回路安装	12	步骤 3：选取适合的气动元件		5		
		13	步骤 4：检查元件情况		5		
		14	步骤 5：安装气动回路		5		
		15	步骤 6：实训无误后元件复位		10		
4	互评	小组互评（10 分）					
5	总分	合计总分					
学生签字			考评签字				
互评签字			考评时间				

习题与思考

1. 双手操作有什么作用？

2. 分析图 10-14 所示双手操作回路有无安全隐患。

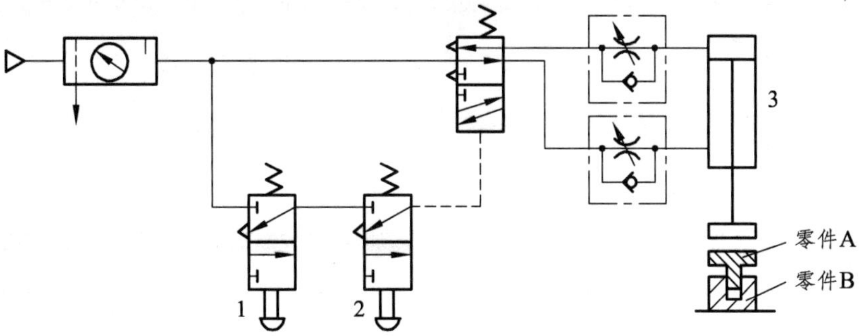

图 10-14　双手操作回路

3. 启动时，为防止活塞杆急速伸出造成伤害，可采取什么办法使其平稳伸出？

4. 设计一个可实现“快进—慢进—快退”的气动回路。

5. 图 10-15 所示为自动和手动并用回路，此回路的主要用途是当停电或电磁阀发生故障时，气动系统也可进行工作，试阐述其工作原理。

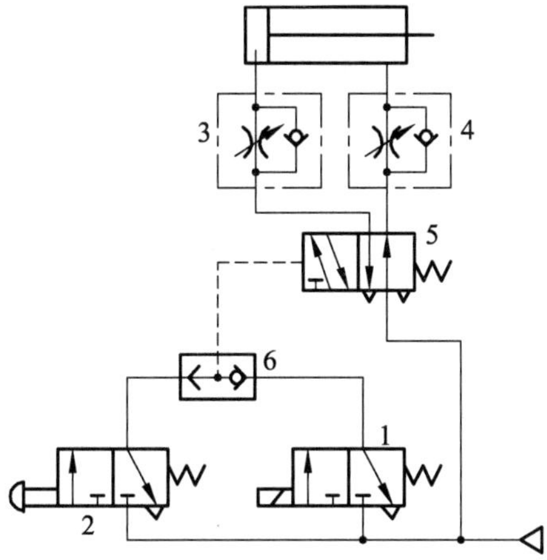

1—电磁阀；2—手动阀；3，4—单向节流阀；5—气控换向阀；6—梭阀。

图 10-15　自动和手动并用回路

6. 贯彻新发展理念，着力推进高质量发展，推动构建新发展格局。新发展理念是指（　　）。

A. 科技、协调、绿色、开放、共享

B. 科技、创新、绿色、开放、共享

C. 创新、协调、清洁、开放、共享

D. 创新、协调、绿色、开放、共享

项目十一
FluidSIM 仿真系统使用

【知识目标】

✧ 掌握 FluidSIM 软件的常用菜单功能、各种元件的参数设置、回路建模方法与技巧、仿真结果的分析。

✧ 理解各种元件参数设置的原理、对仿真结果的影响。

✧ 了解 AMESim 等其他仿真软件。

【技能目标】

✧ 能够进行一般液压、气动回路的建模、仿真，并对仿真结果进行分析。

【素养目标】

✧ 培养良好的信息保密意识、成本意识、奉献意识等职业意识。

✧ 培养良好的沟通表达能力、团队协作精神、爱岗敬业的职业道德、吃苦耐劳的意志品质、自我约束的控制能力等社会能力。

✧ 培养再学习能力、查找资料能力、良好的计算机应用能力、较严密的逻辑思维能力、制定完成工作任务的策略能力等方法能力。

一、项目引入

FluidSIM 软件是由德国 Festo 公司和 Paderborn 大学联合开发的专门用于液压与气压传动的软件。FluidSIM 软件可设计液压回路相配套的电气控制回路图。通过电气控制液压回路，能充分展现各种开关和阀的动作过程。FluidSIM 软件将 CAD 功能和仿真功能紧密联系在一起。在绘图过程中，FluidSIM 软件将检查各元件之间连接是否可行，对基于元件物理模型的回路图进行实际仿真，观察各元件的物理量值，如气缸的运动速度、输出力、节流阀的开度、气路的压力等，这样我们就能够预先了解回路的动态特性，从而正确地估计回路实际运行时的工作状态。这样就使回路图绘制和相应液压系统仿真相一致，从而能够在设计完回路后，验证设计的正确性，并演示回路动作过程。

二、FluidSIM-P 气压系统仿真

（一）新建文件和元件

单击按钮 或在“文件”菜单下，执行“新建”命令，新建空白绘图区域，打开一个新窗口，如图 11-1 所示，每个新建绘图区域都自动含有一个文件名，且可按该文件名进行保存。这个文件名显示在新窗口标题栏上。通过元件库右边的滚动条，用户可以浏览元件。

窗口左边显示出 FluidSIM 软件的整个元件库，其包括新建回路图所需的气动元件和电气元件。窗口顶部的菜单栏列出了仿真和创建回路图所需的功能，工具栏给出了常用菜单功能。

工具栏包括下列 9 组功能：

（1）新建、浏览、打开和保存回路图。

（2）打印窗口内容，如回路图和元件图片。

（3）编辑回路图。

（4）调整元件位置。

（5）显示网格。

（6）缩放回路图、元件图片和其他窗口。

（7）回路图检查。

（8）仿真回路图，控制动画播放（基本功能）。

（9）仿真回路图，控制动画播放（辅助功能）。

状态栏位于窗口底部，用于显示操作 FluidSIM 软件期间的当前计算和活动信息。在编辑模式中，FluidSIM 软件可以显示由鼠标指针所选定的元件。

在 FluidSIM 软件中，操作按钮、滚动条和菜单栏与大多数 Windows 系统应用软件相类似。

FluidSIM-P 气压系统仿真实例请浏览下方 AR 资源。

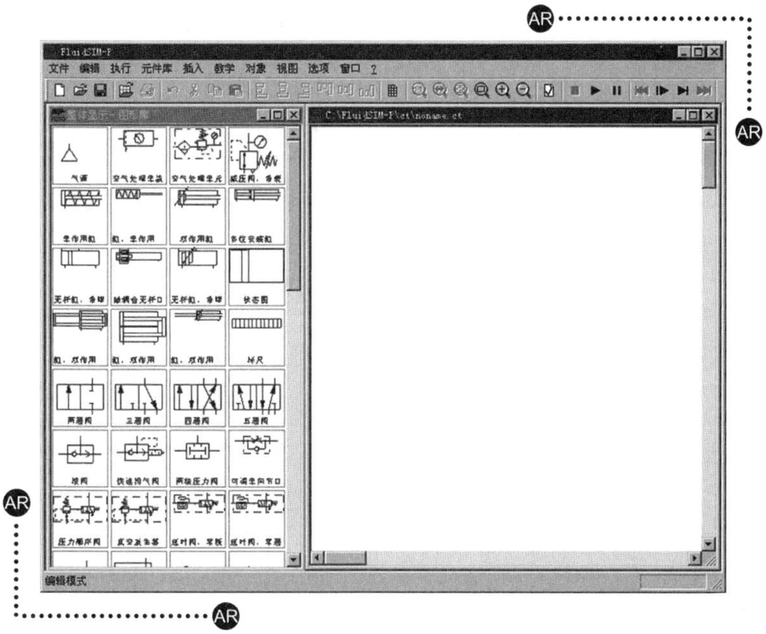

图 11-1　仿真软件绘制气压系统

采用鼠标，用户可以从元件库中将元件“拖动”和“放置”在绘图区域上。方法如下：

将鼠标指针移动到元件库中的元件上，这里将鼠标指针移动到气缸上。按下鼠标左键。在保持鼠标左键期间，移动鼠标指针，则气缸被选中，鼠标指针由箭头变为四方向箭头交叉形式，元件外形随鼠标指针移动而移动。将鼠标指针移动到绘图区域，释放鼠标左键，则气缸就被放到绘图区域里。

采用这种方法，可以从元件库中“拖动”每个元件，并将其放到绘图区域中的期望位置上。按同样的方法，也可以重新布置绘图区域中的元件。

为了简化新建回路图，元件自动在绘图区域中定位。

有意将气缸移至绘图区域外，如绘图窗口外，鼠标指针变为禁止符号，且不能放下元件。

将第二只气缸拖至绘图区域上。选定第一只气缸。单击按钮（剪切）或在“编辑”菜单下，执行“删除”命令，或者按下 Del 键删除第一只气缸。

（二）换向阀参数设置

将 n 位三通换向阀和气源拖至绘图区域上。

为确定换向阀驱动方式，双击换向阀，弹出图 11-2 所示控制阀的参数设置对话框。

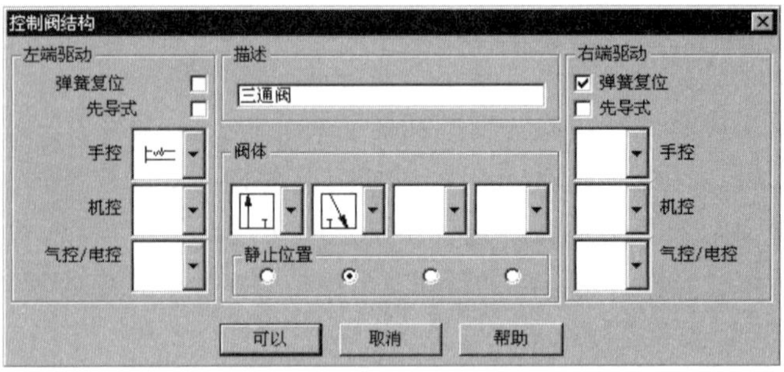

图 11-2　控制阀的参数设置对话框

1. 左端、右端驱动

换向阀两端的驱动方式可以单独定义，其可以是一种驱动方式，也可以为多种驱动方式，如“手动”“机控”或“气控/电控”。单击驱动方式下拉菜单右边向下箭头可以设置驱动方式，若不希望选择驱动方式，则应直接从驱动方式下拉菜单中选择空白符号。不过，对于换向阀的每一端，都可以设置为“弹簧复位”或“气控复位”。

2. 描　述

在这里键入换向阀名称，该名称用于状态图和元件列表中。

3. 阀　体

换向阀最多具有 4 个工作位置，对每个工作位置来说，都可以单独选择。单击阀体下拉菜单右边向下箭头并选择图形符号，就可以设置每个工作位置。若不希望选择工作位置，则应直接从阀体下拉菜单中选择空白符号。

4. 静止位置

该按钮用于定义换向阀的静止位置（有时也称之为中位），静止位置是指换向阀不受任何驱动的工作位置。注意：只有当静止位置与弹簧复位设置相一致时，静止位置定义才有效。

从左边下拉菜单中选择带锁定手控方式，换向阀右端选择“弹簧复位”，单击“确定”按钮，关闭对话框。

5. 指定排气口

指定气接口 3 为排气口。双击气接口“3”。弹出一个如图 11-3 所示的气接口对话框，单击气接口端部下拉菜单右边向下箭头，选择一个图形符号，从而确定气接口形式。

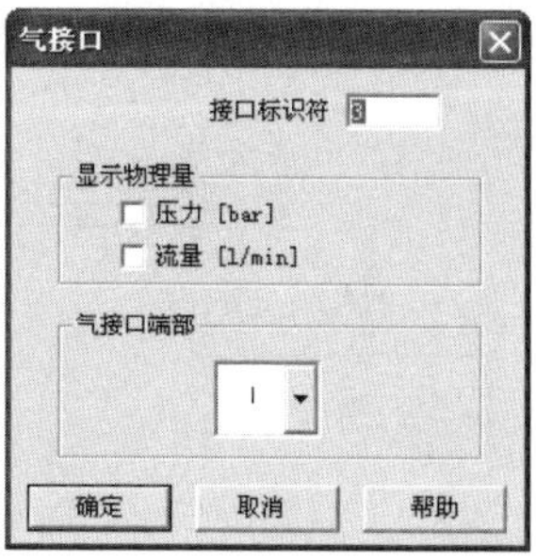

图 11-3　气接口对话框

选择排气口符号（表示简单排气），关闭对话框。

（三）元件连接

在编辑模式下，当将鼠标指针移至气缸接口上时，其形状变为十字线圆点形式。

当将鼠标指针移动到气缸接口上时，按下鼠标左键，并移动鼠标指针。注意：鼠标指针形状变为十字线圆点箭头形式。

保持鼠标左键，将鼠标指针移动到换向阀 2 口上。注意：鼠标指针形状变为十字线圆点箭头向内形式。释放鼠标左键。

在两个选定气接口之间，立即就显示如图 11-4 所示的元件管路连接。

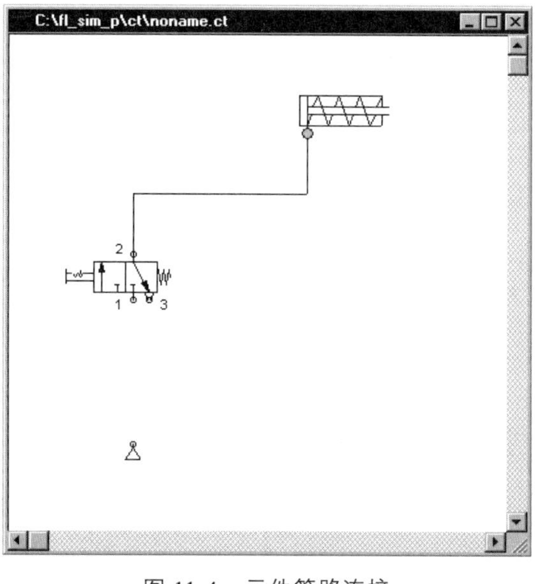

图 11-4　元件管路连接

FluidSIM 软件可在两个选定的气接口之间自动绘制气管路。当在两个气接口之间不能绘制气管路时，鼠标指针形状变为禁止符号⊘。

将鼠标指针移至气管路上。在编辑模式下，当鼠标指针位于气管路之上时，其形状变为选定气管路符号╬。按下鼠标左键，向左移动选定气管路符号╬，然后释放鼠标左键。立即重新绘制气管路，图 11-5 为元件管路的重新设置。在编辑模式下，可以选择或移动元件和管路。在单击“编辑”菜单下，执行“删除”命令，或按下“Del”键，可以删除元件和管路。

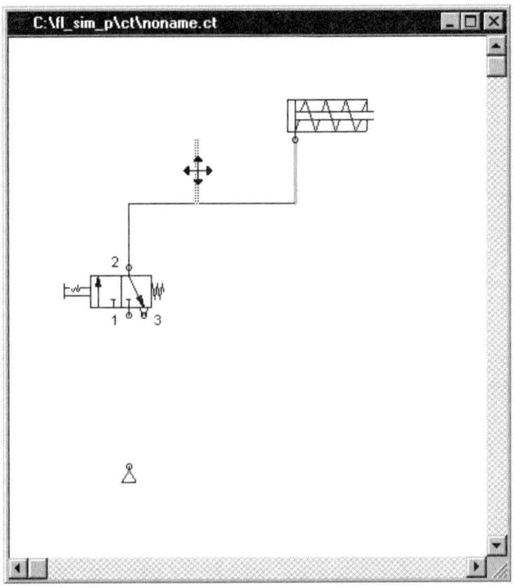

图 11-5　元件管路的重新设置

连接其他元件气动回路如图 11-6 所示。

回路图已被完整绘制，现准备对其进行仿真。

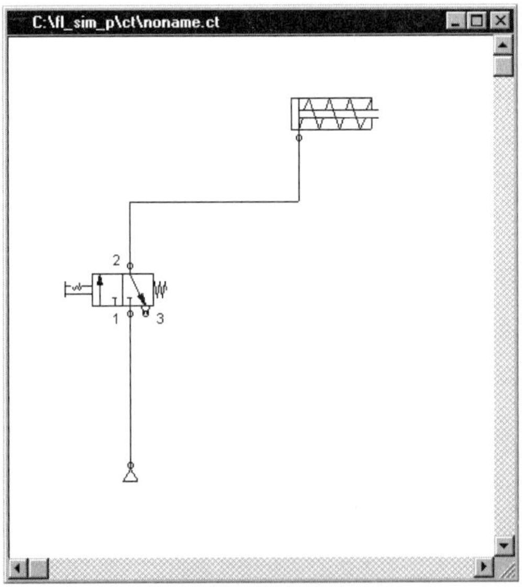

图 11-6　气动回路

（四）气动回路的仿真

单击按钮▶或在“执行”菜单下，执行“启动”命令，或按下功能键“F9”。FluidSIM 软件切换到仿真模式时，启动回路图仿真。当处于仿真模式时，鼠标指针形状变为手形。在仿真期间，FluidSIM 软件首先计算所有的电气参数，接着建立气动回路模型。基于所建模型，就可计算气动回路中压力和流量分布。根据回路复杂性和计算机能力，回路图仿真也许要花费大量时间。只要计算出结果，管路就用颜色表示，且气缸活塞杆伸出，如图 11-7 所示。

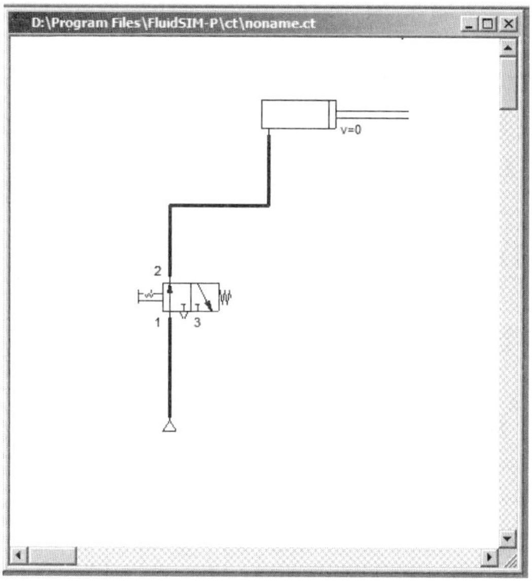

图 11-7　仿真回路

电缆和气管路的颜色具有表 11-1 所示的含义。

表 11-1　电缆和气管路颜色含义

序　号	颜　色	含　义
1	暗蓝色	气管路中有压力
2	淡蓝色	气管路中无压力
3	淡红色	电缆有电流流动

在“选项”菜单下，执行“仿真”命令，用户可以定义颜色与状态值之间匹配关系，暗蓝色管路的颜色浓度与压力相对应，其与最大压力有关。FluidSIM 软件能够区别两种管路颜色浓度：

— 压力低于最大压力；　　　　　**—** 最大压力。

在 FluidSIM 软件中，仿真是以物理模型为基础，这些物理模型建立是基于 Festo Didactic GmbH & Co 实验设备上的元件，因此，计算值应与测量值相一致。实际上，当比较计算值和测量值时，测量值常具有较大波动，这主要是由于元件制造误差、气管长度和空气温度等因素造成的。

通过鼠标单击回路图中的手控换向阀和开关，可实现其手动切换：

将鼠标指针移到左边开关上。当鼠标指针变为手指形，此时表明该开关可以被操作。

当用户单击手动开关时，就可以仿真回路图的实际性能。在本例中，一旦单击该开关，开关就闭合，自动开始重新计算，气缸活塞返回至初始位置。

用户仿真另一个回路图时，可以不关闭当前回路图。FluidSIM 软件允许用户同时打开几个回路图，也就是说，FluidSIM 软件能够同时仿真几个回路图。

单击按钮或者在“执行”菜单下，执行“停止”命令，可以将当前回路图由仿真模式切换到编辑模式。将回路图由仿真模式切换到编辑模式时，所有元件都将被置回“初始状态”。特别地，当将开关置成初始位置以及将换向阀切换到静止位置时，气缸活塞将回到上一个位置，且删除所有计算值。

单击按钮（另一种方法是在“执行”菜单下，执行“暂停”命令或按功能键“F8”），用户可以将编辑状态切换为仿真状态，但并不启动仿真。在启动仿真之前，若设置元件，则这个特征是有用的。

辅助仿真功能：

复位和重新启动仿真。

按单步模式仿真。

仿真至系统状态变化。

三、FluidSIM-H 液压系统仿真

FluidSIM-H 的软件操作与 FluidSIM-P 的操作基本相同。

设计一双作用油缸电控自动往复运动的电气液压回路图。

（一）新建文件

单击按钮或在“文件”菜单下，执行“新建”命令，新建空白绘图区域，打开一个新窗口，并将所用液压元件“放置”在绘图区域上，同时设置液压控制阀的结构等信息，如图 11-8 所示。

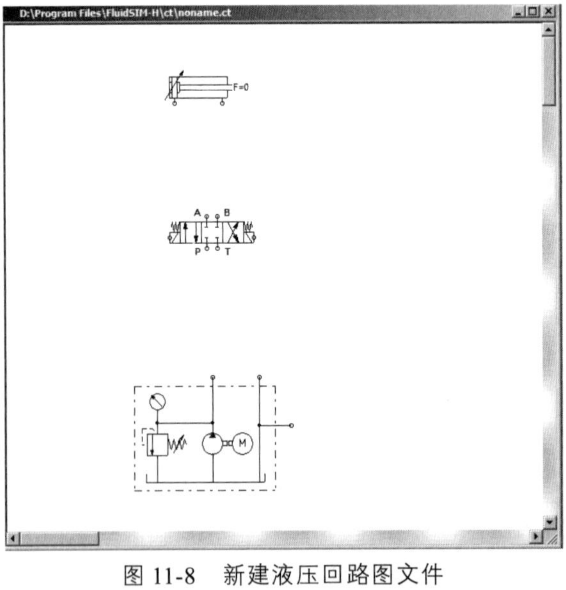

图 11-8　新建液压回路图文件

（二）液压回路的完成与仿真

将图 11-9 所示的液压元件利用“油管”连接起来，软件会自动布置线路。在工具栏中单击按钮 ▶ 或在“执行”菜单下，执行“启动”命令，或按下功能键“F9”，进行液压回路的仿真运行，以检查液压回路是否正确。图 11-9 为正确的液压回路仿真运行图。

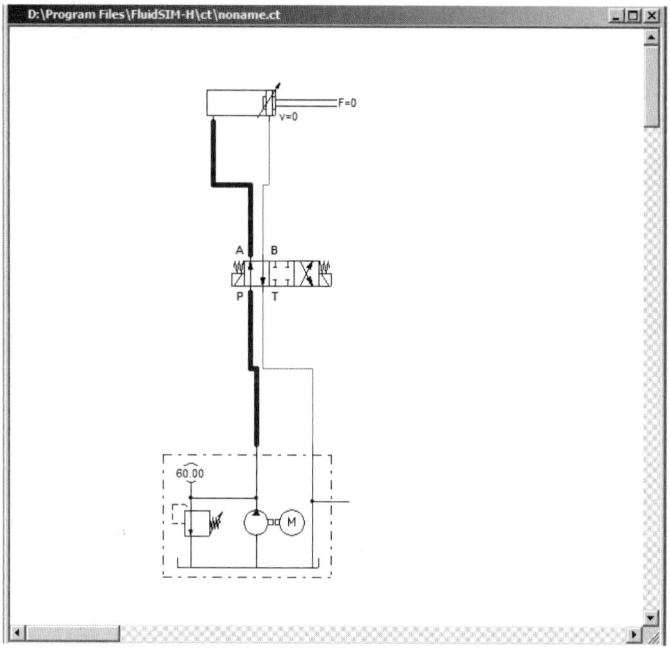

图 11-9　液压回路仿真运行

电缆和液压管路的颜色具有表 11-2 所示的含义。

表 11-2　电缆和液压管路颜色含义

序　号	颜　色	含 义
1	暗红色	液压管路：压力大于或等于最大压力的 50%
2	黄褐色	液压管路：压力小于最大压力的 50%
3	淡红色	电缆：有电流流动

在“选项”菜单下，执行“仿真”命令，用户可以定义颜色与状态值之间的匹配关系，暗红色管路的颜色浓度与压力相对应，其与最大压力有关。FluidSIM 软件能够区别 3 种管路颜色浓度（见表 11-3），这些值可以在仪表上显示。

表 11-3　颜色浓度含义

序　号	颜色浓度	含 义
1	——	压力大于或等于最大压力的 50%，但小于最大压力的 75%
2	——	压力大于或等于最大压力的 75%，但小于最大压力的 90%
3	——	压力大于或等于最大压力的 90%，压力值、流量值、电压值和电流值可在仪表上显示

（三）电气回路的设计与仿真

电气元件的使用与液压元件的使用方法相同，但需要了解电气元件的符号。软件中的符号与电气课程的符号基本一致，连接方式与气动和液压元件的连接方式一致。在绘图区域布置电气元件与液压元件，并进行仿真运行，如图 11-10 所示。

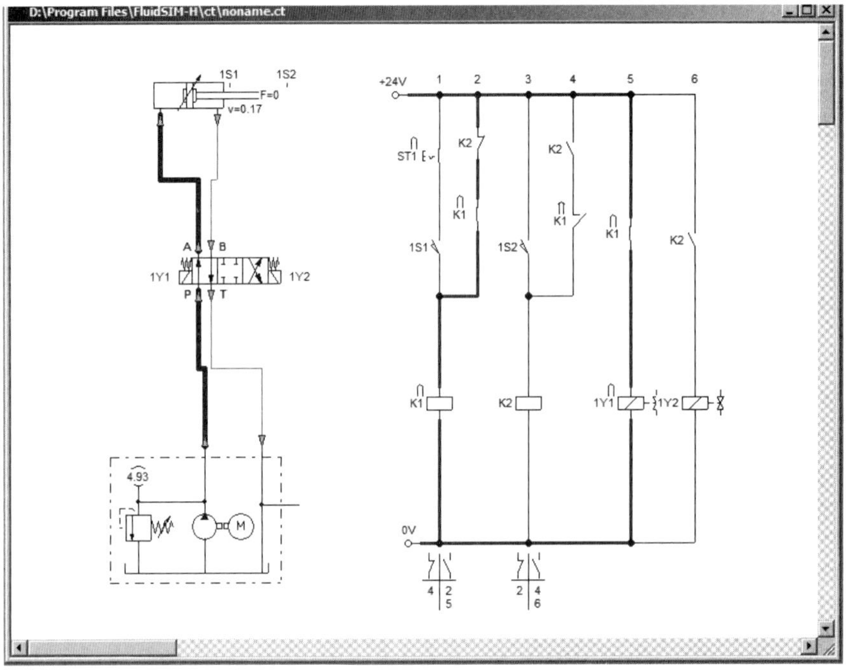

图 11-10　自动往复液压回路

（四）文件的保存

单击按钮 或在“文件”菜单下，执行“保存”命令，保存回路图。如果是新建回路图，那么 FluidSIM 软件会自动打开文件选择对话框，以便用户可定义回路图名。

四、实训操作

（一）实训要求

在 FluidSIM-H 软件里完成液压回路与电气控制线路的设计，能够仿真运行。

（二）实训内容

双作用液压缸自动往返运动（行程开关控制）。

1. 回路及动作要求

定量泵供油，调速阀调节液压缸的速度，溢流阀溢流稳压，二位四通双电控电磁换向阀换向。按下控制开关 S_1，液压缸活塞杆做往返运动；再次按下控制开关 S_1，液压缸停止运行。初始位置为活塞杆缩回。

2. 电气设备元件

根据所需电气设备，填写表 11-4。

表 11-4　电气设备元件

序　号	名　称	代　号	数　量
1	限位开关	1S1	
2	限位开关	1S2	
3	按钮开关	S1	
4	继电器	K1	
5	继电器	K2	
6	电磁线圈	1Y1	
7	电磁线圈	1Y2	

（三）确认你会干——项目操作评价

表 11-5　操作考核评分表

<table>
<tr><td colspan="2">学号</td><td></td><td>姓名</td><td>小组</td><td colspan="2"></td></tr>
<tr><td colspan="2">任务编号</td><td>11-1</td><td>任务名称</td><td colspan="3">利用 FluidSIM-H 软件设计控制系统</td></tr>
<tr><td colspan="2">模块</td><td>序号</td><td>考核点（90 分）</td><td>分值标准</td><td>得分</td><td>备注</td></tr>
<tr><td rowspan="7">1</td><td rowspan="7">液压回路选择</td><td>1</td><td>任务一：选择液压回路</td><td>5</td><td></td><td></td></tr>
<tr><td>2</td><td>任务二：液压回路元件识别</td><td>5</td><td></td><td></td></tr>
<tr><td>3</td><td>描述选择液压回路原理及特点</td><td>10</td><td></td><td></td></tr>
<tr><td>4</td><td>知识一：包含几种基本回路</td><td>10</td><td></td><td></td></tr>
<tr><td>5</td><td>知识二：如何控制回路动作</td><td>15</td><td></td><td></td></tr>
<tr><td>6</td><td></td><td></td><td></td><td></td></tr>
<tr><td>7</td><td></td><td></td><td></td><td></td></tr>
<tr><td rowspan="4">2</td><td rowspan="4">绘制液压原理图</td><td>8</td><td>步骤 1：软件基本操作</td><td>5</td><td></td><td></td></tr>
<tr><td>9</td><td>步骤 2：选择合适液压元件</td><td>5</td><td></td><td></td></tr>
<tr><td>10</td><td>步骤 3：连线布局美观</td><td>5</td><td></td><td></td></tr>
<tr><td>11</td><td>步骤 4：选择适合参数并仿真</td><td>10</td><td></td><td></td></tr>
<tr><td rowspan="4">3</td><td rowspan="4">绘制电气原理图</td><td>12</td><td>步骤 5：软件基本操作</td><td>5</td><td></td><td></td></tr>
<tr><td>13</td><td>步骤 6：选择合适电气元件</td><td>5</td><td></td><td></td></tr>
<tr><td>14</td><td>步骤 7：连线布局美观</td><td>5</td><td></td><td></td></tr>
<tr><td>15</td><td>步骤 8：选择适合参数并仿真</td><td>10</td><td></td><td></td></tr>
<tr><td>4</td><td>互评</td><td colspan="3">小组互评（10 分）</td><td></td><td></td></tr>
<tr><td>5</td><td>总分</td><td colspan="3">合计总分</td><td></td><td></td></tr>
<tr><td colspan="2">学生签字</td><td></td><td>考评签字</td><td colspan="3"></td></tr>
<tr><td colspan="2">互评签字</td><td></td><td>考评时间</td><td colspan="3"></td></tr>
</table>

（四）实训案例赏析

手动和电磁双控回路仿真请浏览下方图 11-11 的 AR 资源。

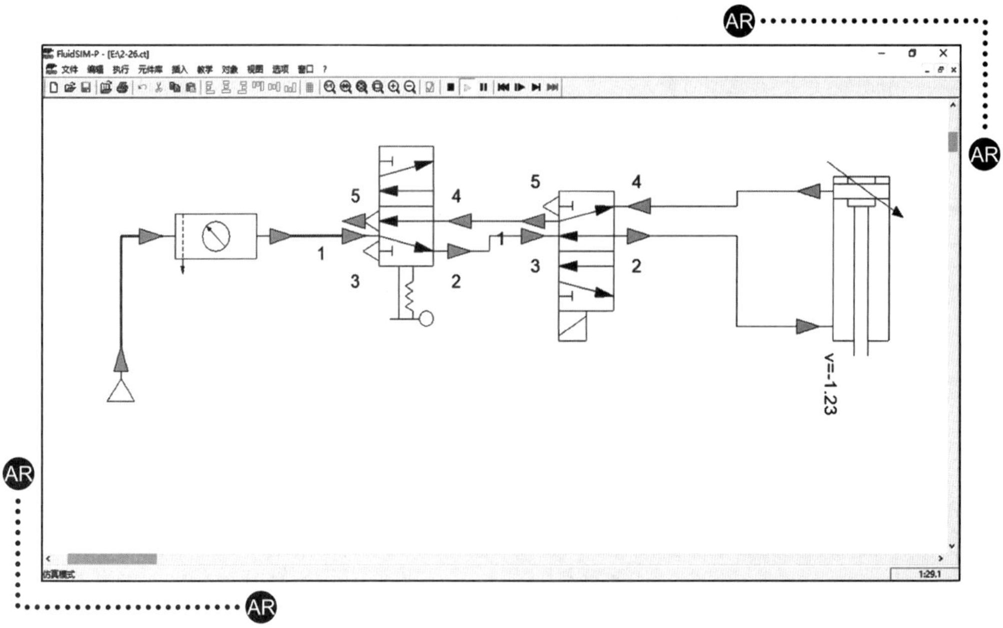

图 11-11　手动和电磁双控回路仿真

附　录

液压与气动图形符号（GB/T 786.1—2009 摘录）

名　称	符　号	说　明	名　称	符　号	说　明
1. 液压泵、液压马达图形符号					
液压泵		一般符号	液压马达		一般符号
单向定量液压泵	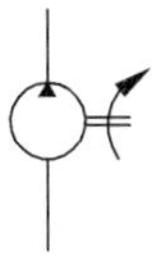	单向旋转、单向流动、定排量	单向定量液压马达		单向流动、单向旋转
双向定量液压泵		双向旋转、双向流动、定排量	双向定量液压马达	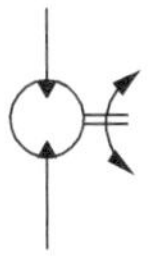	双向流动、双向旋转、定排量
单向变量液压泵	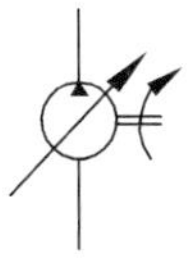	单向旋转、单向流动、变排量	单向变量液压马达	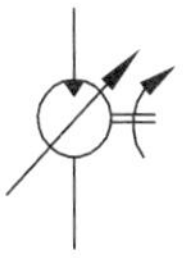	单向流动、单向旋转、变排量
双向变量液压泵	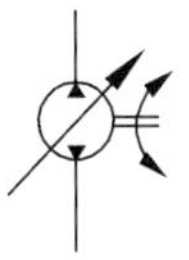	双向旋转、双向流动、变排量	双向变量液压马达	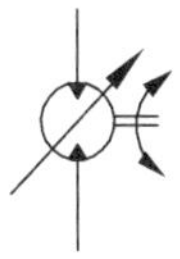	双向流动、双向旋转、变排量
			摆动马达	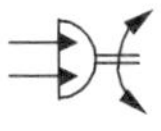	双向摆动,定角度

续表

名　称	符　号	说　明	名　称	符　号	说　明
2. 单作用缸、双作用缸图形符号					
单活塞杆缸	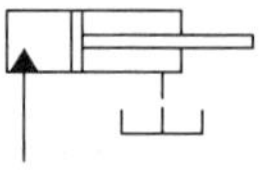	详细符号	不可调单向缓冲缸	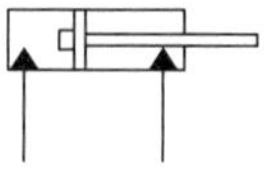	详细符号
	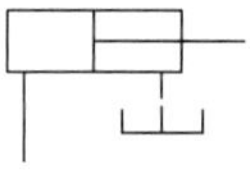	简化符号		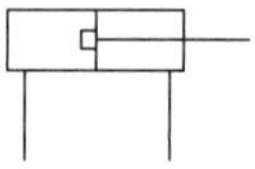	简化符号
单活塞杆缸（带弹簧复位）	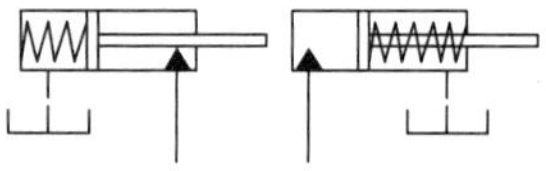	详细符号	可调单向缓冲缸	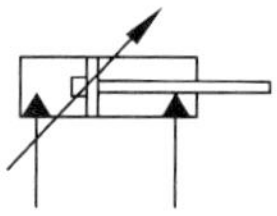	详细符号
	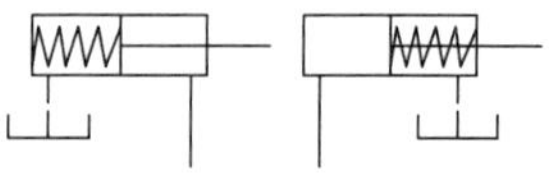	简化符号		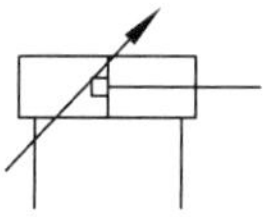	简化符号
柱塞缸	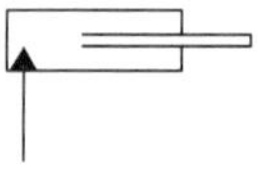		不可调双向缓冲缸	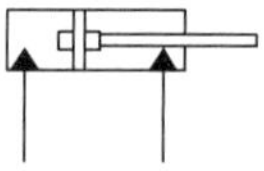	详细符号
伸缩缸	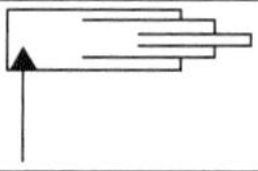			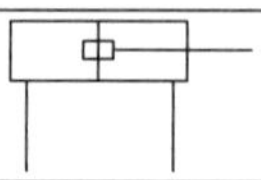	简化符号
单活塞杆缸	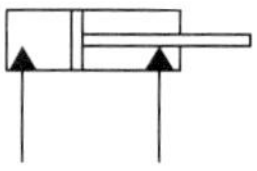	详细符号	可调双向缓冲缸	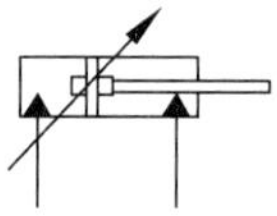	详细符号
	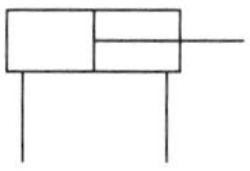	简化符号		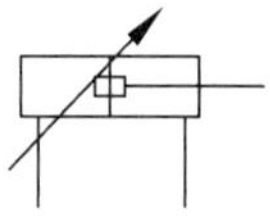	简化符号
双活塞杆缸	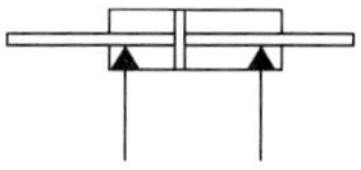	详细符号	伸缩缸	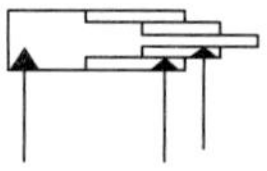	
	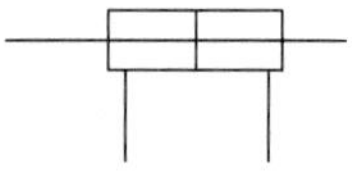	简化符号			

续表

名　称	符　号	说　明	名　称	符　号	说　明
3. 压力转换器图形符号					
气－液转换器	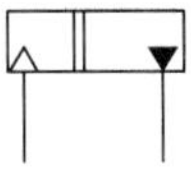	单程作用	液压源		一般符号
	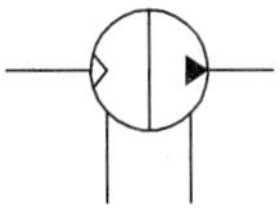	连续作用	气压源		一般符号
增压器	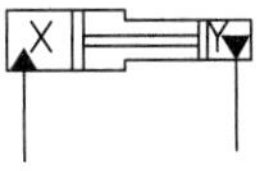	单程作用	电动机	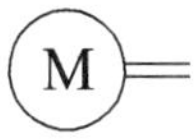	
	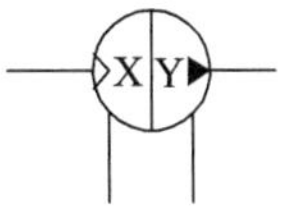	连续作用	原动机	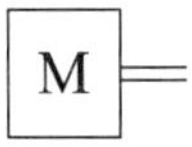	电动机除外
4. 蓄能器图形符号			5. 机械控制件图形符号		
蓄能器		一般符号	直线运动的杆	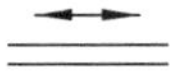	箭头可省略
气体隔离式蓄能器			旋转运动的轴		箭头可省略
重锤式蓄能器			定位装置		
弹簧式蓄能器					
6. 气罐、能量源图形符号					
气罐					

续表

名　称	符　号	说　明	名　称	符　号	说　明
7. 机械控制、人力控制方法图形符号					
顶杆式	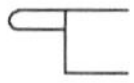		按钮式	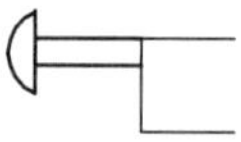	
可变行程控制式	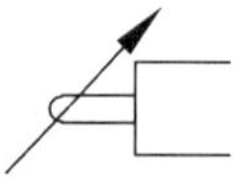		拉钮式	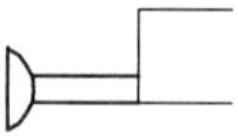	
弹簧控制式	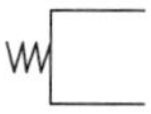		按－拉式	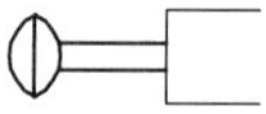	
滚轮式	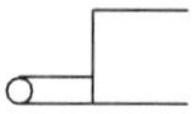	两个方向操作	手柄式	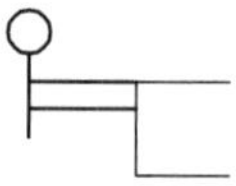	
单向滚轮式	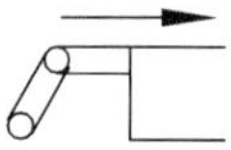	仅在一个方向上操作，箭头可省略	单向踏板式	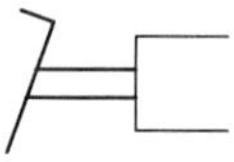	
人力控制	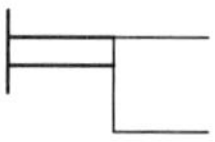		双向踏板式	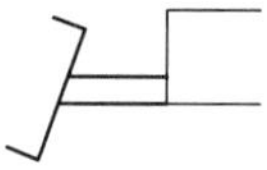	
8. 直接、先导压力控制方法图形符号					
加压或卸压控制	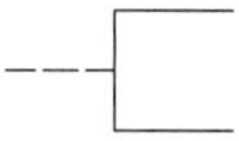		外部压力控制	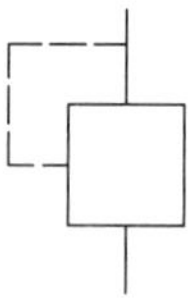	控制通路在元件外部
内部压力控制	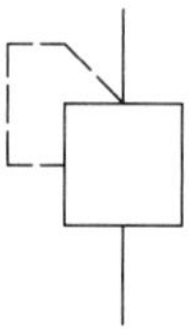	控制通路在元件内部			
9. 电气控制方法图形符号			10. 溢流阀图形符号		
单作用电磁铁	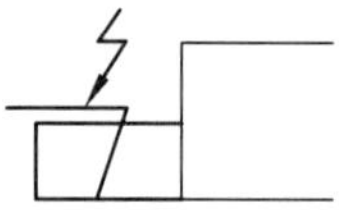	电气引线可省略，斜线也可向右下方	溢流阀	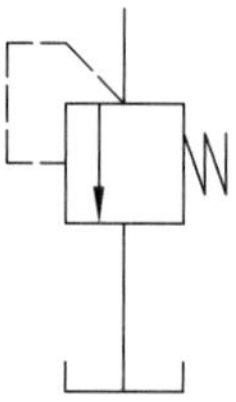	一般符号或直动型溢流阀
双作用电磁铁	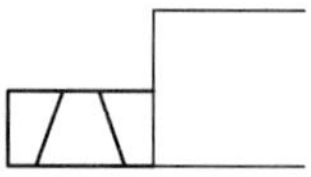		先导型溢流阀	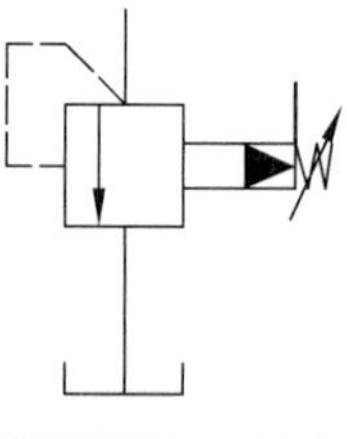	

续表

名称	符号	说明	名称	符号	说明
单作用可调电磁操作（比例电磁铁，力矩马达等）	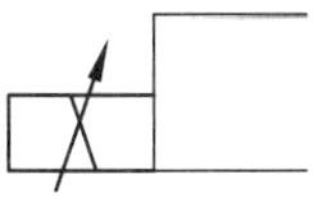		先导型电磁溢流阀	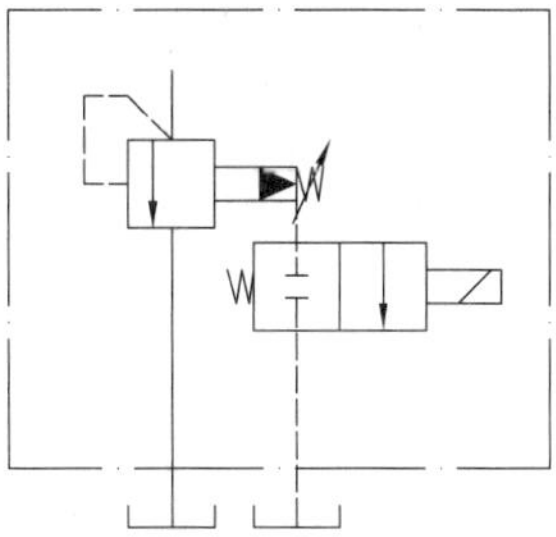	常闭
双作用可调电磁操作（力矩马达等）	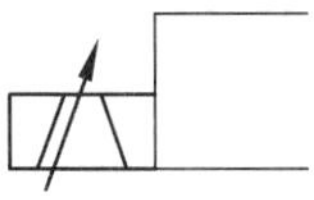		直动式比例溢流阀	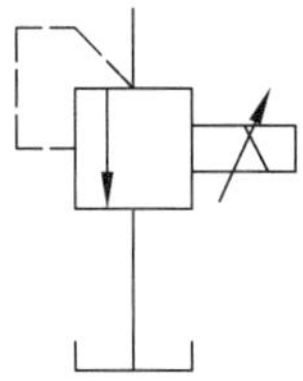	
旋转运动电气控制装置	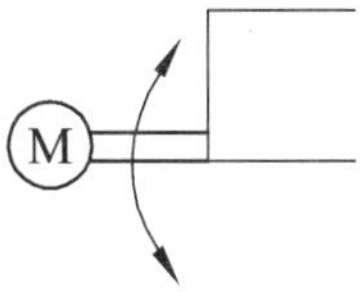		先导比例溢流阀	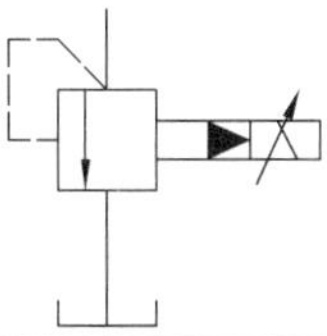	
			卸荷溢流阀	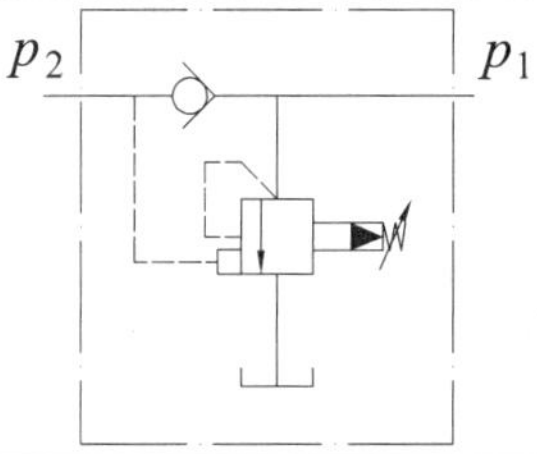	$p_2>p_1$ 时卸荷
			双向溢流阀	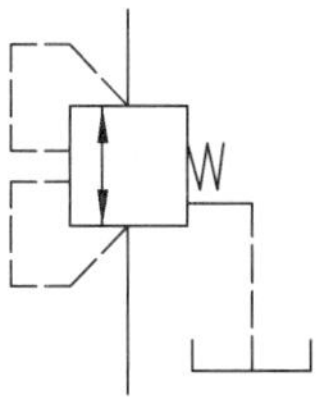	直动式，外部泄油
11. 减压阀图形符号			12. 顺序阀图形符号		
减压阀	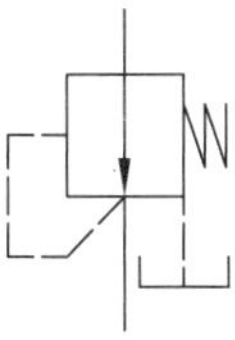	一般符号或直动型减压阀	顺序阀	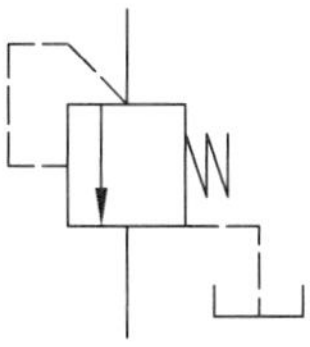	一般符号或直动型顺序阀
先导型减压阀	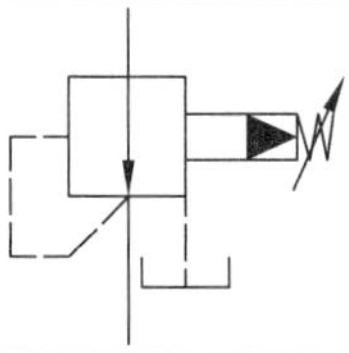		先导型顺序阀	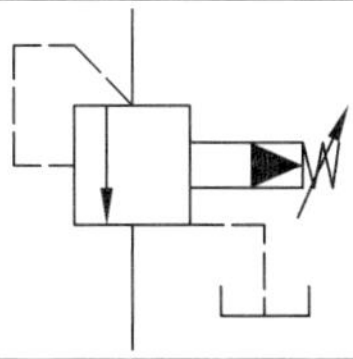	

续表

名　称	符　号	说　明
溢流减压阀	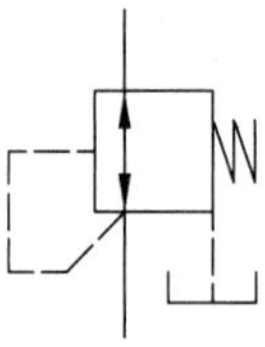	
先导型比例电磁式溢流减压阀	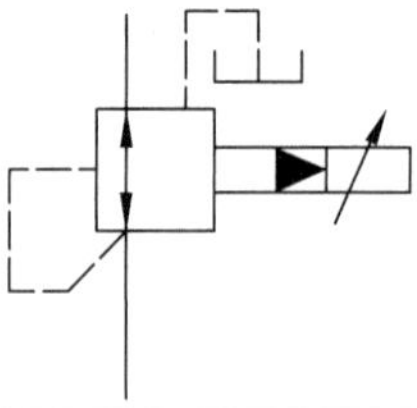	
定比减压阀	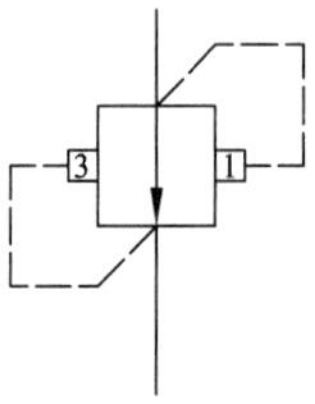	减压比 1/3
定差减压阀	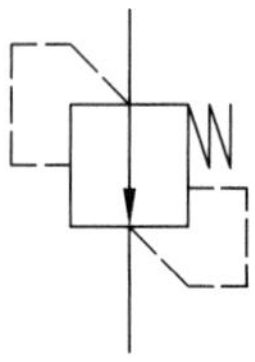	
单向顺序阀（平衡阀）	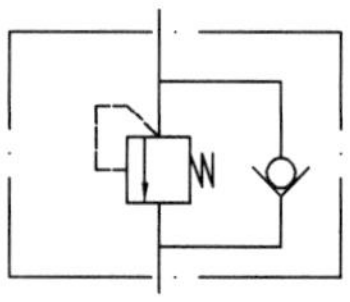	
13. 卸荷阀图形符号		
卸荷阀	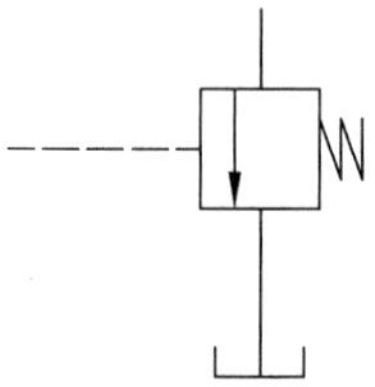	一般符号或直动型卸荷阀
先导型电磁卸荷阀	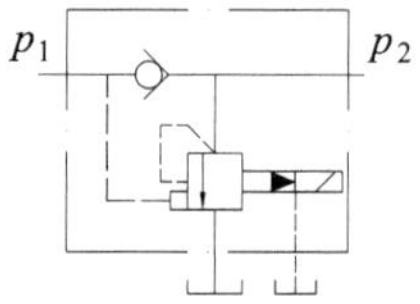	$p_1>p_2$
14. 制动阀图形符号		
双溢流制动阀	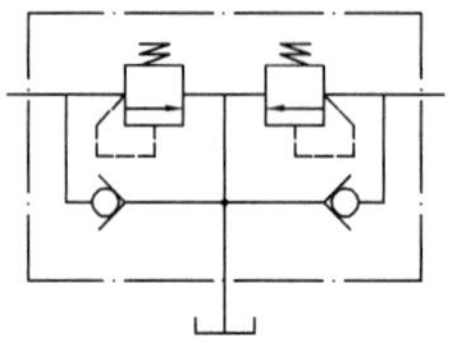	双溢流制动阀
溢流油桥制动阀	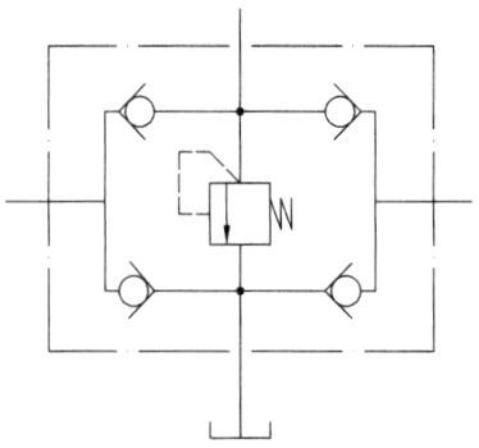	溢流油桥制动阀
15. 液控单向阀图形符号		
液控单向阀	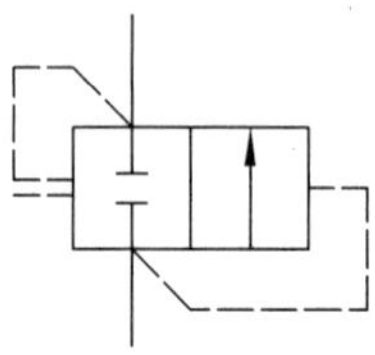	详细符号（控制压力关闭阀）
液控单向阀	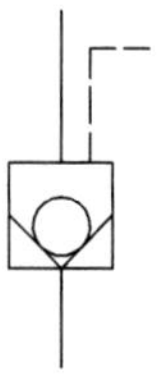	简化符号
液控单向阀	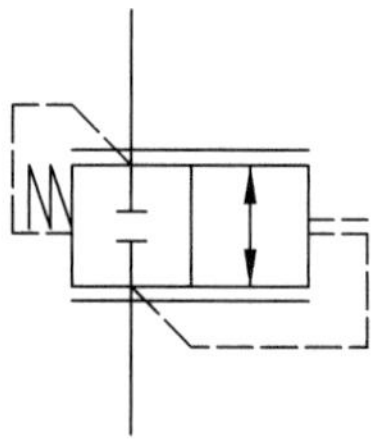	详细符号（控制压力打开阀）
16. 单向阀图形符号		

续表

名　称	符　号	说　明	名　称	符　号	说　明
单向阀	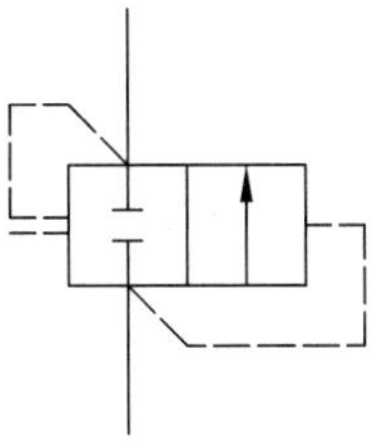	详细符号	液控单向阀	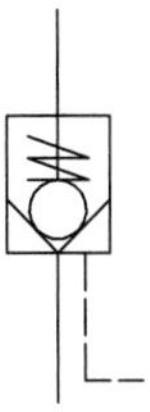	简化符号（弹簧可省略）
		简化符号（弹簧可省略）	双液控单向阀	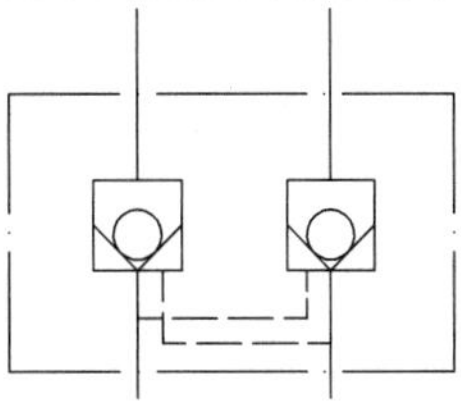	
17. 换向阀图形符号			18. 梭阀图形符号		
二位二通电磁阀	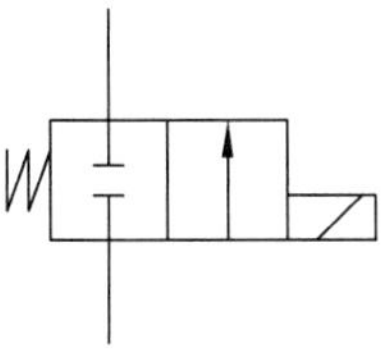	常断	或门型	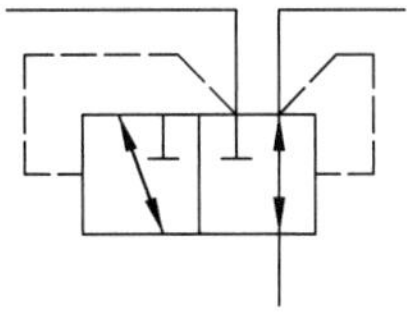	详细符号
	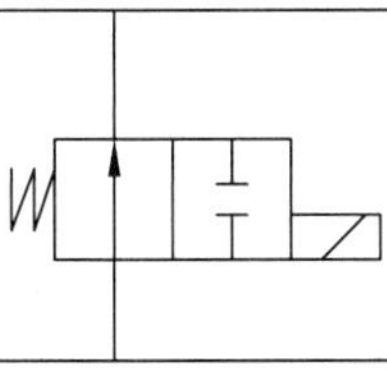	常通		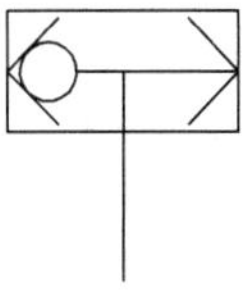	简化符号
二位三通电磁阀	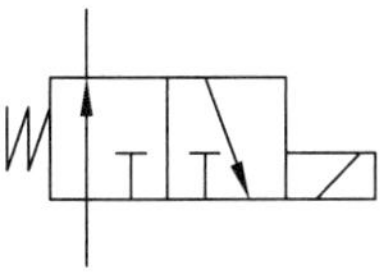		19. 节流阀图形符号		
二位三通电磁球阀	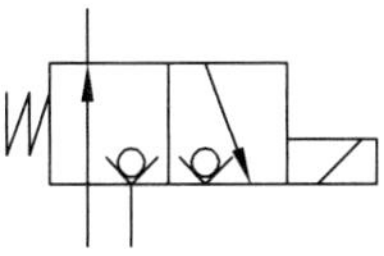		可调节流阀	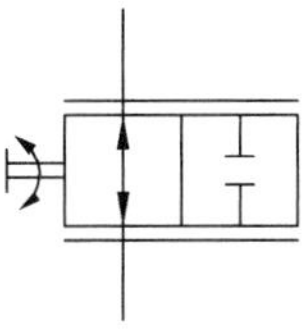	详细符号
二位四通电磁阀	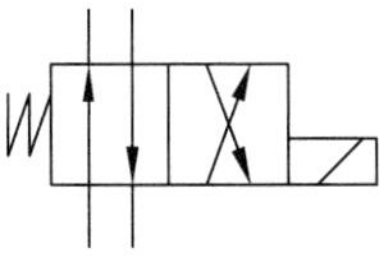			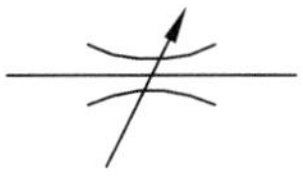	简化符号
二位五通液动阀	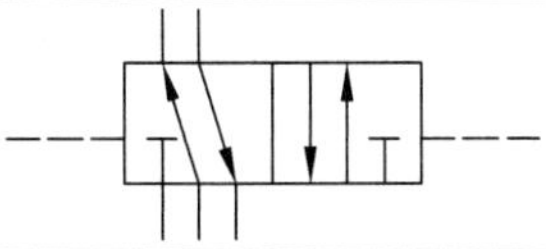		不可调节流阀	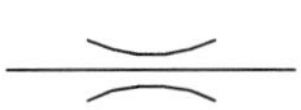	一般符号

续表

名　称	符　号	说　明	名　称	符　号	说　明
二位四通机动阀	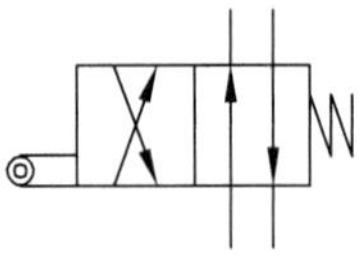		单向节流阀	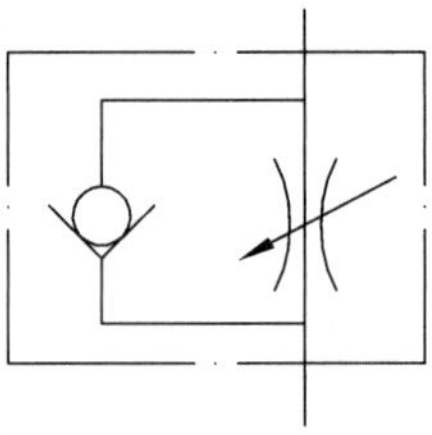	
三位四通电磁阀	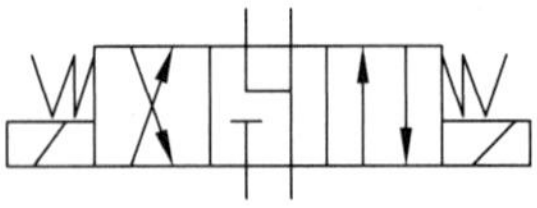		双单向节流阀	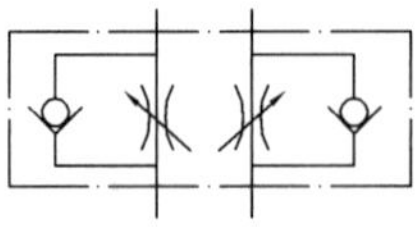	
三位四通电液阀	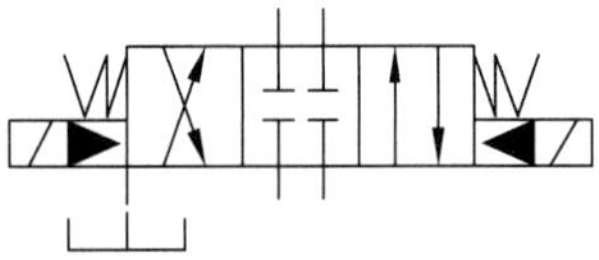	简化符号（内控外泄）	截止阀		
三位六通手动阀	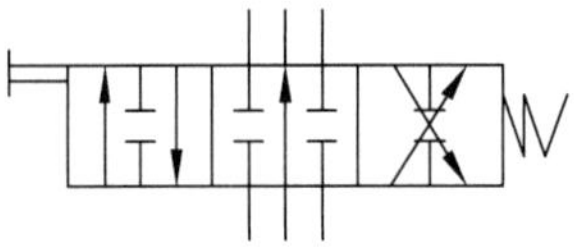		滚轮控制节流阀（减速阀）	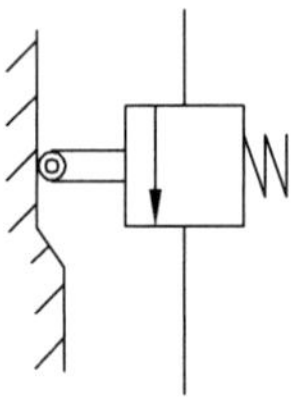	
三位五通电磁阀	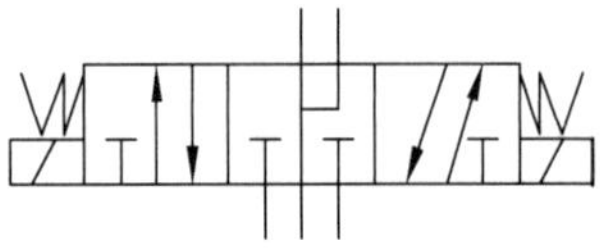				
三位四通电液阀	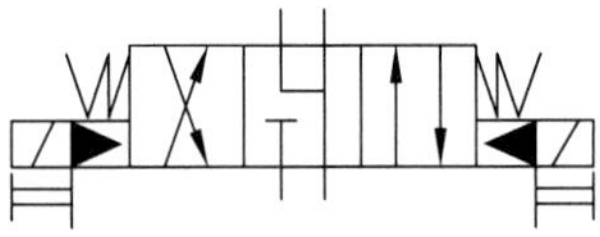	外控内泄（带手动应急控制装置）			
20. 调速阀图形符号			21. 同步阀图形符号		
调速阀	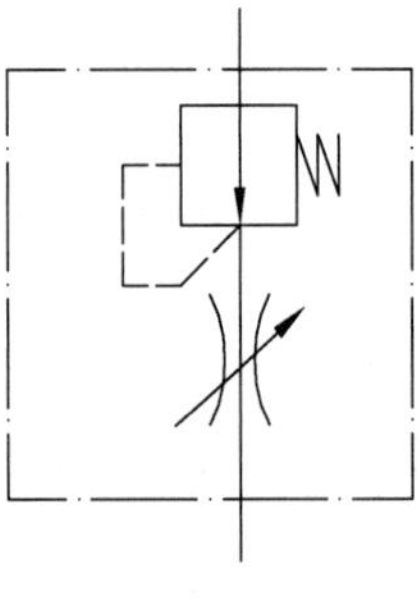	详细符号	分流阀	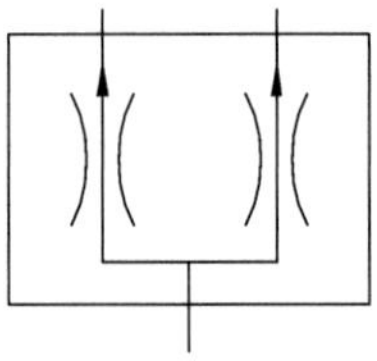	

续表

名 称	符 号	说 明	名 称	符 号	说 明
调速阀	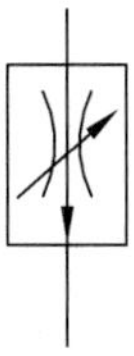	简化符号	单向分流阀	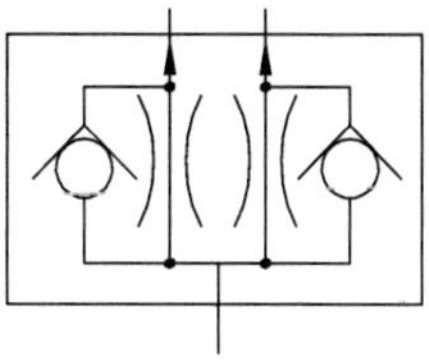	
旁通型调速阀	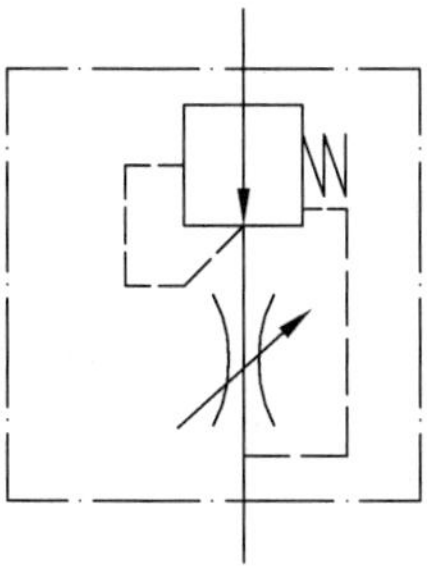	简化符号	集流阀	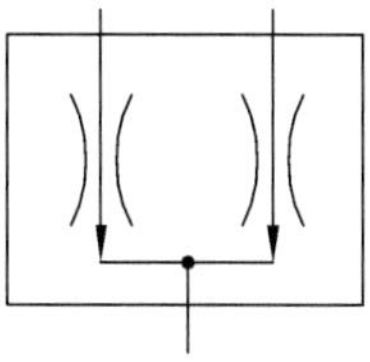	
温度补偿型调速阀	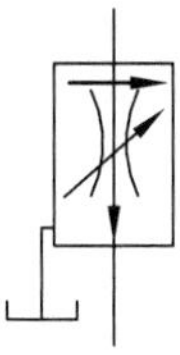	简化符号	分流集流阀	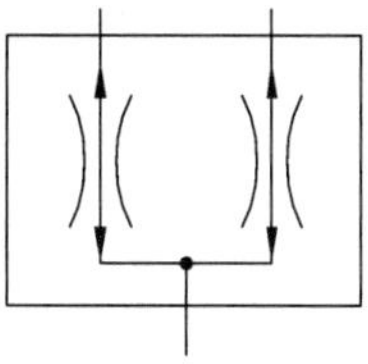	
单向调速阀	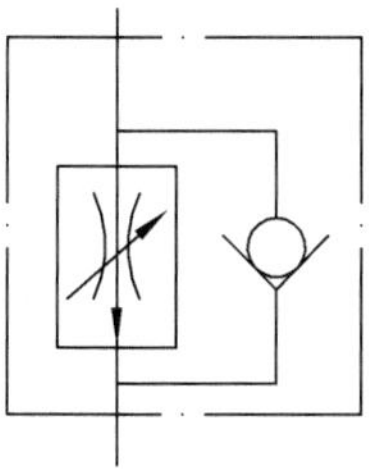	简化符号			
22. 通大气式油箱图形符号			23. 过滤器图形符号		
管端在液面上			过滤器	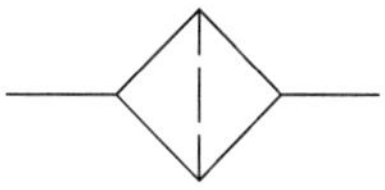	一般符号
管端在液面下		带空气过滤器	带污染指示器的过滤器	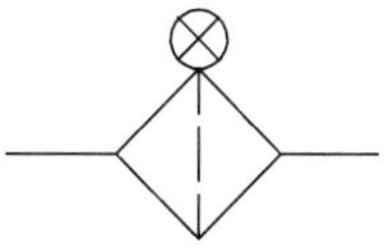	
管端在油箱底部			磁性过滤器	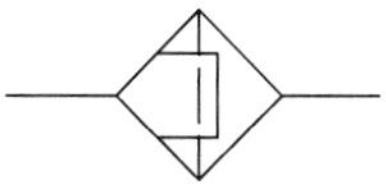	
局部泄油或回油			空气过滤器	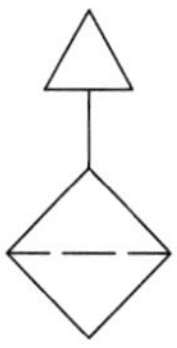	

续表

名称	符号	说明	名称	符号	说明
24. 压力继电器图形符号			25. 联轴器图形符号		
压力继电器（压力开关）		详细符号	联轴器		一般符号
	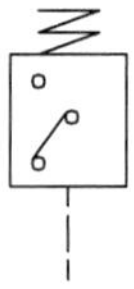	一般符号	弹性联轴器	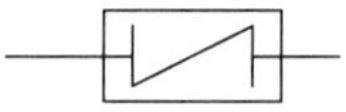	
26. 行程开关图形符号			27. 压差开关图形符号		
行程开关	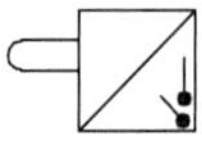	详细符号	压差开关	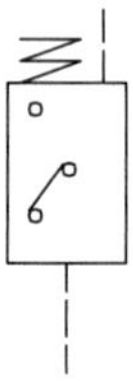	压差开关
	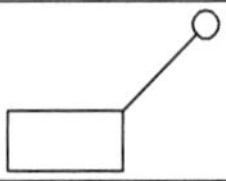	一般符号			
28. 管路图形符号			29. 温度调节器图形符号		
管路		压力管路 回油管路	温度调节器	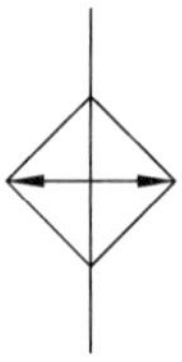	温度调节器
控制管路		两管路相交连接	冷却器	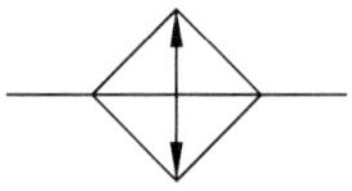	一般符号
连接管路	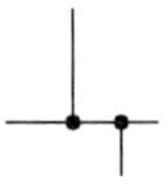	可表示泄油管路	带冷却剂管路的冷却器	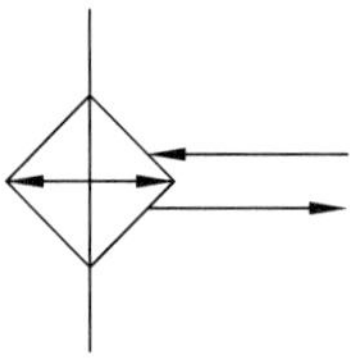	
交叉管路		两管路交叉不连接	加热器	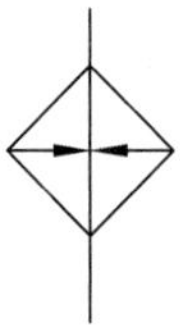	一般符号